GEOMETRIA ANALITICA

Plana y del Espacio

JOSEPH H. KINDLE, Ph. D.

Professor of Mathematics
University of Cincinnati

•

TRADUCCION Y ADAPTACION

LUIS GUTIÉRREZ DÍEZ
Ingeniero de Armamento

ANGEL GUTIÉRREZ VÁZQUEZ
Ingeniero de Armamento
Licenciado en Ciencias Físicas
Diplomado en Ingeniería Nuclear

McGRAW-HILL

MÉXICO • BUENOS AIRES • CARACAS • GUATEMALA • LISBOA • MADRID • NUEVA YORK
PANAMÁ • SAN JUAN • SANTAFÉ DE BOGOTÁ • SANTIAGO • SÃO PAULO
AUCKLAN • HAMBURGO • LONDRES • MILÁN • MONTREAL • NUEVA DELHI • PARÍS
SAN FRANCISCO • SINGAPUR • ST. LOUIS • SIDNEY • TOKIO • TORONTO

GEOMETRÍA ANALÍTICA

Prohibida la reproducción total o parcial de esta obra,
por cualquier medio, sin autorización escrita del editor.

DERECHOS RESERVADOS © 1970, 1991, respecto a la primera edición en español por
McGRAW-HILL/INTERAMERICANA DE MÉXICO, S. A. de C. V.
  Atlacomulco 499-501, Fracc. Ind. San Andrés Atoto
  53500 Naucalpan de Juárez, Edo. de México
  Miembro de la Cámara Nacional de la Industria Editorial, Reg. Núm. 1890

ISBN 968-422-948-8

Traducido de la primera edición en inglés de
ANALYTIC GEOMETRY
Copyright © MCML, by McGraw-Hill Book Co., U. S. A.

ISBN 0-07-034575-9

3456789012   IX-91   9108765432

Impreso en México   Printed in Mexico

Esta obra se terminó de
imprimir en Agosto de 1992
en Impresora y Maquiladora de Libros MIG. S.A de C.V.
Venados Núm. 530.
Col. Los Olivos
Del. Tláhuac
C.P. 13210.
México, D.F.

Se tiraron 10000 ejemplares

Prólogo

Este libro de problemas está concebido como complemento de los textos de geometría analítica que se estudian en los institutos y escuelas técnicas de grado medio. En él se exponen las materias aproximadamente en el mismo orden que figura en la mayor parte de dichos textos. Consta de 345 problemas tipo, cuidadosamente resueltos, y 910 problemas propuestos como ejercicio para el alumno a distinto grado de dificultad. Los problemas, por otra parte, se han dispuesto de forma que se pueda seguir con facilidad el desarrollo natural de cada materia. Como un curso de geometría analítica se base, fundamentalmente, en la resolución de problemas, y dado que una de las principales causas del bajo rendimiento que en ocasiones se alcanza en los cursos de matemáticas es no disponer de métodos ordenados de resolución de aquéllos, estamos convencidos de que este libro, bien empleado, constituirá una gran ayuda para el alumno. También se ha pensado en aquellos otros que quieran repasar la teoría y los problemas fundamentales de la geometría analítica.

Para la mejor utilización del libro se debe tener presente lo que realmente es, considerando que no se trata de un texto propiamente dicho y que, por tanto, no debe emplearse como medio para evitar el estudio de las cuestiones teóricas de la asignatura. Cada uno de los capítulos contiene un breve resumen, a modo de formulario, de las definiciones necesarias, principios y teoremas, seguido de una serie de problemas, resueltos unos y otros propuestos, a distintos niveles de dificultad.

No se puede decir de forma rotunda que estudiar matemáticas sea, esencialmente, hacer problemas, pero hay que tener en cuenta que con una lectura más o menos rutinaria del libro de texto, la retención en la memoria de un pequeño número de expresiones y con un estudio superficial de los problemas resueltos de este libro, no se adquirirá más que una vaga noción de la materia. Por tanto, para que la utilización de este libro sea verdaderamente eficaz es necesario que el alumno intente resolver por sí mismo todos los problemas en un papel y se fije bien en el porqué de cada uno de los pasos de que consta su solución, y en la forma en que éstos se expresan. En todos y cada uno de los problemas resueltos hay algo que aprender; con estas normas, el alumno encontrará muy pocas dificultades para resolver los problemas aquí propuestos, así como los que figuren en su propio libro de texto.

J. H. K.

Tabla de materias

CAPITULO 1

Coordenadas rectangulares

SISTEMA DE COORDENADAS RECTANGULARES. El
sistema de coordenadas rectangulares divide al plano en
cuatro cuadrantes por medio de dos rectas perpendiculares
que se cortan en un punto O. La horizontal $X'OX$ se denomina eje x, la vertical $Y'OY$, eje y, y ambas constituyen
los dos ejes de coordenadas. El punto O se llama origen del
sistema.

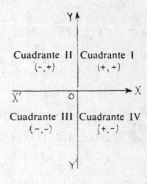

    La distancia de un punto al eje y se llama *abscisa* del
mismo. La distancia de un punto al eje x es la *ordenada*,
y ambas constituyen las *coordenadas* del punto en cuestión
y se representan por el símbolo (x,y). Las abscisas son positivas cuando el punto está situado a la derecha del eje y,
y negativas en caso contrario. Las ordenadas son positivas
cuando el punto está por encima del eje x, y negativas en
caso contrario.

    Para representar puntos de coordenadas conocidas hay que adoptar una escala adecuada
sobre cada uno de los ejes coordenados. Ambas escalas pueden ser iguales o distintas.

DISTANCIA ENTRE DOS PUNTOS. La distancia d entre
dos puntos $P_1(x_1,y_1)$ y $P_2(x_2,y_2)$ es

$$d = \sqrt{(x_2 - x_1)^2 + (y_2 - y_1)^2}.$$

Por ejemplo, la distancia entre los puntos $(4, -1)$
y $(7, 3)$ es

$$d = \sqrt{(7 - 4)^2 + (3 + 1)^2}$$
$$= 5 \text{ unidades.}$$

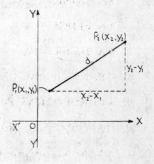

PUNTO DE DIVISION es el que divide a un segmento en una relación dada. Consideremos
los puntos $P_1(x_1,y_1)$ y $P_2(x_2,y_2)$ y la recta que determinan.
Sea $P(x,y)$ un tercer punto que divida al segmento en la relación $\dfrac{P_1P}{PP_2} = r$. Como P_1P y PP_2 son del mismo sentido,
dicha relación es positiva. Si el punto de división $P(x,y)$
estuviera situado en la prolongación del segmento, a uno
u otro lado del mismo, la relación $\dfrac{P_1P}{PP_2} = r$ sería negativa,
ya que P_1P y PP_2 tendrían sentidos opuestos.

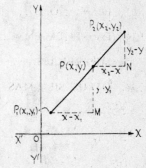

    Teniendo en cuenta los triángulos semejantes de la
figura, $\dfrac{P_1M}{PN} = \dfrac{x - x_1}{x_2 - x} = \dfrac{P_1P}{PP_2} = r.$

1

Despejando x, $x = \dfrac{x_1 + rx_2}{1 + r}$.   Análogamente, $y = \dfrac{y_1 + ry_2}{1 + r}$.

Si $P(x,y)$ es el punto medio del segmento P_1P_2, $r = 1$ y $x = \dfrac{x_1 + x_2}{2}$, $y = \dfrac{y_1 + y_2}{2}$.

INCLINACION Y PENDIENTE DE UNA RECTA. La *inclinación* de una recta L (que no sea paralela al eje x) es el menor de los ángulos que dicha recta forma con el semieje x positivo y se mide, desde el eje x a la recta L, en el sentido contrario al de las agujas del reloj. Mientras no se advierta otra cosa, consideraremos que el sentido positivo de L es hacia arriba. Si L fuera paralela al eje x, su inclinación sería cero.

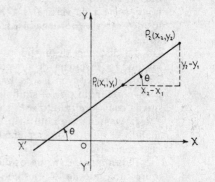

La *pendiente* de una recta es la tangente del ángulo de inclinación. En estas condiciones, $m = \text{tg } \theta$, siendo θ el ángulo de inclinación y m la pendiente.

La pendiente de la recta que pasa por dos puntos $P_1(x_1,y_1)$ y $P_2(x_2,y_2)$ es

$$m = \text{tg } \theta = \frac{y_2 - y_1}{x_2 - x_1}$$

cualesquiera que sean los cuadrantes en los que estén situados los puntos P_1 y P_2.

RECTAS PARALELAS Y PERPENDICULARES. Si dos rectas son paralelas, sus pendientes son iguales.

Si dos rectas L_1 y L_2 son perpendiculares, la pendiente de una de ellas es igual al recíproco de la pendiente de la otra con signo contrario. Esto es, llamando m_1 a la pendiente de L_1 y m_2 a la de L_2 se tiene $m_1 = -1/m_2$, o bien, $m_1 m_2 = -1$.

ANGULO DE DOS RECTAS. El ángulo α, medido en el sentido contrario al de las agujas del reloj, desde la recta L_1 de pendiente m_1 a la L_2 de pendiente m_2 es

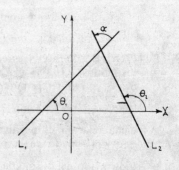

$$\text{tg } \alpha = \frac{m_2 - m_1}{1 + m_2 m_1}.$$

Demostración: $\theta_2 = \alpha + \theta_1$, o $\alpha = \theta_2 - \theta_1$.

$\text{tg } \alpha = \text{tg }(\theta_2 - \theta_1)$

$= \dfrac{\text{tg } \theta_2 - \text{tg } \theta_1}{1 + \text{tg } \theta_2 \, \text{tg } \theta_1} = \dfrac{m_2 - m_1}{1 + m_2 m_1}.$

AREA DE UN POLIGONO EN FUNCION DE LAS COORDENADAS DE SUS VERTICES. Sean $P_1(x_1, y_1)$, $P_2(x_2, y_2)$, $P_3(x_3, y_3)$ los vértices de un triángulo. El área A en función de las coordenadas de los vértices viene dada por la expresión

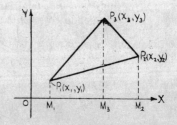

$$A = \tfrac{1}{2}(x_1 y_2 + x_2 y_3 + x_3 y_1 - x_3 y_2 - x_2 y_1 - x_1 y_3).$$

Demostración: Area del triángulo = área del trapecio $M_1P_1P_3M_3$ + área del trapecio $M_3P_3P_2M_2$ — área del trapecio $M_1P_1P_2M_2$. Por tanto,

$$A = \tfrac{1}{2}(y_1 + y_3)(x_3 - x_1) + \tfrac{1}{2}(y_3 + y_2)(x_2 - x_3) - \tfrac{1}{2}(y_1 + y_2)(x_2 - x_1)$$
$$= \tfrac{1}{2}(x_1y_2 + x_2y_3 + x_3y_1 - x_1y_3 - x_2y_1 - x_3y_2).$$

Este resultado se puede expresar de otra manera, más fácil de recordar, teniendo en cuenta la notación de determinante:

$$A = \tfrac{1}{2}\begin{vmatrix} x_1 & y_1 & 1 \\ x_2 & y_2 & 1 \\ x_3 & y_3 & 1 \end{vmatrix}$$

Otra forma de expresar el área de un triángulo, muy útil cuando se trate de hallar áreas de polígonos de más de tres lados, es la siguiente:

$$A = \tfrac{1}{2}(x_1y_2 + x_2y_3 + x_3y_1 - x_1y_3 - x_3y_2 - x_2y_1). \qquad A = \tfrac{1}{2}$$

Obsérvese que se ha repetido la primera fila en la cuarta.

PROBLEMAS RESUELTOS

DISTANCIA ENTRE DOS PUNTOS.

1. Hallar la distancia entre $a)$ $(-2, 3)$ y $(5, 1)$, $b)$ $(6, -1)$ y $(-4, -3)$.

$a)$ $d = \sqrt{(x_2 - x_1)^2 + (y_2 - y_1)^2} = \sqrt{(5 + 2)^2 + (1 - 3)^2} = \sqrt{49 + 4} = \sqrt{53}$

$b)$ $d = \sqrt{(x_2 - x_1)^2 + (y_2 - y_1)^2} = \sqrt{(-4 - 6)^2 + (-3 + 1)^2} = \sqrt{104} = 2\sqrt{26}$

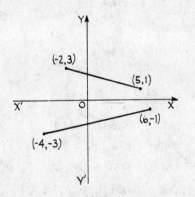

Problema 1

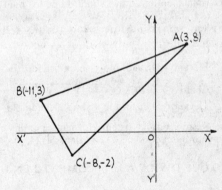

Problema 2

2. Demostrar que los puntos $A(3, 8)$, $B(-11, 3)$, $C(-8, -2)$ son los vértices de un triángulo isósceles.

$AB = \sqrt{(3 + 11)^2 + (8 - 3)^2} = \sqrt{221}$

$BC = \sqrt{(-11 + 8)^2 + (3 + 2)^2} = \sqrt{34}$

$AC = \sqrt{(3 + 8)^2 + (8 + 2)^2} = \sqrt{221}.$ Como $AB = AC$, el triángulo es isósceles.

3. *a)* Demostrar que los puntos $A(7, 5)$, $B(2, 3)$, $C(6, -7)$ son los vértices de un triángulo rectángulo.
   b) Hallar el área del triángulo rectángulo.

a) $AB = \sqrt{(7-2)^2 + (5-3)^2} = \sqrt{29}$ $BC = \sqrt{(2-6)^2 + (3+7)^2} = \sqrt{116}$

$$AC = \sqrt{(7-6)^2 + (5+7)^2} = \sqrt{145}$$

Como $(AB)^2 + (BC)^2 = (AC)^2$, o sea, $29 + 116 = 145$, ABC es un triángulo rectángulo.

b) Area $= \frac{1}{2}(AB)(BC) = \frac{1}{2}\sqrt{29}\sqrt{116} = 29$ unidades de superficie.

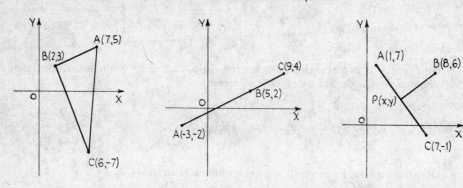

Problema 3   Problema 4   Problema 5

4. Demostrar que los tres puntos siguientes son colineales: $A(-3, -2)$, $B(5, 2)$, $C(9, 4)$.

$$AB = \sqrt{(5+3)^2 + (2+2)^2} = 4\sqrt{5} \qquad BC = \sqrt{(9-5)^2 + (4-2)^2} = 2\sqrt{5}$$

$$AC = \sqrt{(9+3)^2 + (4+2)^2} = 6\sqrt{5}$$

Como $AB + BC = AC$, o sea, $4\sqrt{5} + 2\sqrt{5} = 6\sqrt{5}$, los puntos son colineales.

5. Determinar un punto que equidiste de los puntos $A(1, 7)$, $B(8, 6)$, $C(7, -1)$.

Sea $P(x, y)$ el punto buscado. Ha de ser, $PA = PB = PC$.

Como $PA = PB$, $\sqrt{(x-1)^2 + (y-7)^2} = \sqrt{(x-8)^2 + (y-6)^2}$.
Elevando al cuadrado y simplificando, $7x - y - 25 = 0$.   (1)

Como $PA = PC$, $\sqrt{(x-1)^2 + (y-7)^2} = \sqrt{(x-7)^2 + (y+1)^2}$.
Elevando al cuadrado y simplificando, $3x - 4y = 0$.   (2)

Resolviendo el sistema formado por las ecuaciones (1) y (2) resulta $x = 4$, $y = 3$. Por tanto, el punto buscado tiene de coordenadas $(4, 3)$.

PUNTO QUE DIVIDE A UN SEGMENTO EN UNA RELACION DADA.

6. Hallar las coordenadas de un punto $P(x, y)$ que divida al segmento determinado por $P_1(1, 7)$ y $P_2(6, -3)$ en la relación $r = 2/3$.

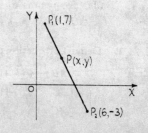

Como la relación es positiva, P_1P y PP_2 han de ser del mismo sentido y, por tanto, el punto $P(x, y)$ estará situado entre los puntos dados extremos del segmento.

$$r = \frac{P_1P}{PP_2} = \frac{2}{3}$$

$$x = \frac{x_1 + rx_2}{1 + r} = \frac{1 + \frac{2}{3}(6)}{1 + \frac{2}{3}} = 3 \qquad y = \frac{y_1 + ry_2}{1 + r} = \frac{7 + \frac{2}{3}(-3)}{1 + \frac{2}{3}} = 3$$

El punto buscado es (3, 3).

7. Hallar las coordenadas de un punto $P(x, y)$ que divida al segmento determinado por $P_1(-2, 1)$ y $P_2(3, -4)$ en la relación $r = -8/3$.

Como la relación es negativa, P_1P y PP_2 han de ser de sentido opuesto, con lo que el punto $P(x, y)$ será exterior al segmento P_1P_2. $\qquad r = \dfrac{P_1P}{PP_2} = -\dfrac{8}{3}.$

$$x = \frac{x_1 + rx_2}{1 + r} = \frac{-2 + \left(-\frac{8}{3}\right)(3)}{1 + \left(-\frac{8}{3}\right)} = 6 \qquad y = \frac{y_1 + ry_2}{1 + r} = \frac{1 + \left(-\frac{8}{3}\right)(-4)}{1 + \left(-\frac{8}{3}\right)} = -7$$

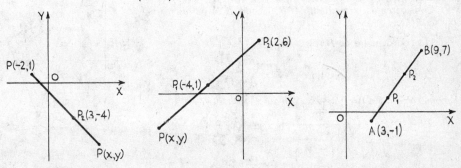

| Problema 7 | Problema 8 | Problema 9 |

8. El extremo de un diámetro de una circunferencia de centro $P_1(-4, 1)$ es $P_2(2, 6)$. Hallar las coordenadas $P(x, y)$ del otro extremo.

$$r = \frac{P_1P}{PP_2} = -\frac{1}{2}$$

Como P_1P y PP_2 son de sentido opuesto, la relación r es negativa.

$$x = \frac{x_1 + rx_2}{1 + r} = \frac{-4 + \left(-\frac{1}{2}\right)(2)}{1 + \left(-\frac{1}{2}\right)} = -10 \qquad y = \frac{y_1 + ry_2}{1 + r} = \frac{1 + \left(-\frac{1}{2}\right)(6)}{1 + \left(-\frac{1}{2}\right)} = -4$$

9. Hallar dos puntos $P_1(x_1, y_1)$ y $P_2(x_2, y_2)$ que dividan al segmento que une $A(3, -1)$ con $B(9, 7)$ en tres partes iguales.

Para hallar $P_1(x_1, y_1)$: $\quad r_1 = \dfrac{AP_1}{P_1B} = \dfrac{1}{2}, \quad x_1 = \dfrac{3 + \frac{1}{2}(9)}{1 + \frac{1}{2}} = 5, \quad y_1 = \dfrac{-1 + \frac{1}{2}(7)}{1 + \frac{1}{2}} = \dfrac{5}{3}.$

Para hallar $P_2(x_2, y_2)$: $\quad r_2 = \dfrac{AP_2}{P_2B} = \dfrac{2}{1}, \quad x_2 = \dfrac{3 + 2(9)}{1 + 2} = 7, \quad y_2 = \dfrac{-1 + 2(7)}{1 + 2} = \dfrac{13}{3}.$

10. Hallar las coordenadas del extremo $C(x, y)$ del segmento que une este punto con $A(2, -2)$ sabiendo que el punto $B(-4, 1)$ está situado a una distancia de A igual a las tres quintas partes de la longitud total del segmento.

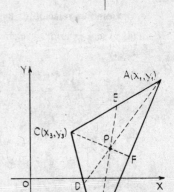

$$\frac{AB}{BC} = \frac{3}{2} \qquad r = \frac{AC}{CB} = -\frac{5}{2}$$

Como AC y CB son de sentido opuesto, la relación r es negativa.

$$x = \frac{2 + \left(-\dfrac{5}{2}\right)(-4)}{1 + \left(-\dfrac{5}{2}\right)} = -8 \qquad y = \frac{-2 + \left(-\dfrac{5}{2}\right)(1)}{1 + \left(-\dfrac{5}{2}\right)} = 3$$

11. Las medianas de un triángulo se cortan en un punto $P(x, y)$ llamado baricentro, situado de los vértices a 2/3 de la distancia de cada uno de ellos al punto medio del lado opuesto. Hallar las coordenadas del baricentro de un triángulo cuyos vértices tienen de coordenadas $A(x_1, y_1)$, $B(x_2, y_2)$, $C(x_3, y_3)$.

Consideremos la mediana APD, siendo D el punto medio de BC.

Las coordenadas de D son $\dfrac{x_2 + x_3}{2}$, $\dfrac{y_2 + y_3}{2}$.

Como $\dfrac{AP}{AD} = \dfrac{2}{3}$, resulta $r = \dfrac{AP}{PD} = \dfrac{2}{1} = 2$.

$$x = \frac{x_1 + 2\left(\dfrac{x_2 + x_3}{2}\right)}{1 + 2} = \frac{x_1 + x_2 + x_3}{3}$$

$$y = \frac{y_1 + 2\left(\dfrac{y_2 + y_3}{2}\right)}{1 + 2} = \frac{y_1 + y_2 + y_3}{3}$$

Las coordenadas del baricentro de un triángulo son, pues, $\dfrac{1}{3}(x_1 + x_2 + x_3)$, $\dfrac{1}{3}(y_1 + y_2 + y_3)$.

Al mismo resultado se habría llegado considerando las medianas BPE o CPF, siendo en todo caso

$$r = \frac{AP}{PD} = \frac{BP}{PE} = \frac{CP}{PF} = \frac{2}{1} = 2.$$

INCLINACION Y PENDIENTE DE UNA RECTA

12. Hallar la pendiente m y el ángulo de inclinación θ de las rectas que unen los pares de puntos siguientes:

a) $(-8, -4), (5, 9)$.　　c) $(-11, 4), (-11, 10)$.
b) $(10, -3), (14, -7)$.　　d) $(8, 6), (14, 6)$.

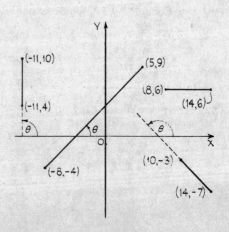

$$m = \operatorname{tg} \theta = \frac{y_2 - y_1}{x_2 - x_1}$$

a) $m = \dfrac{9 + 4}{5 + 8} = 1$　　　　$\theta = \operatorname{tg}^{-1} 1 = 45°$

b) $m = \dfrac{-7 + 3}{14 - 10} = -1$　　$\theta = \operatorname{tg}^{-1} -1 = 135°$

c) $m = \dfrac{10 - 4}{-11 + 11} = \dfrac{6}{0} = \infty$　$\theta = \operatorname{tg}^{-1} \infty = 90°$

d) $m = \dfrac{6 - 6}{14 - 8} = \dfrac{0}{6} = 0$　　$\theta = \operatorname{tg}^{-1} 0 = 0°$

13. Demostrar que los puntos $A(-3, 4)$, $B(3, 2)$ y $C(6, 1)$ son colineales.

Pendiente de $AB = \dfrac{2-4}{3+3} = -\dfrac{1}{3}$.   Pendiente de $AC = \dfrac{1-4}{6+3} = -\dfrac{1}{3}$.

Como la pendiente de AB es la misma que la de AC, los tres puntos están situados sobre la misma recta.

14. Demostrar, aplicando el concepto de pendiente, que los puntos $A(8, 6)$, $B(4, 8)$ y $C(2, 4)$ son los vértices de un triángulo rectángulo.

Pendiente de $AB = \dfrac{8-6}{4-8} = -\dfrac{1}{2}$ Pendiente de $BC = \dfrac{4-8}{2-4} = 2$.

Como la pendiente de AB es el recíproco con signo contrario de la pendiente de BC, estos dos lados del triángulo son perpendiculares.

ANGULO DE DOS RECTAS

15. Sabiendo que el ángulo formado por las rectas L_1 y L_2 es de $45°$, y que la pendiente m_1 de L_1 es $2/3$, hallar la pendiente m_2 de L_2.

$\text{tg } 45° = \dfrac{m_2 - m_1}{1 + m_2 m_1}$, es decir, $1 = \dfrac{m_2 - \dfrac{2}{3}}{1 + \dfrac{2}{3} m_2}$.   De esta ecuación, $m_2 = 5$.

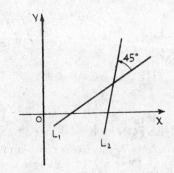

Problema 15   Problema 16

16. Hallar los ángulos interiores del triángulo cuyos vértices son $A(-3, -2)$, $B(2, 5)$ y $C(4, 2)$.

$m_{AB} = \dfrac{5+2}{2+3} = \dfrac{7}{5}$ $m_{BC} = \dfrac{2-5}{4-2} = -\dfrac{3}{2}$ $m_{CA} = \dfrac{2+2}{4+3} = \dfrac{4}{7}$

$\text{tg } A = \dfrac{m_{AB} - m_{CA}}{1 + m_{AB} m_{CA}} = \dfrac{\dfrac{7}{5} - \dfrac{4}{7}}{1 + \dfrac{7}{5}\left(\dfrac{4}{7}\right)} = \dfrac{29}{63}$ $A = 24° 43,1'$.

$\text{tg } B = \dfrac{m_{BC} - m_{AB}}{1 + m_{BC} m_{AB}} = \dfrac{-\dfrac{3}{2} - \dfrac{7}{5}}{1 + \left(-\dfrac{3}{2}\right)\left(\dfrac{7}{5}\right)} = \dfrac{29}{11}$, $B = 69° 13,6'$.

$\text{tg } C = \dfrac{m_{CA} - m_{BC}}{1 + m_{CA} m_{BC}} = \dfrac{\dfrac{4}{7} - \left(-\dfrac{3}{2}\right)}{1 + \dfrac{4}{7}\left(-\dfrac{3}{2}\right)} = \dfrac{29}{2}$, $C = 86° 3,3'$. Comprobación: $A + B + C = 180°$.

AREA DE UN POLIGONO DE VERTICES CONOCIDOS.

17. Hallar el área A del triángulo cuyos vértices son los puntos de coordenadas (2, 3), (5, 7), (—3, 4).

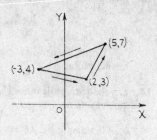

$$A = \tfrac{1}{2} \begin{vmatrix} 2 & 3 \\ 5 & 7 \\ -3 & 4 \\ 2 & 3 \end{vmatrix}$$

$$= \tfrac{1}{2}[2 \cdot 7 + 5 \cdot 4 + (-3)(3) - 2 \cdot 4 - (-3)(7) - 5 \cdot 3]$$

$$= \tfrac{1}{2}(14 + 20 - 9 - 8 + 21 - 15) = 11,5 \text{ unidades de superficie.}$$

18. Hallar el área A del pentágono cuyos vértices son los puntos de coordenadas (—5, —2), (—2, 5), (2, 7), (5, 1), (2, —4).

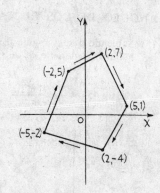

$$A = \tfrac{1}{2} \begin{vmatrix} -5 & -2 \\ -2 & 5 \\ 2 & 7 \\ 5 & 1 \\ 2 & -4 \\ -5 & -2 \end{vmatrix}$$

$$= \tfrac{1}{2}[(-5)(5) + (-2)(7) + 2 \cdot 1 + 5(-4) + 2(-2) - (-5)(-4) - 2 \cdot 1 - 5 \cdot 7 - 2 \cdot 5 - (-2)(-2)]$$

$$= \tfrac{1}{2}(-132) = -66.$$

Solución: 66 unidades de superficie. Si se toman los vértices recorriendo el polígono en el sentido contrario al de las agujas del reloj, el área se considera positiva, y en caso contrario negativa.

PROBLEMAS PROPUESTOS

1. Representar los puntos de coordenadas: (2, 3), (4, 0), (—3, 1), ($\sqrt{2}$, —1), (—2, 0), (—2, $\sqrt{3}$), (0, 1), (—2, $\sqrt{8}$), ($\sqrt{7}$, 0), (0, 0), (4,5, —2), ($\sqrt{10}$, — $\sqrt{2}$), (0, $\sqrt{3}$), (2,3, —6).

2. Representar los triángulos de vértices:
   a) (0, 0), (—1, 5), (4, 2);
   b) ($\sqrt{2}$, 0), (4, 5), (—3, 2);
   c) (2 + $\sqrt{2}$, —3), ($\sqrt{3}$, 3), (—2, 1 + $\sqrt{8}$).

3. Representar los polígonos de vértices:
   a) (—3, 2), (1, 5), (5, 3), (1, —2);
   b) (—5, 0), (—3, —4), (3, —3), (7, 2), (1, 6).

4. Hallar la distancia entre los pares de puntos cuyas coordenadas son:
   a) (4, 1), (3, —2);   *c*) (0, 3), (—4, 1);   *e*) (2, —6), (2, —2);
   b) (—7, 4), (1, —11);   *d*) (—1, —5), (2, —3);   *f*) (—3, 1), (3, —1).
   Sol. *a*) $\sqrt{10}$, *b*) 17, *c*) $2\sqrt{5}$, *d*) $\sqrt{13}$, *e*) 4, *f*) $2\sqrt{10}$.

5. Hallar el perímetro de los triángulos cuyos vértices son:
   a) (—2, 5), (4, 3), (7, —2);   *c*) (2, —5), (—3, 4), (0, —3);
   b) (0, 4), (—4, 1), (3, —3);   *d*) (—1, —2), (4, 2), (—3, 5).
   Sol. *a*) 23,56, *b*) 20,67, *c*) 20,74, *d*) 21,30.

6. Demostrar que los triángulos dados por las coordenadas de sus vértices son isósceles:
   a) (2, —2), (—3, —1), (1, 6);   *c*) (2, 4), (5, 1), (6, 5);
   b) (—2, 2), (6, 6), (2, —2);   *d*) (6, 7), (—8, —1), (—2, —7).

7. Demostrar que los triángulos dados por las coordenadas de sus vértices son rectángulos. Hallar sus áreas.

a) (0, 9), (—4, —1), (3, 2); c) (3, —2), (—2, 3), (0, 4);
b) (10, 5), (3, 2), (6, —5); d) (—2, 8), (—6, 1), (0, 4).
Sol. Areas: a) 29, b) 29, c) 7,5, d) 15 unidades de superficie.

8. Demostrar que los puntos siguientes son los vértices de un paralelogramo:

a) (—1, —2), (0, 1), (—3, 2), (—4, —1);
b) (—1, —5), (2, 1), (1, 5), (—2, —1); c) (2, 4), (6, 2), (8, 6), (4, 8).

9. Hallar las coordenadas del punto que equidista de los puntos fijos:

a) (3, 3), (6, 2), (8, —2); b) (4, 3), (2, 7), (—3, —8); c) (2, 3), (4, —1), (5, 2).
Sol. a) (3, —2), b) (—5, 1), c) (3, 1).

10. Demostrar, mediante la fórmula de la distancia, que los puntos siguientes son colineales:

a) (0, 4), (3, —2), (—2, 8); c) (1, 2), (—3, 10), (4, —4);
b) (—2, 3), (—6, 1), (—10, —1); d) (1, 3), (—2, —3), (3, 7).

11 Demostrar que la suma de los cuadrados de las distancias de un punto cualquiera $P(x, y)$ a dos vértices opuestos de un rectángulo es igual a la suma de los cuadrados de las distancias a los otros dos vértices. Supóngase que las coordenadas de los vértices son $(0, 0)$, $(0, b)$, (a, b) y $(a, 0)$.

12. Hallar el punto de abscisa 3 que diste 10 unidades del punto (—3, 6).
Sol. (3, —2), (3, 14).

13. Hallar las coordenadas de un punto $P(x, y)$ que divida al segmento que determinan $P_1(x_1, y_1)$ y $P_2(x_2, y_2)$ en la relación $r = \dfrac{P_1P}{PP_2}$

a) $P_1(4, -3)$, $P_2(1, 4)$, $r = \dfrac{2}{1}$. d) $P_1(0, 3)$, $P_2(7, 4)$, $r = -\dfrac{2}{7}$.

b) $P_1(5, 3)$, $P_2(-3, -3)$, $r = \dfrac{1}{3}$. e) $P_1(-5, 2)$, $P_2(1, 4)$, $r = -\dfrac{5}{3}$.

c) $P_1(-2, 3)$, $P_2(3, -2)$, $r = \dfrac{2}{5}$. f) $P_1(2, -5)$, $P_2(6, 3)$, $r = \dfrac{3}{4}$.

Sol. a) $\left(2, \dfrac{5}{3}\right)$, b) $\left(3, \dfrac{3}{2}\right)$, c) $\left(-\dfrac{4}{7}, \dfrac{11}{7}\right)$, d) $\left(-\dfrac{14}{5}, \dfrac{13}{5}\right)$, e) (10, 7), f) $\left(\dfrac{26}{7}, -\dfrac{11}{7}\right)$.

14. Hallar las coordenadas del baricentro de los triángulos cuyos vértices son:

a) (5, 7), (1, —3), (—5, 1); c) (3, 6), (—5, 2), (7, —6); e) (—3, 1), (2, 4), (6, —2).
b) (2, —1), (6, 7), (—4, —3); d) (7, 4), (3, —6), (—5, 2);

Sol. a) $\left(\dfrac{1}{3}, \dfrac{5}{3}\right)$, b) $\left(\dfrac{4}{3}, 1\right)$, c) $\left(\dfrac{5}{3}, \dfrac{2}{3}\right)$, d) $\left(\dfrac{5}{3}, 0\right)$, e) $\left(\dfrac{5}{3}, 1\right)$.

15 Sabiendo que el punto (9, 2) divide al segmento que determinan los puntos $P_1(6, 8)$ y $P_2(x_2, y_2)$ en la relación $r = 3/7$, hallar las coordenadas de P_2.
Sol. (16, —12).

16. Hallar las coordenadas de los vértices de un triángulo sabiendo que las coordenadas de los puntos medios de sus lados son (—2, 1), (5, 2) y (2, —3).
Sol. (1, 6), (9, —2), (—5, —4).

17. Hallar las coordenadas de los vértices de un triángulo cuyas coordenadas de los puntos medios de sus lados son (3, 2), (—1, —2) y (5, —4).
Sol. (—3, 4), (9, 0), (1, —8).

18. Demostrar analíticamente que las rectas que unen los puntos medios de los lados adyacentes del cuadrilátero $A(-3, 2)$, $B(5, 4)$, $C(7, -6)$ y $D(-5, -4)$ forman otro cuadrilátero cuyo perímetro es igual a la suma de las diagonales del primero.

19. Demostrar que las rectas que unen los puntos medios de dos lados de los triángulos del Problema 14 son paralelas al tercer lado e iguales a su mitad.

20. Dado el cuadrilátero $A(-2, 6)$, $B(4, 4)$, $C(6, -6)$ y $D(2, -8)$, demostrar que:

a) La recta que une los puntos medios de AD y BC pasa por el punto medio del segmento que une los puntos medios de AB y CD.

b) Los segmentos que unen los puntos medios de los lados adyacentes del cuadrilátero forman un paralelogramo.

21. El segmento que une $A(-2, -1)$ con $B(3, 3)$ se prolonga hasta C. Sabiendo que $BC = 3AB$, hallar las coordenadas de C.   *Sol.*   (18, 15).

22. Demostrar que el punto medio de la hipotenusa de un triángulo rectángulo equidista de los vértices. Ind.: Supóngase que las coordenadas del vértice del ángulo recto son $(0, 0)$ y las de los otros vértices $(a, 0)$ y $(0, b)$.

23. Demostrar que en los triángulos isósceles del Problema 6 dos de las medianas son de la misma longitud.

24. Hallar las pendientes de las rectas que pasan por los puntos:

a) $(3, 4), (1, -2)$;   c) $(6, 0), (6, \sqrt{3})$;   e) $(2, 4), (-2, 4)$;

b) $(-5, 3), (2, -3)$;   d) $(1, 3), (7, 1)$;   f) $(3, -2), (3, 5)$.

Sol.   a)   3,   b) $-\dfrac{6}{7}$,   c) ∞,   d) $-\dfrac{1}{3}$,   e)   0,   f) ∞.

25. Hallar las inclinaciones de las rectas que pasan por los puntos:

a) $(4, 6)$ y $(1, 3)$;   c) $(2, 3)$ y $(1, 4)$;   e) $(\sqrt{3}, 2)$ y $(0, 1)$;

b) $(2, \sqrt{3})$ y $(1, 0)$;   d) $(3, -2)$ y $(3, 5)$;   f) $(2, 4)$ y $(-2, 4)$.

Sol.   a) $\theta = \text{tg}^{-1} 1 = 45°$;   c) $\theta = \text{tg}^{-1} -1 = 135°$;   e) $\theta = \text{tg}^{-1} 1/\sqrt{3} = 30°$;

   b) $\theta = \text{tg}^{-1} \sqrt{3} = 60°$;   d) $\theta = \text{tg}^{-1} \infty = 90°$;   f) $\theta = \text{tg}^{-1} 0 = 0°$.

26. Aplicando el concepto de pendiente, averiguar cuáles de los puntos siguientes son colineales.

a) $(2, 3), (-4, 7)$ y $(5, 8)$;   d) $(0, 5), (5, 0)$ y $(6, -1)$;

b) $(4, 1), (5, -2)$ y $(6, -5)$;   e) $(a, 0), (2a, -b)$ y $(-a, 2b)$;

c) $(-1, -4), (2, 5)$ y $(7, -2)$;   f) $(-2, 1), (3, 2)$ y $(6, 3)$.

Sol.   a)   No,   b)   Sí,   c)   No,   d)   Sí,   e)   Sí,   f)   No.

27. Demostrar que el punto $(1, -2)$ está situado en la recta que pasa por los puntos $(-5, 1)$ y $(7, -5)$ y que equidista de ellos.

28. Aplicando el concepto de pendiente, demostrar que los puntos siguientes son los vértices de un triángulo rectángulo.

a) $(6, 5), (1, 3)$ y $(5, -7)$;   c) $(2, 4), (4, 8)$ y $(6, 2)$;

b) $(3, 2), (5, -4)$ y $(1, -2)$;   d) $(3, 4), (-2, -1)$ y $(4, 1)$.

29. Hallar los ángulos interiores de los triángulos cuyos vértices son:

a) $(3, 2), (5, -4)$ y $(1, -2)$;   *Sol.* $45°, 45°, 90°$.

b) $(4, 2), (0, 1)$ y $(6, -1)$;   *Sol.* $109° 39,2', 32° 28,3', 37° 52,5'$.

c) $(-3, -1), (4, 4)$ y $(-2, 3)$;   *Sol.* $113° 29,9', 40° 25,6', 26° 4,5'$.

30. Demostrar, hallando los ángulos interiores, que los triángulos siguientes son isósceles, y efectuar la comprobación calculando las longitudes de los lados.

a) (2, 4), (5, 1) y (6, 5);   *Sol.* 59° 2,2', 61° 55,6', 59° 2,2'.

b) (8, 2), (3, 8) y (—2, 2);   *Sol.* 50° 11,7', 79° 36,6', 50° 11,7'.

c) (3, 2), (5, —4) y (1, —2);   *Sol.* 45°, 45°, 90°.

d) (1, 5), (5, —1) y (9, 6);   *Sol.* 63° 26', 63° 26', 53° 8'.

31. La pendiente de una recta que pasa por el punto $A(3, 2)$ es igual a 3/4. Situar dos puntos sobre esta recta que disten 5 unidades de A.
Sol. (7, 5), (—1, —1).

32. El ángulo formado por la recta que pasa por los puntos (—4, 5) y (3, y) con la que pasa por (—2, 4) y (9, 1) es de 135°. Hallar el valor de y.   *Sol.* $y = 9$.

33. La recta L_2 forma un ángulo de 60° con la recta L_1. Si la pendiente de L_1 es 1, hallar la pendiente de L_2.
Sol. $—(2 + \sqrt{3})$.

34. Hallar la pendiente de una recta que forma un ángulo de 45° con la recta que pasa por los puntos de coordenadas (2, —1) y (5, 3).   *Sol.* $m_2 = —7$.

35. Hallar la ecuación de la recta que pasa por el punto (2, 5) y forma un ángulo de 45° con la recta de ecuación $x — 3y + 6 = 0$.   *Sol.* $2x — y + 1 = 0$.

36. Hallar las áreas de los triángulos cuyas coordenadas de los vértices son:

a) (2, —3), (4, 2) y (—5, —2)   *Sol.* 18,5 unidades de superficie.

b) (—3, 4), (6, 2) y (4, —3)   *Sol.* 24;5.

c) (—8, —2), (—4, —6) y (—1, 5)   *Sol.* 28.

d) (0, 4), (—8, 0) y (—1, —4)   *Sol.* 30.

e) ($\sqrt{2}$, 2), (—4, 6) y (4, —2$\sqrt{2}$)   *Sol.* $7\sqrt{2} — 2 = 7,899$.

f) (—7, 5), (1, 1) y (—3, 3)   *Sol.* 0. Razonar la respuesta.

g) (a, $b + c$), (b, $c + a$) y (c, $a + b$)   *Sol.* 0.

37. Hallar las áreas de los polígonos cuyas coordenadas de los vértices son:

a) (2, 5), (7, 1), (3, —4) y (—2, 3)   *Sol.* 39,5 unidades de superficie.

b) (0, 4), (1, —6), (—2, —3) y (—4, 2)   *Sol.* 25,5.

c) (1, 5), (—2, 4), (—3, —1), (2, —3) y (5, 1)   *Sol.* 40.

38. Demostrar que las rectas que unen los puntos medios de los lados de los triángulos del Problema 36 dividen a cada uno de ellos en cuatro triángulos de áreas iguales.

CAPITULO 2

Ecuaciones y lugares geométricos

LOS DOS PROBLEMAS FUNDAMENTALES DE LA GEOMETRIA ANALITICA SON:

1. Dada una ecuación, hallar el lugar geométrico que representa.
2. Dado un lugar geométrico definido por determinadas condiciones, hallar su ecuación matemática.

LUGAR GEOMETRICO, o gráfica, de una ecuación de dos variables es una línea, recta o curva, que contiene todos los puntos, y solo ellos, cuyas coordenadas satisfacen la ecuación dada.

Antes de representar gráficamente el lugar geométrico que corresponde a una ecuación dada, es muy conveniente, para determinar su forma, conocer algunas propiedades del lugar en cuestión, como, por ejemplo: intersecciones con los ejes, simetrías, campo de variación de las variables, etc.

INTERSECCIONES CON LOS EJES. Son las distancias (positivas o negativas) desde el origen hasta los puntos en los que la línea del lugar corta a los ejes coordenados.

Para hallar la intersección con el eje x se hace $y = 0$ en la ecuación dada y se despeja la variable x. Análogamente, para hallar la intersección con el eje y, se hace $x = 0$ y se despeja y.

Por ejemplo, en la ecuación $y^2 + 2x = 16$, para $y = 0$, $x = 8$; para $x = 0$, $y = \pm 4$. Por tanto, la abscisa del punto de intersección con el eje x es 8 y las ordenadas de los de intersección con el eje y son ± 4.

SIMETRIAS. Dos puntos son simétricos con respecto a una recta si ésta es la mediatriz del segmento que los une. Dos puntos son simétricos con respecto a otro punto, si éste es el punto medio del segmento que los une. En consecuencia:

1. Si una ecuación no se altera al sustituir x por $-x$, su representación gráfica, o lugar, es simétrica con respecto al eje y. A todo valor de y en esta ecuación, le corresponden dos valores iguales de x en valor absoluto pero de signos contrarios.

   Ejemplo: $x^2 - 6y + 12 = 0$, es decir, $x = \pm\sqrt{6y - 12}$.

2. Si una ecuación no varía al sustituir y por $-y$, su representación gráfica, o lugar, es simétrica con respecto al eje x. A todo valor de x en esta ecuación le corresponden dos valores numéricamente iguales de y en valor absoluto pero de signos contrarios.

   Ejemplo: $y^2 - 4x - 7 = 0$, es decir, $y = \pm\sqrt{4x + 7}$.

3. Si una ecuación no varía al sustituir x por $-x$ e y por $-y$, su representación gráfica, o lugar, es simétrica con respecto al origen.

   Ejemplo: $x^3 + x + y^3 = 0$.

CAMPOS DE VARIACION. Los valores de una de las variables para los cuales la otra se hace imaginaria, carecen de sentido.

Sea la ecuación $y^2 = 2x - 3$, o bien, $y = \pm\sqrt{2x - 3}$. Si x es menor que 1,5, $2x - 3$ es negativo e y es imaginario. Por tanto, no se deben considerar los valores de x menores que 1,5 y, en consecuencia, la curva del lugar estará situada toda ella a la derecha de la recta $x = 1,5$.

Despejando x, $x = \frac{1}{2}(y^2 + 3)$. Como x es real para todos los valores de y, la curva del lugar se extiende hasta el infinito, aumentando y a medida que lo hace x desde el valor $x = 1,5$.

PROBLEMAS RESUELTOS

LUGAR GEOMETRICO DE UNA ECUACION

1. Representar la elipse de ecuación $9x^2 + 16y^2 = 144$.

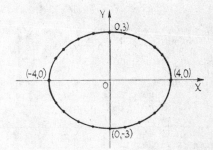

Intersecciones con los ejes. Para $y = 0$, $x = \pm 4$. Para $x = 0$, $y = \pm 3$. Por tanto, corta al eje x en los puntos de abscisa ± 4, y al eje y en los de ordenada ± 3.

Simetrías. Como la ecuación solo contiene potencias pares de x e y, la curva es simétrica con respecto a los dos ejes y, por tanto, con respecto al origen. Así, pues, basta con dibujar la porción de curva contenida en el primer cuadrante y trazar después el resto de ella por simetría.

Campo de variación. Despejando y y x,

$$ y = \pm \frac{3}{4}\sqrt{16 - x^2}, \qquad x = \pm \frac{4}{3}\sqrt{9 - y^2}. $$

Si x es, *en valor absoluto*, mayor que 4, $16 - x^2$ es negativo e y es imaginario. Luego x no puede tomar valores mayores que 4 ni menores que —4, es decir, $4 \geqq x \geqq -4$. Análogamente, y no puede tomar valores mayores que 3 ni menores que —3, o sea, $3 \geqq y \geqq -3$.

x	0	± 1	± 2	± 3	$\pm 3{,}5$	± 4
y	$+3$	$\pm 2{,}9$	$\pm 2{,}6$	$\pm 2{,}0$	$\pm 1{,}5$	0

2. Representar la parábola de ecuación $y^2 - 2y - 4x + 9 = 0$.

Despejando y de la fórmula de resolución de la ecuación de segundo grado,

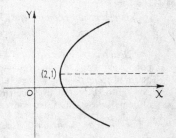

$$ y = \frac{-b \pm \sqrt{b^2 - 4ac}}{2a}, \text{ siendo } a = 1, b = -2, c = -4x + 9: $$

$$ y = 1 \pm 2\sqrt{x - 2}. \quad (1) $$

Despejando x, $\qquad x = \dfrac{y^2 - 2y + 9}{4}. \quad (2)$

Intersecciones con los ejes. Para $y = 0$, $x = 9/4$. Para $x = 0$, y es imaginario ($1 \pm 2\sqrt{-2}$). Por tanto, la curva corta al eje x en el punto de abscisa 9/4 y no corta al eje y.

Simetrías. La curva no es simétrica ni con respecto a los ejes ni con respecto al origen.

Es simétrica con respecto a la recta $y = 1$, con lo cual, a cada valor de x se obtienen dos de y, uno mayor que 1 y otro menor que 1.

Campos de variación. De (1) se deduce que si x es menor que 2, $x - 2$ es negativo e y imaginario. Por tanto, x no puede tomar valores menores que 2.

Análogamente, de (2) se deduce que como x es real para todos los valores de y, esta variable puede tomar todos los valores reales.

x	2	9/4	3	4	5	6
y	1	0; 2	3; —1	3,8; —1,8	4,5; —2,5	5; —3

3. Representar la hipérbola $xy - 2y - x = 0$.

Intersecciones con los ejes. Para $x = 0$, $y = 0$; para $y = 0$, $x = 0$.

Simetrías. La curva no es simétrica ni con respecto a los ejes coordenados ni con respecto al origen.

Campos de variación. Despejando y, $y = \dfrac{x}{x - 2}$. para $x = 2$, el denominador, $x - 2$, se anula e y se hace infinito.

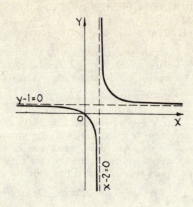

Despejando x, $x = \dfrac{2y}{y - 1}$. Para $y = 1$, el denominador, $y - 1$, se anula y x se hace infinito.

Ninguna de las dos variables se hace imaginaria para valores reales de la otra.

x	0	1	$1\frac{1}{2}$	$1\frac{3}{4}$	2	$2\frac{1}{4}$	$2\frac{1}{2}$	3	4	5	-1	-2	-3	-4
y	0	-1	-3	-7	∞	9	5	3	2	1,7	0,3	0,5	0,6	0,7

Cuando x tiende a 2 por la izquierda, y tiende a menos infinito. Cuando x tiende a 2 por la derecha, y tiende a más infinito. Las dos ramas de la curva se aproximan indefinidamente a la recta $x = 2$ haciéndose tangentes a ella en $\pm$ infinito. La recta $x - 2 = 0$ se denomina asíntota vertical de la curva.

Veamos qué ocurre cuando x tiende hacia infinito. Consideremos $y = \dfrac{x}{x - 2} = \dfrac{1}{1 - \dfrac{2}{x}}$.

Cuando x tiende a más o menos infinito, $\dfrac{2}{x}$ tiende a cero e y tiende a 1. La recta $y - 1 = 0$ es una asíntota horizontal.

4. Representar la función

$$x^2y - 4y + x = 0.$$

Intersecciones con los ejes. Para $x = 0$, $y = 0$.
Para $y = 0$, $x = 0$.

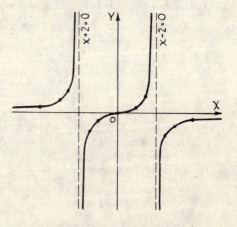

Simetrías. Sustituyendo $-x$ por x, y $-y$ por y, se obtiene la ecuación $-x^2y + 4y - x = 0$, que multiplicada por -1 es la ecuación original. Por tanto, la curva es simétrica con respecto al origen. No es simétrica con respecto a los ejes.

Campo de variación. Despejando y,

$$y = \frac{x}{4 - x^2} = \frac{x}{(2 - x)(2 + x)}.$$

Las asíntotas verticales son $x - 2 = 0$, $x + 2 = 0$.

Despejando x se obtiene, $x = \dfrac{-1 \pm \sqrt{1 + 16y^2}}{2y}$. La asíntota horizontal es $y = 0$.

Ninguna de las variables se hace imaginaria para valores reales de la otra.

x	-4	-3	$-2,5$	-2	$-1,5$	-1	0	1	1,5	2	2,5	3	4
y	0,3	0,6	1,1	∞	$-0,9$	$-0,3$	0	0,3	0,9	∞	$-1,1$	$-0,6$	$-0,3$

5. Representar el lugar geométrico $x^2 - x + xy + y - 2y^2 = 0$.

Algunas veces, una ecuación se puede descomponer en producto de varios factores y, en este caso, su gráfica consta de la correspondiente a cada uno de ellos.

Como la ecuación dada se descompone en los factores

$$(x - y)(x + 2y - 1) = 0,$$

su gráfica se compone de las dos rectas

$$x - y = 0 \quad y \quad x + 2y - 1 = 0.$$

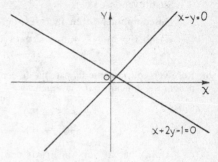

6. Determinar los puntos reales, si existen, que satisfacen las ecuaciones siguientes.

a) $(x + 4)^2 + (y - 2)^2 = -5$.

b) $x^2 + y^2 = 0$.

c) $x^2 + y^2 - 8x + 2y + 17 = 0$.

d) $x^2 + 2y^2 - 6x + 11 = 0$.

e) $(x^2 - 4y^2)^2 + (x + 3y - 10)^2 = 0$.

f) $x^2 + (2i - 1)x - (6i + 5)y - 1 = 0$.

a) Como el cuadrado de todo número real es positivo, tanto $(x + 4)^2$ como $(y - 2)^2$ son positivos y, por tanto, la ecuación no se satisface para valores reales ni de x ni de y.

b) Es evidente que el único punto real que satisface a la ecuación dada es el origen $(0, 0)$.

c) Escribiendo la ecuación en la forma $(x^2 - 8x + 16) + (y^2 + 2y + 1) = 0$, o bien, $(x - 4)^2 + (y + 1)^2 = 0$, cuando $x - 4 = 0$ e $y + 1 = 0$, es decir, para $x = 4$, $y = -1$, el único punto real que la satisface es el de coordenadas $(4, -1)$.

d) Escribiendo la ecuación dada en la forma $x^2 - 6x + 9 + 2y^2 + 2 = 0$, o bien, $(x - 3)^2 + 2y^2 + 2 = 0$, como $(x - 3)^2$, $2y^2$ y 2 son positivos para todos los valores reales de x e y, la ecuación dada no se satisface para valores reales de dichas variables.

e) La ecuación se satisface para los valores de x e y que verifican, simultáneamente, las ecuaciones $x^2 - 4y^2 = 0$ y $x + 3y - 10 = 0$. Resolviendo el sistema formado por ambas se obtienen los puntos $(4, 2)$ y $(-20, 10)$, que son los únicos puntos reales que satisfacen la ecuación dada.

f) Agrupando las partes reales e imaginarias se obtiene $(x^2 - x - 5y - 1) + 2i(x - 3y) = 0$. Esta ecuación se satisface para los valores de x e y que verifican, simultáneamente, las ecuaciones $x^2 - x - 5y - 1 = 0$ y $x - 3y = 0$. Resolviendo el sistema formado por ambas se obtienen los puntos $(3, 1)$ y $(-1/3, -1/9)$, que son los únicos puntos reales que satisfacen a la ecuación dada.

7. Resolver gráficamente el sistema formado por las ecuaciones siguientes y comprobar el resultado por vía algebraica.

$$xy = 8 \qquad (1)$$
$$x - y + 2 = 0 \qquad (2)$$

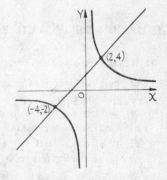

Despejando y en (1) se obtiene, $y = \dfrac{8}{x}$. Para $x = 0$, y es infinito.

Despejando x en (1) se obtiene, $x = \dfrac{8}{y}$. Para $y = 0$, x es infinito.

Por tanto, $y = 0$ es una asíntota horizontal y $x = 0$ una asíntota vertical.

x	0	1	2	3	4	—1	—2	—3	—4
y	∞	8	4	8/3	2	—8	—4	—8/3	—2

La ecuación (2) representa una recta que corta a los ejes en los puntos $(-2, 0)$ y $(0, 2)$.
Gráficamente se deducen las soluciones $(-4, -2)$ y $(2, 4)$.

Solución algebraica. De (2), $y = x + 2$.

Sustituyendo en (1), $x(x + 2) = 8$, es decir, $x^2 + 2x - 8 = 0$.

Descomponiendo en factores, $(x + 4)(x - 2) = 0$. Por tanto, $x = -4$ y $x = 2$.

Como $y = x + 2$, $y = -2$ para $x = -4$ e $y = 4$ para $x = 2$.

8. Resolver gráficamente el sistema de ecuaciones siguiente y comprobar su solución por vía algebraica.

$$4x^2 + y^2 = 100 \qquad (1)$$
$$9x^2 - y^2 = 108 \qquad (2)$$

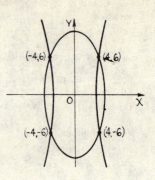

Ambas curvas son simétricas con respecto a los ejes y al origen.

Despejando y en (1) se obtiene, $y = \pm \sqrt{100 - 4x^2}$. Luego x no puede tomar valores mayores que 5 ni menores que —5.

Despejando x en (1) se obtiene, $x = \frac{1}{2} \sqrt{100 - y^2}$. Luego y no puede tomar valores mayores que 10 ni menores que —10.

x	0	± 1	± 2	± 3	± 4	± 5
y	± 10	$\pm 9,8$	$\pm 9,2$	± 8	± 6	0

Despejando y en (2) se obtiene, $y = \pm 3 \sqrt{x^2 - 12}$. Luego x no puede tomar valores comprendidos entre $\sqrt{12}$ y $-\sqrt{12}$.

Despejando x en (2) se obtiene, $x = \pm \frac{1}{3} \sqrt{y^2 + 108}$. Luego y puede tomar cualquier valor.

x	$\pm \sqrt{12}$	± 4	± 5	± 6
y	0	± 6	$\pm 10,8$	$\pm 14,7$

Gráficamente se deducen las soluciones $(4, \pm 6)$, $(-4, \pm 6)$.

Solución algebraica.
$$4x^2 + y^2 = 100$$
$$9x^2 - y^2 = 108$$
$$13x^2 = 208, \quad x^2 = 16, \quad y \quad x = \pm 4.$$
$$y^2 = 9x^2 - 108 = 144 - 108 = 36, \text{ e } y = \pm 6.$$

ECUACION DE UN LUGAR GEOMETRICO.

9. Hallar la ecuación de la recta que sea,

   a) paralela al eje y y que corte al eje x cinco unidades a la izquierda del origen.
   b) paralela al eje x y que corte al eje y siete unidades por encima del origen.
   c) paralela y a la derecha de la recta $x + 4 = 0$ y que diste de ella 10 unidades.
   d) paralela y por debajo de la recta $y = 2$ y que diste de ella 5 unidades.
   e) paralela a la recta $y + 8 = 0$ y que diste 6 unidades del punto $(2, 1)$.
   f) perpendicular a la recta $y - 2 = 0$ y que diste 4 unidades del punto $(-1, 7)$.

   a) $x = -5$, es decir, $x + 5 = 0$. Esta es la ecuación de la recta que es paralela al eje y y que está situada 5 unidades a su izquierda.

   b) $y = 7$, es decir, $y - 7 = 0$. Esta es la ecuación de la recta que es paralela al eje x y que está situada 7 unidades por encima del origen.

c) $x = -4 + 10$, es decir, $x = 6$. Esta es la ecuación de la recta situada 10 unidades a la derecha de la recta $x + 4 = 0$. Es paralela al eje *y* y está situada 6 unidades a su derecha.

d) $y = 2 - 5$, es decir, $y = -3$. Esta es la ecuación de la recta situada 5 unidades por debajo de la recta $y - 2 = 0$. Es paralela al eje *x* y está a 3 unidades por debajo de él.

e) Como la recta $y + 8 = 0$ es paralela al eje *x*, las dos rectas pedidas también lo serán y estarán situadas 6 unidades por debajo y por encima, respectivamente, de la recta $y = 1$. Luego $y = 1 \pm 6$, es decir, $y = 7$ e $y = -5$.

f) Como la recta $y - 2 = 0$ es paralela al eje *x*, las dos rectas pedidas también lo serán y estarán a 4 unidades de la derecha o a la izquierda de la recta $x = -1$. Luego $x = -1 \pm 4$, es decir, $x = 3$ y $x = -5$.

10. Hallar la ecuación de la recta que sea,

a) paralela al eje *x* y que diste 5 unidades del punto $(3, -4)$,

b) equidistante de las rectas $x + 5 = 0$ y $x - 2 = 0$,

c) que diste tres veces más de la recta $y - 9 = 0$ que de $y + 2 = 0$.

Sea (x, y) un punto genérico de la recta pedida.

a) $y = -4 \pm 5$, es decir, $y = 1$ e $y = -9$.

b) $\dfrac{5 + x}{2 - x} = 1$, o sea, $x = \dfrac{-5 + 2}{2} = -\dfrac{3}{2}$, o bien, $2x + 3 = 0$.

c) $\dfrac{y + 2}{9 - y} = \pm \dfrac{1}{3}$. Simplificando, $4y - 3 = 0$ y $2y + 15 = 0$.

Para la recta $4y - 3 = 0$, situada entre las dos dadas, la relación es $+\frac{1}{3}$. Para la recta $2y + 15 = 0$ situada por debajo de ellas, la relación es $-\frac{1}{3}$.

11. Hallar la ecuación del lugar geométrico de los puntos equidistantes de $A(-2, 3)$ y $B(3, -1)$.

$PA = PB$, es decir, $\sqrt{(x + 2)^2 + (y - 3)^2} = \sqrt{(x - 3)^2 + (y + 1)^2}$.

Elevando al cuadrado y simplificando se obtiene, $10x - 8y + 3 = 0$. Esta es la ecuación de la mediatriz del segmento que une los dos puntos dados.

12. Hallar la ecuación de la recta que pase,

a) por el punto $(-4, 5)$ y cuya pendiente sea $2/3$.

b) por los puntos $(3, -1)$ y $(0, 6)$.

Sea (x, y) un punto genérico de la recta pedida.
La pendiente de la recta que pasa por los puntos (x_1, y_1) y (x_2, y_2) es $\dfrac{y_2 - y_1}{x_2 - x_1}$.

a) La pendiente de la recta que pasa por los puntos $(-4, 5)$ y (x, y) es $\dfrac{2}{3}$.

Por tanto, $\dfrac{y - 5}{x + 4} = \dfrac{2}{3}$. Simplificando, $2x - 3y + 23 = 0$.

b) La pendiente de la recta que pasa por los puntos $(3, -1)$ y $(0, 6)$ es igual a la pendiente de la recta que pasa por los puntos $(0, 6)$ y (x, y).

Por tanto, $\dfrac{6 + 1}{0 - 3} = \dfrac{y - 6}{x - 0}$. Simplificando, $7x + 3y - 18 = 0$.

13. Hallar la ecuación de la recta que pase,

a) por el punto $(2, -1)$ y sea perpendicular a la recta que une los puntos $(4, 3)$ y $(-2, 5)$,

b) por el punto $(-4, 1)$ y sea paralela a la recta que une los puntos $(2, 3)$ y $(-5, 0)$.

a) Si dos rectas son perpendiculares, la pendiente de una de ellas es igual al recíproco, con signo contrario, de la pendiente de la otra.

Pendiente de la recta que pasa por $(4, 3)$ y $(-2, 5) = \dfrac{5-3}{-2-4} = -\dfrac{1}{3}$.

Pendiente de la recta pedida = recíproco con signo contrario de $-\dfrac{1}{3} = 3$.

Sea (x, y) un punto genérico de la recta pedida. La pendiente de la recta que pasa por (x, y) y $(2, -1)$ es. $\dfrac{y+1}{x-2} = 3$. Simplificando, $3x - y - 7 = 0$.

b) Si las dos rectas son paralelas, sus pendientes son iguales.

Sea (x, y) un punto genérico de la recta pedida.

Pendiente de la recta que pasa por $(2, 3)$ y $(-5, 0)$ = pendiente de la recta que pasa por (x, y) y $(-4, 1)$.

Por tanto, $\dfrac{3-0}{2+5} = \dfrac{y-1}{x+4}$. Simplificando. $3x - 7y + 19 = 0$.

14. Hallar el lugar geométrico de los puntos $P(x, y)$ cuya distancia al punto fijo $C(2, -1)$ sea igual a 5.

Distancia $PC = 5$, es decir, $\sqrt{(x-2)^2 + (y+1)^2} = 5$.

Elevando al cuadrado y simplificando se obtiene la ecuación del lugar pedido. $x^2 + y^2 - 4x + 2y = 20$.

Este lugar es una circunferencia de centro el punto $(2, -1)$ y de radio 5.

15. Hallar la ecuación del lugar geométrico de los puntos $P(x, y)$ cuya suma de cuadrados de distancias a los puntos fijos $A(0, 0)$ y $B(2, -4)$ sea igual a 20.

$(PA)^2 + (PB)^2 = 20$, o bien, $x^2 + y^2 + [(x-2)^2 + (y+4)^2] = 20$.

Simplificando. $x^2 + y^2 - 2x + 4y = 0$. Esta es la ecuación de una circunferencia de diámetro AB.

16. Hallar la ecuación del lugar geométrico de los puntos cuya suma de distancias a los ejes coordenados sea igual al cuadrado de sus distancias al origen.

Distancia de $P(x, y)$ al eje y + distancia al eje x = cuadrado de distancia al $(0, 0)$.

Luego $x + y = x^2 + y^2$, o bien. $x^2 + y^2 - x - y = 0$. Esta es la ecuación de una circunferencia de centro $(\tfrac{1}{2}, \tfrac{1}{2})$ y radio $\tfrac{1}{2}\sqrt{2}$.

17. Hallar la ecuación del lugar geométrico de los puntos $P(x, y)$ cuya relación de distancias a la recta $y - 4 = 0$ y al punto $(3, 2)$ sea igual a 1.

$\dfrac{\text{Distancia de } P(x, y) \text{ a } y - 4 = 0}{\text{Distancia de } P(x, y) \text{ a } (3, 2)} = 1$, o sea, $\dfrac{4-y}{\sqrt{(x-3)^2 + (y-2)^2}} = 1$.

Elevando al cuadrado y simplificando, $(4-y)^2 = (x-3)^2 + (y-2)^2$, o bien, $x^2 - 6x + 4y - 3 = 0$.

Esta es la ecuación de una parábola.

18. Dados dos puntos $P_1(2, 4)$ y $P_2(5, -3)$, hallar la ecuación del lugar geométrico de los puntos $P(x, y)$ de manera que la pendiente de PP_1 sea igual a la pendiente de PP_2 más la unidad.

Pendiente de PP_1 = pendiente de PP_2 + 1, o sea, $\dfrac{y - 4}{x - 2} = \dfrac{y + 3}{x - 5} + 1$.

Simplificando, $x^2 + 3y - 16 = 0$, que es la ecuación de una parábola.

19. Hallar la ecuación del lugar geométrico de los puntos $P(x, y)$ equidistantes del punto fijo $F(3, 2)$ y del eje y.

$PF = x$, es decir, $\sqrt{(x - 3)^2 + (y - 2)^2} = x$, o sea, $x^2 - 6x + 9 + y^2 - 4y + 4 = x^2$.

Simplificando, $y^2 - 4y - 6x + 13 = 0$, que es la ecuación de una parábola.

20. Hallar la ecuación del lugar geométrico de los puntos $P(x, y)$ cuya diferencia de distancias a los puntos fijos $F_1(1, 4)$ y $F_2(1, -4)$ sea igual a 6.

$PF_1 - PF_2 = 6$, es decir, $\sqrt{(x - 1)^2 + (y - 4)^2} - \sqrt{(x - 1)^2 + (y + 4)^2} = 6$.

Pasando un radical al segundo miembro.

$$\sqrt{(x - 1)^2 + (y - 4)^2} = 6 + \sqrt{(x - 1)^2 + (y + 4)^2}.$$

Elevando al cuadrado. $x^2 - 2x + 1 + y^2 - 8y + 16 = 36 + 12\sqrt{(x - 1)^2 + (y + 4)^2} + x^2 - 2x + 1 + y^2 + 8y + 16$.

Simplificando, $4y + 9 = -3\sqrt{(x - 1)^2 + (y + 4)^2}$.

Elevando al cuadrado, $16y^2 + 72y + 81 = 9x^2 - 18x + 9 + 9y^2 + 72y + 144$.

Simplificando, $9x^2 - 7y^2 - 18x + 72 = 0$, ecuación de una hipérbola.

PROBLEMAS PROPUESTOS

LÚGAR GEOMETRICO DE UNA ECUACION.

Trazar la gráfica de las ecuaciones 1 — 18.

1. $x^2 + 2x - y + 3 = 0$

2. $4x^2 - 9y^2 + 36 = 0$

3. $x^2 + y^2 - 8x + 4y - 29 = 0$

4. $2x^2 + 3y^2 - 18 = 0$

5. $3x^2 + 5y^2 = 0$

6. $4y^2 - x^3 = 0$

7. $(xy - 6)^2 + (x^2 + 3xy + y^2 + 5) = 0$

8. $8y - x^3 = 0$

9. $y^2 = x(x - 2)(x + 3)$

10. $y = x(x + 2)(x - 3)$

11. $(x^2 + 2xy - 24)^2 + (2x^2 + y^2 - 33)^2 = 0$

12. $x^2y + 4y - 8 = 0$

13. $x^2y^2 + 4x^2 - 9y^2 = 0$

14. $x^2 + y^2 + 4x - 6y + 17 = 0$

15. $2x^2 + y^2 - 2y^2i + x^2i - 54 - 17i = 0$

16. $y(x + 2)(x - 4) - 8 = 0$

17. $x^2 + xy - 2y^2 - 3x + 3y = 0$

18. $(x^2 - y) - yi = (5 - 2x) + 3(1 - x)i$

Representar los siguientes pares de ecuaciones y resolver gráficamente el sistema que forman. Comprobar algebraicamente los resultados.

19. $y = x^2$, $x - y + 2 = 0$.   *Sol.* $(2, 4)$, $(-1, 1)$.

20. $4y - x^2 = 0$, $x^2y + 4y - 8 = 0$.   *Sol.* (2, 1), (—2, 1), las otras son imaginarias.

21. $x^2 + y^2 - 20 = 0$, $y^2 - 2x - 12 = 0$.   *Sol.* (2, ±4), (—4, ±2).

22. $y^2 - 2x - 5 = 0$, $3x^2 - 2y^2 - 1 = 0$.   *Sol.* (2,7, ±3,2), (—1,4, ±1,5).

23. $y^2 - 4x - 9 = 0$, $x^2 + 2y - 6 = 0$.   *Sol.* (—2, 1), (—2, 1), (4, —5), (0, 3).

24. $2x^2 + y^2 - 6 = 0$, $x^2 - y^2 - 4 = 0$.   *Sol.* Imaginarias.

25. $2x^2 - 5xy + 2y^2 = 0$, $x^2 + y^2 - 5 = 0$.   *Sol.* (2, 1), (—2, —1), (1, 2), (—1, —2).

26. $x^2 - y^2 + x - y = 0$, $x^2 - 2xy - 3x + 6y = 0$.   *Sol.* (3, —4), (—2/3, —1/3), (3, 3), (0, 0).

ECUACION DE UN LUGAR GEOMETRICO.

27. Hallar la ecuación de la recta:

a) Situada 3 unidades a la derecha del eje y.   *Sol.* $x - 3 = 0$

b) Situada 5 unidades por debajo del eje x.   *Sol.* $y + 5 = 0$

c) Paralela al eje y y a 7 unidades del punto (—2, 2).   *Sol.* $x - 5 = 0$, $x + 9 = 0$.

d) Situada 8 unidades a la izquierda de la recta $x = -2$.   *Sol.* $x + 10 = 0$

e) Paralela al eje x y mediatriz del segmento determinado por (2, 3) y (2, —7).

   Sol. $y + 2 = 0$

f) Que diste 4 veces más de la recta $x = 3$ que de $x = -2$.

   Sol. $3x + 11 = 0$, $x + 1 = 0$.

g) Que pase por el punto (—2, —3) y sea perpendicular a la recta $x - 3 = 0$.   *Sol.* $y + 3 = 0$

h) Que equidiste de los ejes coordenados.   *Sol.* $y - x = 0$, $y + x = 0$.

i) Que pase por el punto (3, —1) y sea paralela a la recta $y + 3 = 0$.   *Sol.* $y + 1 = 0$

j) Que equidiste de las rectas $y - 7 = 0$ e $y + 2 = 0$.   *Sol.* $2y - 5 = 0$

28. Hallar la ecuación del lugar geométrico de los puntos $P(x, y)$ cuya distancia al punto fijo (—2, 3) sea igual a 4.   *Sol.* $x^2 + y^2 + 4x - 6y - 3 = 0$.

29. Hallar la ecuación del lugar geométrico de los puntos $P(x, y)$ que equidisten de los puntos fijos (—3, 1) y (7, 5).   *Sol.* $5x + 2y - 16 = 0$.

30. Hallar la ecuación del lugar geométrico de los puntos $P(x, y)$ cuyas distancias al punto fijo (3, 2) sean la mitad de sus distancias al (—1, 3).   *Sol.* $3x^2 + 3y^2 - 26x - 10y + 42 = 0$.

31. Hallar la ecuación del lugar geométrico de los puntos $P(x, y)$ que equidisten del punto (2, 3) y de la recta $x + 2 = 0$.   *Sol.* $y^2 - 8x - 6y + 9 = 0$.

32. Hallar la ecuación de la circunferencia de centro el punto (3, 5) y sea tangente a la recta $y - 1 = 0$.   *Sol.* $x^2 + y^2 - 6x - 10y + 30 = 0$.

33. Hallar la ecuación del lugar geométrico de los puntos cuya suma de distancias a los puntos fijos $(c, 0)$ y $(-c, 0)$ sea igual a $2a$, $(2a > 2c)$.   *Sol.* $(a^2 - c^2)x^2 + a^2y^2 = a^4 - a^2c^2$.

34. Hallar la ecuación del lugar geométrico de los puntos $P(x, y)$ cuya suma de distancias a los puntos fijos (2, 3) y (2, —3) sea igual a 8.   *Sol.* $16x^2 + 7y^2 - 64x - 48 = 0$.

35. Hallar la ecuación del lugar geométrico de los puntos cuya diferencia de distancias a los puntos fijos (3, 2) y (—5, 2) sea igual a 6. *Sol.* $7x^2 - 9y^2 + 14x + 36y - 92 = 0$.

36. Hallar la ecuación del lugar geométrico de los puntos cuya distancia a la recta $y + 4 = 0$ sea igual a los dos tercios de su distancia al punto (3, 2). *Sol.* $4x^2 - 5y^2 - 24x - 88y - 92 = 0$.

37. Hallar la ecuación del lugar geométrico de los puntos cuya distancia al punto fijo (—2, 2) sea tres veces su distancia a la recta $x - 4 = 0$. *Sol.* $8x^2 - y^2 - 76x + 4y + 136 = 0$.

38. Hallar la ecuación del lugar geométrico de los puntos cuya suma de cuadrados de distancias a los ejes coordenados sea igual a 9. *Sol.* $x^2 + y^2 = 9$.

39. Hallar la ecuación de la mediatriz del segmento determinado por los puntos de coordenadas (—3, 2) y (5, —4). *Sol.* $4x - 3y = 7$.

40. Hallar la ecuación del lugar geométrico de los puntos que disten 3 unidades del origen de coordenadas. *Sol.* $x^2 + y^2 = 9$.

41. Hallar la ecuación de la circunferencia de centro (2, 3) y que pase por el punto (5, —1). *Sol.* $x^2 + y^2 - 4x - 6y - 12 = 0$.

42. Dados los puntos $A(0, -2)$, $B(0, 4)$ y $C(0, 0)$, hallar la ecuación del lugar geométrico de los puntos $P(x, y)$ de manera que el producto de las pendientes de PA v PB sea igual a la pendiente de PC. *Sol.* $y^2 - xy - 2y - 8 = 0$.

43. Hallar la ecuación del lugar geométrico del punto medio de un segmento de 12 unidades de longitud cuyos extremos se apoyan constantemente en los ejes coordenados. *Sol.* $x^2 + y^2 = 36$.

44. Dados los puntos $A(-2, 3)$ y $B(3, 1)$, hallar la ecuación del lugar geométrico de los puntos $P(x, y)$ de manera que la pendiente de PA sea el recíproco, con signo contrario, de la pendiente de PB. *Sol.* $x^2 + y^2 - x - 4y - 3 = 0$.

CAPITULO 3

La línea recta

UNA LINEA RECTA, analíticamente, es una ecuación lineal o de primer grado en dos variables. Recíprocamente, la representación gráfica del lugar geométrico cuya ecuación sea de primer grado en dos variables es una recta.

Una recta queda determinada completamente si se conocen dos condiciones, por ejemplo, dos de sus puntos, un punto y su dirección (pendiente o coeficiente angular), etc.

FORMAS DE LA ECUACION DE LA RECTA:

a) PUNTO-PENDIENTE. La ecuación de la recta que pasa por el punto $P_1(x_1, y_1)$ y cuya pendiente sea m es

$$y - y_1 = m(x - x_1).$$

b) PENDIENTE-ORDENADA EN EL ORIGEN. La ecuación de la recta de pendiente m y que corta al eje y en el punto $(0, b)$ —siendo b la ordenada en el origen— es

$$y = mx + b.$$

c) CARTESIANA. La ecuación de la recta que pasa por los puntos $P_1(x_1, y_1)$ y $P_2(x_2, y_2)$ es

$$\frac{y - y_1}{x - x_1} = \frac{y_1 - y_2}{x_1 - x_2}.$$

d) REDUCIDA O ABSCISA Y ORDENADA EN EL ORIGEN. La ecuación de la recta que corta a los ejes coordenados x e y en los puntos $(a, 0)$ —siendo a la abscisa en el origen— y $(0, b)$ —siendo b la ordenada en el origen—, respectivamente, es

$$\frac{x}{a} + \frac{y}{b} = 1.$$

e) GENERAL. Una ecuación lineal o de primer grado en las variables x e y es de la forma $Ax + By + C = 0$, en donde A, B y C son constantes arbitrarias. La pendiente de la recta escrita en esta forma es $m = -\dfrac{A}{B}$ y su ordenada en el origen $b = -\dfrac{C}{B}$.

f) NORMAL. Una recta también queda determinada si se conocen la longitud de la perpendicular a ella trazada desde el origen $(0, 0)$ y el ángulo que dicha perpendicular forma con el eje x.

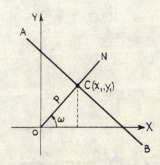

Sea AB la recta y ON la perpendicular desde el origen O a AB.

La distancia p (parámetro) de O a AB se considera siempre positiva cualquiera que sea la posición de AB, es decir, para todos los valores del ángulo ω que la perpendicular forma con el semieje x positivo desde 0 a 360°.

Sean (x_1, y_1) las coordenadas del punto C.

En estas condiciones, $x_1 = p \cos \omega$, $y_1 = p \operatorname{sen} \omega$, y pendiente de $AB = -\dfrac{1}{\operatorname{tg} \omega}$
$= -\cotg \omega = -\dfrac{\cos \omega}{\operatorname{sen} \omega}$.

Llamando (x, y) otro punto cualquiera de AB, $y - y_1 = - \text{cotg}\, \omega (x - x_1)$, o bien,

$$y - p\, \text{sen}\, \omega = - \frac{\cos \omega}{\text{sen}\, \omega} (x - p \cos \omega).$$

Simplificando, $x \cos \omega + y\, \text{sen}\, \omega - p = 0$, que es la ecuación de la recta en forma normal.

REDUCCION DE LA FORMA GENERAL A NORMAL. Sean $Ax + By + C = 0$ y $x \cos \omega + y\, \text{sen}\, \omega - p = 0$ las ecuaciones de una misma recta escritas en sus formas general y normal respectivamente; los coeficientes de ambas ecuaciones han de ser iguales o proporcionales. Por tanto,

$$\frac{\cos \omega}{A} = \frac{\text{sen}\, \omega}{B} = \frac{-p}{C} = k,$$ siendo k la constante de proporcionalidad.

En estas condiciones, $\cos \omega = kA$, $\text{sen}\, \omega = kB$, $-p = kC$. Elevando al cuadrado y sumando las dos primeras, $\cos^2 \omega + \text{sen}^2 \omega = k^2(A^2 + B^2)$, o sea, $1 = k^2(A^2 + B^2)$, de donde

$$k = \frac{1}{\pm \sqrt{A^2 + B^2}}.$$

Teniendo en cuenta este valor de k,

$$\cos \omega = \frac{A}{\pm \sqrt{A^2 + B^2}}, \text{sen}\, \omega = \frac{B}{\pm \sqrt{A^2 + B^2}}, -p = \frac{C}{\pm \sqrt{A^2 + B^2}}.$$

Por consiguiente, la forma normal de $Ax + By + C = 0$ es

$$\frac{A}{\pm \sqrt{A^2 + B^2}} x + \frac{B}{\pm \sqrt{A^2 + B^2}} y + \frac{C}{\pm \sqrt{A^2 + B^2}} = 0$$

en la que se debe considerar el signo del radical el opuesto al de C. Si $C = 0$, el signo del radical se considerará igual al de B.

DISTANCIA DE UN PUNTO A UNA RECTA. Para hallar la distancia d de un punto (x_1, y_1) a una recta L, se traza la recta L_1 paralela a L y que pase por (x_1, y_1).

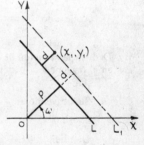

La ecuación de L es $x \cos \omega + y\, \text{sen}\, \omega - p = 0$, y la ecuación de L_1 es $x \cos \omega + y\, \text{sen}\, \omega - (p + d) = 0$, ya que ambas rectas son paralelas.

Las coordenadas de (x_1, y_1) satisfacen la ecuación de L_1, $x_1 \cos \omega + y_1 \text{sen}\, \omega - (p + d) = 0$. Despejando la distancia d,

$$d = x_1 \cos \omega + y_1 \text{sen}\, \omega - p.$$

En el caso de que (x_1, y_1) y el origen estén a distinto lado de la recta L, la distancia d es positiva; si estuvieran al mismo lado de L, d sería negativa.

PROBLEMAS RESUELTOS

1. Deducir la ecuación de la recta que pasa por el punto $P_1(x_1, y_1)$ y cuya pendiente, o coeficiente angular, sea m. (Ver figura.)

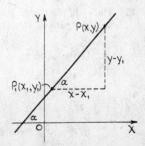

Sea $P(x, y)$ otro punto cualquiera de la recta.
La pendiente m de la recta que pasa por los puntos (x, y) y (x_1, y_1) es

$$m = \frac{y - y_1}{x - x_1}, \text{ o bien, } y - y_1 = m(x - x_1).$$

2. Deducir la ecuación de la recta de pendiente m que corte al eje y en el punto $(0, b)$.

Sea $P(x, y)$ otro punto cualquiera de la recta.

La pendiente m de la recta que pasa por (x, y) y $(0, b)$ es $m = \dfrac{y - b}{x - 0}$. Por tanto, $y = mx + b$.

3. Hallar la ecuación de la recta (a) que pasa por $(-4, 3)$ y tenga de pendiente $\frac{1}{2}$, (b) que pasa por $(0, 5)$ y tenga de pendiente -2, (c) que pasa por $(2, 0)$ y tenga de pendiente $\frac{3}{4}$.

Sea $P(x, y)$ otro punto genérico cualquiera de cada una de las rectas.
Aplicando la fórmula $y - y_1 = m(x - x_1)$.

a) $y - 3 = \frac{1}{2}(x + 4)$, es decir, $2y - 6 = x + 4$, o bien, $x - 2y + 10 = 0$.

b) $y - 5 = -2(x - 0)$, es decir, $y - 5 = 2x$, o bien, $2x + y - 5 = 0$.

Esta ecuación también se puede obtener aplicando la fórmula $y = mx + b$.
En esta forma, $y = -2x + 5$, es decir, $2x + y - 5 = 0$.

c) $y - 0 = \frac{3}{4}(x - 2)$, o sea, $4y = 3x - 6$, o bien, $3x - 4y - 6 = 0$.

4. Deducir la ecuación de la recta que pasa por los puntos (x_1, y_1) y (x_2, y_2).
Sea (x, y) otro punto cualquiera de la recta que pasa por (x_1, y_1) y (x_2, y_2).
Pendiente de la recta que une (x, y) y (x_1, y_1) = pendiente de la recta que une (x_1, y_1) y (x_2, y_2).

Por tanto, $\dfrac{y - y_1}{x - x_1} = \dfrac{y_1 - y_2}{x_1 - x_2}$.

5. Hallar la ecuación de la recta que pasa por los puntos $(-2, -3)$ y $(4, 2)$.

Aplicando $\dfrac{y - y_1}{x - x_1} = \dfrac{y_1 - y_2}{x_1 - x_2}$, resulta $\dfrac{y + 3}{x + 2} = \dfrac{-3 - 2}{-2 - 4}$, o sea, $5x - 6y - 8 = 0$.

6. Deducir la ecuación de la recta cuyos puntos de intersección con los ejes son $(a, 0)$ y $(0, b)$. ($a =$ abscisa en el origen, $b =$ ordenada en el origen.)

Sustituyendo en $\dfrac{y - y_1}{x - x_1} = \dfrac{y_1 - y_2}{x_1 - x_2}$ se tiene $\dfrac{y - 0}{x - a} = \dfrac{0 - b}{a - 0}$, o sea, $bx + ay = ab$.

Dividiendo $bx + ay = ab$ por ab se tiene $\dfrac{x}{a} + \dfrac{y}{b} = 1$.

7. Hallar la ecuación de la recta cuya abscisa y ordenada en el origen son 5 y -3, respectivamente.

Aplicando $\dfrac{x}{a} + \dfrac{y}{b} = 1$, se tiene la ecuación $\dfrac{x}{5} + \dfrac{y}{-3} = 1$, o bien, $3x - 5y - 15 = 0$.

8. Hallar la pendiente m y la ordenada en el origen b de la recta cuya ecuación es $Ax + By + C = 0$, siendo A, B y C constantes arbitrarias.

Despejando y, $y = -\dfrac{A}{B} x - \dfrac{C}{B}$. Comparando con $y = mx + b$, $m = -\dfrac{A}{B}$, $b = -\dfrac{C}{B}$.

Si $B = 0$ se tiene $Ax + C = 0$, o bien, $x = -\dfrac{C}{A}$, recta paralela al eje y.

Si $A = 0$ se tiene $By + C = 0$, o bien, $y = -\dfrac{C}{B}$, recta paralela al eje x.

9. Hallar la pendiente m y la ordenada en el origen b de la recta $2y + 3x = 7$.

Escribiendo la ecuación en la forma $y = mx + b$, $y = -\dfrac{3}{2}x + \dfrac{7}{2}$. Luego su pendiente es

$-3/2$ y su ordenada en el origen $7/2$.

Si se escribe en la forma $Ax + By + C = 0$, es decir, $3x + 2y - 7 = 0$, la pendiente

$m = -\dfrac{A}{B} = -\dfrac{3}{2}$, y la ordenada en el origen $b = -\dfrac{C}{B} = -\dfrac{-7}{2} = \dfrac{7}{2}$.

10. Demostrar que si las rectas $Ax + By + C = 0$ y $A'x + B'y + C' = 0$ son paralelas, $A/A' = B/B'$, y que si son perpendiculares, $AA' + BB' = 0$.

Si son paralelas, $m = m'$, es decir, $-\dfrac{A}{B} = -\dfrac{A'}{B'}$, o bien, $\dfrac{A}{A'} = \dfrac{B}{B'}$.

Si son perpendiculares, $m = -\dfrac{1}{m'}$, es decir, $-\dfrac{A}{B} = \dfrac{B'}{A'}$, o bien, $AA' + BB' = 0$.

11. Hallar la ecuación de la recta que pasa por el punto $(2, -3)$ y es paralela a la recta que une los puntos $(4, 1)$ y $(-2, 2)$.

Las rectas paralelas tienen la misma pendiente.
Sea (x, y) otro punto cualquiera de la recta que pasa por $(2, -3)$.
Pendiente de la recta que pasa por (x, y) y $(2, -3)$ = pendiente de la recta que pasa por $(4, 1)$ y $(-2, 2)$.

Por tanto, $\dfrac{y + 3}{x - 2} = \dfrac{1 - 2}{4 + 2}$.   Simplificando, $x + 6y + 16 = 0$.

12. Hallar la ecuación de la recta que pasa por el punto $(-2, 3)$ y es perpendicular a la recta $2x - 3y + 6 = 0$.

Si las rectas son perpendiculares, la pendiente de una de ellas es el recíproco con signo contrario de la pendiente de la otra.

La pendiente de $2x - 3y + 6 = 0$, que está escrita en la forma general $Ax + By + C = 0$,

es $-\dfrac{A}{B} = \dfrac{2}{3}$, luego la pendiente de la recta pedida es $-\dfrac{3}{2}$.

Sea (x, y) otro punto cualquiera de la recta que pasa por $(-2, 3)$ y tiene de pendiente $-\dfrac{3}{2}$.

Entonces, $y - 3 = -\dfrac{3}{2}(x + 2)$.   Simplificando, $3x + 2y = 0$.

13. Hallar la ecuación de la mediatriz del segmento determinado por los puntos $(7, 4)$ y $(-1, -2)$.
El punto medio (x_0, y_0) del segmento tiene de coordenadas

$$x_0 = \frac{x_1 + x_2}{2} = \frac{7 - 1}{2} = 3, \qquad\qquad y_0 = \frac{y_1 + y_2}{2} = \frac{4 - 2}{2} = 1.$$

Pendiente del segmento $= \dfrac{4 + 2}{7 + 1} = \dfrac{3}{4}$, luego la pendiente de la recta pedida es igual a $-\dfrac{4}{3}$.

Sea (x, y) otro punto cualquiera de la recta que pasa por $(3, 1)$ y tiene de pendiente $-\dfrac{4}{3}$.

Entonces, $y - 1 = -\dfrac{4}{3}(x - 3)$. Simplificando, $4x + 3y - 15 = 0$.

14. Hallar la ecuación de la recta que pasa por $(2, -3)$ y tenga una inclinación de $60°$.

Sea (x, y) un punto genérico de la recta de pendiente $m = \operatorname{tg} 60° = \sqrt{3}$.

Entonces, $y + 3 = \sqrt{3}(x - 2)$. Simplificando, $\sqrt{3}x - y - 3 - 2\sqrt{3} = 0$.

15. Hallar el valor del parámetro k de forma que:
a) $3kx + 5y + k - 2 = 0$ pase por el punto $(-1, 4)$.
b) $4x - ky - 7 = 0$ tenga de pendiente 3;
c) $kx - y = 3k - 6$ tenga de abscisa en el origen 5.

a) Sustituyendo $x = -1, y = 4$: $3k(-1) + 5(4) + k - 2 = 0$, $2k = 18$, $k = 9$.

b) Aplicando la forma $Ax + By + C = 0$, pendiente $= -\dfrac{A}{B} = -\dfrac{4}{-k} = 3$, $k = \dfrac{4}{3}$.

O bien, reduciendo $4x - ky - 7 = 0$ a la forma $y = mx + b$, $y = \dfrac{4}{k} x - \dfrac{7}{k}$.

Por tanto, pendiente $= \dfrac{4}{k} = 3$, $3k = 4$, $k = \dfrac{4}{3}$.

c) Para $y = 0$, $x = \dfrac{3k - 6}{k} = 5$. De aquí resulta $3k - 6 = 5k$, $k = -3$.

16. Hallar las ecuaciones de las rectas de pendiente $-3/4$ que formen con los ejes coordenados un triángulo de área 24 unidades de superficie.

Una recta de pendiente $-\dfrac{3}{4}$ y ordenada en el origen b viene dada por $y = -\dfrac{3}{4} x + b$.

Para $x = 0, y = b$; para $y = 0, x = \dfrac{4}{3} b$.

Area del triángulo $= \tfrac{1}{2}$ (producto de los catetos) $= \tfrac{1}{2} (b \cdot \dfrac{4}{3} b) = \dfrac{2}{3} b^2 = 24$.

De aquí se deduce que $2b^2 = 3(24)$, $b^2 = 36$, $b = \pm 6$, y las ecuaciones pedidas son

$$y = -\frac{3}{4} x \pm 6, \text{ es decir, } 3x + 4y - 24 = 0 \quad y \quad 3x + 4y + 24 = 0.$$

17. Hallar el lugar geométrico representado por las ecuaciones siguientes:
a) $x^2 + 8xy - 9y^2 = 0$;
b) $x^3 - 4x^2 - x + 4 = 0$.

a) Como la ecuación se descompone en los factores $(x - y)(x + 9y) = 0$, el lugar que representa son las dos rectas $x - y = 0$, $x + 9y = 0$.

b) Descomponiendo en factores, $(x - 1)(x^2 - 3x - 4) = (x - 1)(x + 1)(x - 4) = 0$. Por tanto, representa las tres rectas $x - 1 = 0$, $x + 1 = 0$, $x - 4 = 0$.

18. Hallar el lugar geométrico de los puntos (x, y) que disten el doble de la recta $x = 5$ que de la recta $y = 8$.

Distancia del punto (x, y) a la recta $x = 5 = \pm 2$[distancia de (x, y) a la recta $y = 8$], es decir, $x - 5 = \pm 2(y - 8)$.

Por consiguiente, el lugar geométrico está constituido por el par de rectas

$$x - 2y + 11 = 0 \quad y \quad x + 2y - 21 = 0, \text{ o sea, } (x - 2y + 11)(x + 2y - 21) = 0.$$

ECUACION NORMAL DE LA RECTA.

19. Trazar las rectas AB para los valores de p y ω que se indican y escribir sus ecuaciones respectivas.

a) $p = 5$, $\omega = \pi/6 = 30°$.

b) $p = 6$, $\omega = 2\pi/3 = 120°$.

c) $p = 4$, $\omega = 4\pi/3 = 240°$.

d) $p = 5$, $\omega = 7\pi/4 = 315°$.

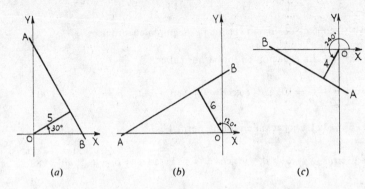

(a)   (b)   (c)   (d)

a) $x \cos 30° + y \operatorname{sen} 30° - 5 = 0$, es decir, $\frac{1}{2}\sqrt{3}x + \frac{1}{2}y - 5 = 0$, o bien, $\sqrt{3}x + y - 10 = 0$.

b) $x \cos 120° + y \operatorname{sen} 120° - 6 = 0$, es decir, $-\frac{1}{2}x + \frac{1}{2}\sqrt{3}y -- 6 = 0$, o bien, $x - \sqrt{3}y + 12 = 0$

c) $x \cos 240° + y \operatorname{sen} 240° - 4 = 0$, es decir, $-\frac{1}{2}x - \frac{1}{2}\sqrt{3}y - 4 = 0$, o bien, $x + \sqrt{3}y + 8 = 0$.

d) $x \cos 315° + y \operatorname{sen} 315° - 5 = 0$, es decir, $\frac{1}{\sqrt{2}}x - \frac{1}{\sqrt{2}}y - 5 = 0$, o bien, $x - y - 5\sqrt{2} = 0$

20. Reducir a forma normal las ecuaciones siguientes y hallar p y ω.

a) $\sqrt{3}x + y - 9 = 0$.

b) $3x - 4y - 6 = 0$.

c) $x + y + 8 = 0$.

d) $12x - 5y = 0$.

e) $4y - 7 = 0$.

f) $x + 5 = 0$.

La forma normal de $Ax + By + C = 0$ es $\dfrac{A}{\pm\sqrt{A^2 + B^2}}x + \dfrac{B}{\pm\sqrt{A^2 + B^2}}y + \dfrac{C}{\pm\sqrt{A^2 + B^2}} = 0$.

a) $A = \sqrt{3}$, $B = 1$, $\sqrt{A^2 + B^2} = \sqrt{3 + 1} = 2$. Como $C(= -9)$ es negativo, $\sqrt{A^2 + B^2}$ se toma con signo positivo. La ecuación en forma normal es

$$\frac{\sqrt{3}}{2}x + \frac{1}{2}y - \frac{9}{2} = 0, \quad y \quad \cos\omega = \frac{\sqrt{3}}{2}, \quad \operatorname{sen}\omega = \frac{1}{2}, \quad p = \frac{9}{2}, \quad \omega = 30°.$$

Como $\operatorname{sen}\omega$ y $\cos\omega$ son ambos positivos, ω está en el primer cuadrante.

b) $A = 3$, $B = -4$, $\sqrt{A^2 + B^2} = \sqrt{9 + 16} = 5$. La ecuación en forma normal es

$$\frac{3}{5}x - \frac{4}{5}y - \frac{6}{5} = 0, \quad y \quad \cos\omega = \frac{3}{5}, \quad \operatorname{sen}\omega = -\frac{4}{5}, \quad p = \frac{6}{5}, \quad \omega = 306° 52'.$$

Como $\cos\omega$ es positivo y $\operatorname{sen}\omega$ es negativo, ω está en el cuarto cuadrante.

c) $A = 1$, $B = 1$, $\sqrt{A^2 + B^2} = \sqrt{2}$. Como $C(= +8)$ es positivo, el radical se toma con signo negativo. La ecuación en forma normal es

$$-\frac{1}{\sqrt{2}}x - \frac{1}{\sqrt{2}}y - 4\sqrt{2} = 0, \quad y \quad \cos\omega = \operatorname{sen}\omega = -\frac{1}{\sqrt{2}}, \quad p = 4\sqrt{2}, \quad \omega = 225°.$$

Como cos ω y sen ω son negativos, ω está en el tercer cuadrante.

d) $\sqrt{A^2 + B^2} = \sqrt{144 + 25} = 13$. Como $C = 0$, el radical se toma con el mismo signo que $B(= -5)$, con lo cual, sen ω será positivo y $\omega < 180°$. La ecuación en forma normal es

$$-\frac{12}{13}x + \frac{5}{13}y = 0, \quad \text{y} \quad \cos \omega = -\frac{12}{13}, \text{ sen } \omega = \frac{5}{13}, p = 0, \quad \omega = 157°23'\cdot$$

Como cos ω es negativo y sen ω es positivo, ω está en el segundo cuadrante.

e) $A = 0, B = 4, \sqrt{A^2 + B^2} = 4$. La ecuación en forma normal es

$$\frac{4}{4}y - \frac{7}{4} = 0. \text{ es decir, } y - \frac{7}{4} = 0, \quad \text{y} \quad \cos \omega = 0, \quad \text{sen } \omega = 1, \quad p = \frac{7}{4}, \quad \omega = 90°.$$

f) $A = 1, B = 0, \sqrt{A^2 + B^2} = 1$. La ecuación en forma normal es

$$\frac{1}{-1}x + \frac{5}{-1} = 0, \text{ es decir, } -x - 5 = 0, \quad \text{y} \quad \cos \omega = -1, \text{ sen } \omega = 0, p = 5, \omega = 180°.$$

21. Hallar las ecuaciones de las rectas que pasan por el punto $(4, -2)$ y distan 2 unidades del origen.

La ecuación de las rectas que pasan por el punto $(4, -2)$ es $y + 2 = m(x - 4)$, o bien, $mx - y - (4m + 2) = 0$.

La forma normal de $mx - y - (4m + 2) = 0$ es $\dfrac{mx - y - (4m + 2)}{\pm \sqrt{m^2 + 1}} = 0$.

Luego, $p = \dfrac{4m + 2}{\pm \sqrt{m^2 + 1}} = 2$, o bien, $(4m + 2)^2 = 4(m^2 + 1)$. Resolviendo, $m = 0, -\dfrac{4}{3}$.

Las ecuaciones pedidas son $y + 2 = 0$, e $y + 2 = -\dfrac{4}{3}(x - 4)$, o bien, $4x + 3y - 10 = 0$.

22. Hallar la distancia d desde *a*) la recta $8x + 15y - 24 = 0$ al punto $(-2, -3)$.
                                   b) la recta $6x - 8y + 5 = 0$ al punto $(-1, 7)$.

a) La forma normal de la ecuación es $\dfrac{8x + 15y - 24}{+ \sqrt{8^2 + (15)^2}} = 0$, o bien, $\dfrac{8x + 15y - 24}{17} = 0$.

$d = \dfrac{8(-2) + 15(-3) - 24}{17} = \dfrac{-85}{17} = -5$. Como d es negativo, el punto $(-2, -3)$ y el origen están al mismo lado de la recta.

b) La forma normal de la ecuación es $\dfrac{6x - 8y + 5}{-\sqrt{6^2 + (-8)^2}} = 0$, o bien, $\dfrac{6x - 8y + 5}{-10} = 0$.

$d = \dfrac{6(-1) - 8(7) + 5}{-10} = \dfrac{-57}{-10} = 5,7$. Como d es positivo, el punto $(-1, 7)$ y el origen están a distinto lado de la recta.

23. Hallar las ecuaciones de las bisectrices de los ángulos formados por las rectas

$\quad\quad (L_1)\ 3x + 4y + 8 = 0$
y $\quad (L_2)\ 5x + 12y - 15 = 0$.

Sea $P'(x', y')$ un punto genérico de la bisectriz L_3.

Tendremos,

$$d_1 = \frac{3x' - 4y' + 8}{-5}, \quad d_2 = \frac{5x' + 12y' - 15}{13}.$$

Para todo punto de L_3 se verifica que d_1 y d_2 son iguales en valor absoluto.

Los puntos P' y el origen están al mismo lado de L_1 pero a distinto lado de L_2. Luego d_1 es negativo y d_2 positivo, y $d_1 = -d_2$. Así, pues, el lugar geométrico de P' viene definido

$$\frac{3x' - 4y' + 8}{-5} = -\frac{5x' + 12y' - 15}{13}.$$

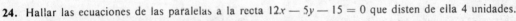

Simplificando y suprimiendo las primas, la ecuación de L_3 es $14x - 112y + 179 = 0$.

Análogamente, sea $P''(x'', y'')$ un punto genérico de la bisectriz L_4. Como P'' y el origen están a distinto lado de L_1 y L_2, las distancias d_3 y d_4 son positivas y $d_3 = d_4$.

Por tanto, el lugar de P'' es $\dfrac{3x'' - 4y'' + 8}{-5} = \dfrac{5x'' + 12y'' - 15}{13}.$

Simplificando y suprimiendo las primas, la ecuación de L_4 es $64x + 8y + 29 = 0$.

Obsérvese que L_3 y L_4 son rectas perpendiculares y que la pendiente de una de ellas es el recíproco con signo contrario de la pendiente de la otra.

24. Hallar las ecuaciones de las paralelas a la recta $12x - 5y - 15 = 0$ que disten de ella 4 unidades.

Sea $P'(x', y')$ un punto genérico cualquiera de la recta pedida. Entonces, $\dfrac{12x' - 5y' - 15}{13} = \pm 4.$

Simplificando y suprimiendo las primas, las ecuaciones pedidas son
$$12x - 5y - 67 = 0 \quad \text{y} \quad 12x - 5y + 37 = 0.$$

25. Hallar el valor de k para que la distancia d de la recta $8x + 15y + k = 0$ al punto $(2, 3)$ sea igual a 5 unidades.

$$d = \frac{8(2) + 15(3) + k}{\pm 17} = \pm 5. \quad \text{Resolviendo, } k = -146, 24.$$

26. Hallar el punto de intersección de las bisectrices de los ángulos interiores del triángulo de lados

$(L_1)\ 7x - y + 11 = 0,$
$(L_2)\ x + y - 15 = 0,$
$(L_3)\ 7x + 17y + 65 = 0.$

El punto de intersección (h, k) es el centro de la circunferencia inscrita al triángulo.

Por tanto, la distancia

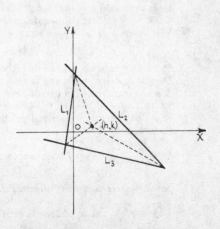

de (h, k) a L_1 es $d_1 = \dfrac{7h - k + 11}{-\sqrt{50}},$

de (h, k) a L_2 es $d_2 = \dfrac{h + k - 15}{\sqrt{2}},$

de (h, k) a L_3 es $d_3 = \dfrac{7h + 17k + 65}{-\sqrt{338}},$

Estas distancias son todas negativas ya que el punto y el origen están al mismo lado de cada recta. Luego $d_1 = d_2 = d_3$.

Como $d_1 = d_2$, $\dfrac{7h - k + 11}{-5\sqrt{2}} = \dfrac{h + k - 15}{\sqrt{2}}$.   Simplificando, $3h + k = 16$.

Como $d_1 = d_3$, $\dfrac{7h - k + 11}{-5\sqrt{2}} = \dfrac{7h + 17k + 65}{-13\sqrt{2}}$.   Simplificando, $4h - 7k = 13$.

Resolviendo el sistema formado por $3h + k = 16$ y $4h - 7k = 13$ se obtiene, $h = 5$, $k = 1$.

27. Dado el triángulo de vértices $A(-2, 1)$, $B(5, 4)$, $C(2, -3)$, hallar la longitud de la altura correspondiente al vértice A y el área del mismo.

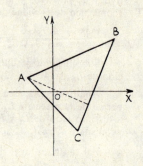

Ecuación de BC: $\dfrac{y + 3}{x - 2} = \dfrac{4 + 3}{5 - 2}$, o bien, $7x - 3y - 23 = 0$.

Distancia de BC a $A = \dfrac{7(-2) - 3(1) - 23}{\sqrt{49 + 9}} = \dfrac{-40}{\sqrt{58}}$.

Longitud de $BC = \sqrt{(5 - 2)^2 + (4 + 3)^2} = \sqrt{58}$.

Area del triángulo $= \frac{1}{2}\left(\sqrt{58} \cdot \dfrac{40}{\sqrt{58}}\right) = 20$ unidades de superficie.

HAZ DE RECTAS.

28. Hallar la ecuación del haz de rectas

a) de pendiente —4,
b) que pasa por el punto (4, 1),
c) de ordenada en el origen 7,
d) de abscisa en el origen 5,
e) cuya suma de coordenadas en el origen sea 8,
f) cuya ordenada en el origen sea el doble que la abscisa en el origen,
g) que una de las coordenadas en el origen sea el doble de la otra.

Llamemos k, en cada caso, la constante arbitraria o parámetro del haz.

a) Sea $k =$ ordenada en el origen del haz de rectas cuya pendiente es —4.
De la expresión $y = mx + b$ se obtiene la ecuación pedida, $y = -4x + k$, o bien, $4x + y - k = 0$.

b) Sea $k =$ pendiente del haz de rectas que pasa por el punto (4, 1).
Sustituyendo en $y - y_1 = m(x - x_1)$, la ecuación pedida es
$$y - 1 = k(x - 4), \text{ o bien, } kx - y + 1 - 4k = 0.$$

c) Sea $k =$ pendiente del haz de rectas cuya ordenada en el origen es 7.
De $y = mx + b$ se obtiene la ecuación, $y = kx + 7$, o bien, $kx - y + 7 = 0$.

d) Sea $k =$ pendiente del haz de rectas cuya abscisa en el origen es 5.
De $y - y_1 = m(x - x_1)$ se obtiene la ecuación, $y - 0 = k(x - 5)$, o bien, $kx - y - 5k = 0$.

e) Sea $k =$ abscisa en el origen del haz de rectas. Entonces, $(8 - k) =$ ordenada en el origen de dicho haz.

De $\dfrac{x}{a} + \dfrac{y}{b} = 1$ se obtiene la ecuación, $\dfrac{x}{k} + \dfrac{y}{8 - k} = 1$, o bien, $(8 - k)x + ky - 8k + k^2 = 0$.

f) Sea $k =$ ordenada en el origen. Entonces, $\frac{1}{2}k =$ abscisa en el origen.

De $\dfrac{x}{a} + \dfrac{y}{b} = 1$ se obtiene la ecuación, $\dfrac{x}{\frac{1}{2}k} + \dfrac{y}{k} = 1$, o bien, $2x + y - k = 0$.

g) Pendiente de una recta $= -\dfrac{\text{ordenada en el origen}}{\text{abscisa en el origen}}$. Cuando la abscisa en el origen sea igual

a $(\pm)$ el doble de la ordenada en el origen, la pendiente es $\mp\frac{1}{2}$; cuando la ordenada en el origen sea numéricamente igual al doble de abscisa en el origen, la pendiente de la recta es ∓ 2. Sea $k =$ ordenada en el origen. De $y = mx + b$, las ecuaciones del haz de rectas pedido son $y = \pm\frac{1}{2}x + k$ e $y = \pm 2x + k$.

29. Hallar la ecuación de la recta que pasa por el punto $(-2, -4)$ y cuyas coordenadas en el origen suman 3.

La ecuación del haz de rectas que pasa por el punto $(-2, -4)$ es $y + 4 = m(x + 2)$.

Para $x = 0$, $y = 2m - 4$; para $y = 0$, $x = \dfrac{4 - 2m}{m}$.

La suma de las coordenadas en el origen es 3. Luego, $2m - 4 + \dfrac{4 - 2m}{m} = 3$.

Simplificando, $2m^2 - 9m + 4 = 0$. Resolviendo, $(2m - 1)(m - 4) = 0$, $m = \frac{1}{2}$, 4.

Sustituyendo estos valores de m en $y + 4 = m(x + 2)$, las ecuaciones pedidas son, $y + 4 = \frac{1}{2}(x + 2)$ e $y + 4 = 4(x + 2)$, o sea, $x - 2y - 6 = 0$ y $4x - y + 4 = 0$.

30. Hallar la ecuación de la recta que pasa por el punto de intersección de las rectas $3x - 2y + 10 = 0$ y $4x + 3y - 7 = 0$ y por el punto $(2, 1)$.

$3x - 2y + 10 + k(4x + 3y - 7) = 0$ es la ecuación del haz de rectas que pasan por el punto de intersección de las dos dadas.

Como la recta pedida ha de pasar también por el punto $(2, 1)$, $3 \cdot 2 - 2 \cdot 1 + 10 + k(4 \cdot 2 + 3 \cdot 1 - 7) = 0$.

Despejando k de esta ecuación resulta $k = -7/2$. La recta pedida es

$$3x - 2y + 10 - \frac{7}{2}(4x + 3y - 7) = 0, \text{ o bien, } 22x + 25y - 69 = 0.$$

31. Hallar la ecuación de la perpendicular a la recta $4x + y - 1 = 0$ que pase por el punto de intersección de $2x - 5y + 3 = 0$ y $x - 3y - 7 = 0$.

La pendiente de la recta $4x + y - 1 = 0$ es -4. Luego la pendiente de la recta pedida es $\frac{1}{4}$.
La ecuación del haz de rectas que pasa por el punto de intersección de $2x - 5y + 3 = 0$ y $x - 3y - 7 = 0$ es

$$2x - 5y + 3 + k(x - 3y - 7) = 0, \text{ o bien}, (2 + k)x - (5 + 3k)y + (3 - 7k) = 0. \quad (1)$$

La pendiente de cada una de las rectas del haz es $\dfrac{2 + k}{5 + 3k}$ y la pendiente de la recta pedida es $\frac{1}{4}$.

Por tanto, $\dfrac{2 + k}{5 + 3k} = \dfrac{1}{4}$, de donde, $k = -3$.

Sustituyendo este valor de $k = -3$ en (1) resulta la ecuación pedida, $x - 4y - 24 = 0$.

PROBLEMAS PROPUESTOS

1. Hallar las ecuaciones de las rectas que satisfacen las condiciones siguientes:

a) Pasa por $(0, 2)$, $m = 3$.	Sol. $y - 3x - 2 = 0$.
b) Pasa por $(0, -3)$, $m = -2$.	Sol. $y + 2x + 3 = 0$.
c) Pasa por $(0, 4)$, $m = 1/3$.	Sol. $x - 3y + 12 = 0$.
d) Pasa por $(0, -1)$, $m = 0$.	Sol. $y + 1 = 0$.
e) Pasa por $(0, 3)$, $m = -4/3$.	Sol. $4x + 3y - 9 = 0$.

2. Hallar la ecuación de las rectas que pasan por los puntos:

a) $(2, -3)$ y $(4, 2)$.   *Sol.* $5x - 2y - 16 = 0$.

b) $(-4, 1)$ y $(3, -5)$.   *Sol.* $6x + 7y + 17 = 0$.

c) $(7, 0)$ y $(0, 4)$.   *Sol.* $4x + 7y - 28 = 0$.

d) $(0, 0)$ y $(5, -3)$.   *Sol.* $3x + 5y = 0$.

e) $(5, -3)$ y $(5, 2)$.   *Sol.* $x - 5 = 0$.

f) $(-5, 2)$ y $(3, 2)$.   *Sol.* $y - 2 = 0$.

3. En el triángulo de vértices $A(-5, 6)$, $B(-1, -4)$ y $C(3, 2)$, hallar,

a) las ecuaciones de sus medianas,

     Sol. $7x + 6y - 1 = 0$, $\cdot$ $x + 1 = 0$, $\quad x - 6y + 9 = 0$.

b) el punto de intersección de las mismas.   *Sol.* $(-1, 4/3)$.

4. a) Hallar las ecuaciones de las alturas del triángulo del Problema 3.

     Sol. $2x + 3y - 8 = 0$, $\quad 2x - y - 2 = 0$, $\quad 2x - 5y + 4 = 0$.

b) Hallar el punto de intersección de dichas alturas.   *Sol.* $\left(\dfrac{7}{4}, \dfrac{3}{2} \right)$.

5. a) Hallar las ecuaciones de las mediatrices del triángulo del Problema 3.

     Sol. $2x - 5y + 11 = 0$, $\quad 2x - y + 6 = 0$, $\quad 2x + 3y + 1 = 0$.

b) Hallar el punto de intersección de dichas mediatrices.

     Sol. $(-19/8, 5/4)$. Este es el centro de la circunferencia circunscrita al triángulo.

6. Demostrar que los puntos de intersección de las medianas, de las alturas y de las mediatrices de los lados del triángulo del Problema 3, están en línea recta.   *Sol.* $2x - 33y + 46 = 0$.

7. Hallar la ecuación de la recta que pasa por el punto $(2, 3)$ y cuya abscisa en el origen es el doble que la ordenada en el origen.   *Sol.* $x + 2y - 8 = 0$.

8. Hallar el valor del parámetro K en la ecuación $2x + 3y + K = 0$ de forma que dicha recta forme con los ejes coordenados un triángulo de área 27 unidades de superficie.   *Sol.* $K = \pm 18$.

9. Hallar el valor del parámetro K para que la recta de ecuación $2x + 3Ky - 13 = 0$ pase por el punto $(-2, 4)$.   *Sol.* $K = 17/12$.

10. Hallar el valor de K para que la recta de ecuación $3x - Ky - 8 = 0$ forme un ángulo de $45°$ con la recta $2x + 5y - 17 = 0$.   *Sol.* $K = 7 - 9/7$.

11. Hallar un punto de la recta $3x + y + 4 = 0$ que equidista de los puntos $(-5, 6)$ y $(3, 2)$.   *Sol.* $(-2, 2)$.

12. Hallar las ecuaciones de las rectas que pasan por el punto $(1, -6)$ y cuyo producto de coordenadas en el origen es 1.   *Sol.* $9x + y - 3 = 0$, $\quad 4x + y + 2 = 0$.

13. Hallar la ecuación de la recta de abscisa en el origen $-3/7$ y que es perpendicular a la recta $3x + 4y - 10 = 0$.   *Sol.* $28x - 21y + 12 = 0$.

14. Hallar la ecuación de la perpendicular a la recta $2x + 7y - 3 = 0$ en su punto de intersección con $3x - 2y + 8 = 0$.   *Sol.* $7x - 2y + 16 = 0$.

15. Trazar las rectas siguientes para los valores de p y ω que se indican, escribiendo sus ecuaciones.

a) $p = 6$, $\quad \omega = 30°$.   *Sol.* $\sqrt{3}x + y - 12 = 0$.

b) $p = \sqrt{2}$, $\quad \omega = \pi/4$.   *Sol.* $x + y - 2 = 0$.

c) $p = 3$, $\quad \omega = 2\pi/3$.   *Sol.* $x - \sqrt{3}y + 6 = 0$.

d) $p = 4$, $\quad \omega = 7\pi/4$.   *Sol.* $x - y - 4\sqrt{2} = 0$.

e) $p = 3$, $\quad \omega = 0°$.   *Sol.* $x - 3 = 0$.

f) $p = 4$, $\quad \omega = 3\pi/2$.   *Sol.* $y + 4 = 0$.

16. Escribir las ecuaciones de las rectas siguientes en forma normal. Hallar p y ω.

a) $x - 3y + 6 = 0$. $Sol.$ $-\dfrac{x}{\sqrt{10}} + \dfrac{3}{\sqrt{10}}\,y - \dfrac{6}{\sqrt{10}} = 0$, $p = \dfrac{3\sqrt{10}}{5}$, $\omega = 108°26'$.

b) $2x + 3y - 10 = 0$. $Sol.$ $\dfrac{2}{\sqrt{13}}\,x + \dfrac{3}{\sqrt{13}}\,y - \dfrac{10}{\sqrt{13}} = 0$, $p = \dfrac{10\sqrt{13}}{13}$, $\omega = 56°\,19'$.

c) $3x + 4y - 5 = 0$. $Sol.$ $\dfrac{3}{5}\,x + \dfrac{4}{5}\,y - 1 = 0$, $p = 1$, $\omega = 53°\,8'$.

d) $5x + 12y = 0$. $Sol.$ $\dfrac{5}{13}\,x + \dfrac{12}{13}\,y = 0$, $p = 0$, $\omega = 67°\,23'$.

e) $x + y - \sqrt{2} = 0$. $Sol.$ $\dfrac{x}{\sqrt{2}} + \dfrac{y}{\sqrt{2}} - 1 = 0$, $p = 1$, $\omega = \pi/4$.

17. Hallar las ecuaciones y el punto de intersección de las bisectrices de los ángulos interiores del triángulo formado por las rectas $4x - 3y - 65 = 0$, $7x - 24y + 55 = 0$ y $3x + 4y - 5 = 0$.
$Sol.$ $9x - 13y - 90 = 0$, $2x + 11y - 20 = 0$, $7x + y - 70 = 0$. Punto $(10, 0)$.

18. Hallar las ecuaciones y el punto de intersección de las bisectrices de los ángulos interiores del triángulo cuyos lados son las rectas $7x + 6y - 11 = 0$, $9x - 2y + 7 = 0$ y $6x - 7y - 16 = 0$.
$Sol.$ $x + 13y + 5 = 0$, $5x - 3y - 3 = 0$, $4x + y - 1 = 0$. Punto $(6/17, -7/17)$.

19. Hallar las ecuaciones y el punto de intersección de las bisectrices de los ángulos interiores del triángulo cuyos lados son las rectas $y = 0$, $3x - 4y = 0$ y $4x + 3y - 50 = 0$.
$Sol.$ $x - 3y = 0$, $2x + 4y - 25 = 0$, $7x - y - 50 = 0$. Punto $(15/2, 5/2)$.

20. Hallar el punto de intersección de las bisectrices de los ángulos interiores del triángulo de vértices $(-1, 3)$, $(3, 6)$ y $(31/5, 0)$. $Sol.$ $(17/7, 24/7)$.

21. Hallar las coordenadas del centro y el radio de la circunferencia inscrita en el triángulo cuyos lados son las rectas $15x - 8y + 25 = 0$, $3x - 4y - 10 = 0$ y $5x + 12y - 30 = 0$.
$Sol.$ $(4/7, 1/4)$. Radio $= 13/7$.

22. Hallar el valor de K de forma que la distancia de la recta $y + 5 = K(x - 3)$ al origen sea 3.
$Sol.$ $K = -8/15$, ∞.

23. Hallar el lugar geométrico de los puntos que distan de la recta $5x + 12y - 20 = 0$ tres veces más que de la recta $4x - 3y + 12 = 0$. $Sol.$ $181x - 57y + 368 = 0$, $131x - 177y + 568 = 0$.

24. Hallar el lugar geométrico de los puntos cuyo cuadrado de su distancia al $(3, -2)$ sea igual a su distancia a la recta $5x - 12y - 13 = 0$.
$Sol.$ $13x^2 + 13y^2 - 73x + 40y + 156 = 0$, $13x^2 + 13y^2 - 83x + 64y + 182 = 0$.

25. Hallar dos puntos de la recta $5x - 12y + 15 = 0$ cuya distancia a $3x + 4y - 12 = 0$ sea 3.
$Sol.$ $\left(\dfrac{33}{7}, \dfrac{45}{14}\right)$, $\left(-\dfrac{12}{7}, \dfrac{15}{28}\right)$.

26. Hallar las ecuaciones de las paralelas a la recta $8x - 15y + 34 = 0$ que distan 3 unidades del punto $(-2, 3)$. $Sol.$ $8x - 15y + 112 = 0$, $8x - 15y + 10 = 0$.

27. Hallar el lugar geométrico de los puntos que equidistan de la recta $3x - 4y - 2 = 0$ y del punto $(-1, 2)$. $Sol.$ $16x^2 + 24xy + 9y^2 + 62x - 116y + 121 = 0$.

28. Hallar el área y la longitud de la altura trazada desde A al lado BC de los triángulos cuyos vértices son:

a) $A(-3, 3)$, $B(5, 5)$, $C(2, -4)$.   *Sol.* Altura $= \dfrac{11\sqrt{10}}{5}$,   área $= 33$ unidades de superficie.

b) $A(5, 6)$, $B(1, -4)$, $C(-4, 0)$.   *Sol.* Altura $= \dfrac{66\sqrt{41}}{41}$,   área $= 33$ unidades de superficie.

c) $A(-1, 4)$, $B(1, -4)$, $C(5, 4)$.   *Sol.* Altura $= \dfrac{12\sqrt{5}}{5}$,   área $= 24$ unidades de superficie.

d) $A(0, 4)$, $B(5, 1)$, $C(1, -3)$.   *Sol.* Altura $= 4\sqrt{2}$,   área $= 16$ unidades de superficie.

29. Hallar el valor de K en las ecuaciones de las rectas siguientes de forma que se verifique la condición que se indica.

a) $(2 + K)x - (3 - K)y + 4K + 14 = 0$, pase por el punto $(2, 3)$.   *Sol.* $K = -1$.
b) $Kx + (3 - K)y + 7 = 0$, la pendiente de la recta sea 7.   *Sol.* $K = 7/2$.
c) $5x - 12y + 3 + K = 0$, la distancia de esta recta al punto $(-3, 2)$ sea, en valor absoluto, igual a 4.   *Sol.* $K = -16$, $K = 88$.

30. Hallar la ecuación de la recta que pasa por el punto de intersección de las rectas $3x - 5y + 9 = 0$ y $4x + 7y - 28 = 0$ y cumple la condición siguiente:

a)   Pasa por el punto $(-3, -5)$.   *Sol.* $13x - 8y - 1 = 0$.
b)   Pasa por el punto $(4, 2)$.   *Sol.* $38x + 87y - 326 = 0$.
c)   Es paralela a la recta $2x + 3y - 5 = 0$.   *Sol.* $82x + 123y - 514 = 0$.
d)   Es perpendicular a la recta $4x + 5y - 20 = 0$. *Sol.* $205x - 164y + 95 = 0$.
e)   Iguales coordenadas en el origen.   *Sol.* $41x + 41y - 197 = 0$, $120x - 77y = 0$.

31. Hallar la ecuación de la recta que pasa por el punto de intersección de las rectas $x - 3y + 1 = 0$ y $2x + 5y - 9 = 0$ y cuya distancia al origen es (a) 2,   (b) $\sqrt{5}$.
Sol. (a) $x - 2 = 0$, $3x + 4y - 10 = 0$:   (b) $2x + y - 5 = 0$.

CAPITULO 4

La circunferencia

UNA CIRCUNFERENCIA, analíticamente, es una ecuación de segundo grado con dos variables. Ahora bien, no toda ecuación de este tipo representa siempre una circunferencia; solo en determinadas condiciones es cierto.

Una circunferencia queda completamente determinada si se conocen su centro y su radio.

LA ECUACION DE LA CIRCUNFERENCIA de centro (h, k) y radio r es

$$(x - h)^2 + (y - k)^2 = r^2.$$

Si el centro es el origen de coordenadas, la ecuación toma la forma $x^2 + y^2 = r^2$.
Toda circunferencia se puede expresar por medio de una ecuación del tipo

$$x^2 + y^2 + Dx + Ey + F = 0.$$

Si escribimos esta ecuación en la forma

$$x^2 + Dx + y^2 + Ey + F = 0$$

y sumamos y restamos los términos que se indican para completar cuadrados, se tiene,

$$x^2 + Dx + \frac{D^2}{4} + y^2 + Ey + \frac{E^2}{4} = \frac{D^2}{4} + \frac{E^2}{4} - F$$

o bien

$$\left(x + \frac{D}{2}\right)^2 + \left(y + \frac{E}{2}\right)^2 = \frac{D^2 + E^2 - 4F}{4}.$$

El centro es el punto $\left(-\dfrac{D}{2}, -\dfrac{E}{2}\right)$ y el radio $r = \frac{1}{2} \sqrt{D^2 + E^2 - 4F}$.

Si $D^2 + E^2 - 4F > 0$, la circunferencia es real.
Si $D^2 + E^2 - 4F < 0$, la circunferencia es imaginaria.

Si $D^2 + E^2 - 4F = 0$, el radio es cero y la ecuación representa al punto $\left(-\dfrac{D}{2}, -\dfrac{E}{2}\right)$.

PROBLEMAS RESUELTOS

1. Hallar la ecuación de la circunferencia de centro $(-2, 3)$ y radio 4.

   $(x + 2)^2 + (y - 3)^2 = 16$, o bien, $x^2 + y^2 + 4x - 6y = 3$.

2. Hallar las coordenadas del centro y el radio de la circunferencia $x^2 + y^2 - 3x + 5y - 14 = 0$
   a) sumando y restando los términos adecuados para completar cuadrados, b) aplicando la fórmula general.

   a) $x^2 - 3x + \dfrac{9}{4} + y^2 + 5y + \dfrac{25}{4} = 14 + \dfrac{9}{4} + \dfrac{25}{4}$, o sea, $\left(x - \dfrac{3}{2}\right)^2 + \left(y + \dfrac{5}{2}\right)^2 = \dfrac{90}{4}$.

   Luego el centro es el punto $\left(\dfrac{3}{2}, -\dfrac{5}{2}\right)$ y el radio $r = \dfrac{3\sqrt{10}}{2}$.

   b) $h = -\dfrac{D}{2} = \dfrac{3}{2}$, $k = -\dfrac{E}{2} = -\dfrac{5}{2}$, y $r = \frac{1}{2}\sqrt{D^2 + E^2 - 4F} = \frac{1}{2}\sqrt{9 + 25 + 56} = \dfrac{3\sqrt{10}}{2}$.

3. Hallar el valor de k para que la ecuación $x^2 + y^2 - 8x + 10y + k = 0$ represente una circunferencia de radio 7.

Como $r = \frac{1}{2}\sqrt{D^2 + E^2 - 4F}$, resulta $7 = \frac{1}{2}\sqrt{64 + 100 - 4k}$. Elevando al cuadrado y resolviendo, $k = -8$.

4. Hallar la ecuación de la circunferencia de centro $(5, -2)$ y que pase por el punto $(-1, 5)$.

El radio de la circunferencia es $r = \sqrt{(5 + 1)^2 + (-2 - 5)^2} = \sqrt{36 + 49} = \sqrt{85}$.

Luego $(x - 5)^2 + (y + 2)^2 = 85$, o bien, $x^2 + y^2 - 10x + 4y = 56$.

5. Hallar la ecuación de la circunferencia de manera que uno de sus diámetros sea el segmento que une los puntos $(5, -1)$ y $(-3, 7)$.

Las coordenadas del centro son $h = \dfrac{5 - 3}{2} = 1$, $\quad k = \dfrac{-1 + 7}{2} = 3$.

El radio es $r = \sqrt{(5 - 1)^2 + (-1 - 3)^2} = \sqrt{16 + 16} = 4\sqrt{2}$.

Luego $(x - 1)^2 + (y - 3)^2 = 32$, o bien, $x^2 + y^2 - 2x - 6y = 22$.

6. Hallar la ecuación de la circunferencia que pase por el punto $(0, 0)$, tenga de radio $r = 13$ y la abscisa de su centro sea -12.
Como la circunferencia pasa por el origen.

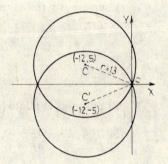

$$h^2 + k^2 = r^2, \text{ o } 144 + k^2 = 169$$

Resolviendo; $k^2 = 169 - 144 = 25$, $\quad k = \pm 5$.

Luego, $\quad (x + 12)^2 + (y - 5)^2 = 169$

y $\qquad\quad (x + 12)^2 + (y + 5)^2 = 169$.

Desarrollando, $\quad x^2 + y^2 + 24x - 10y = 0$

y $\qquad\qquad\qquad x^2 + y^2 + 24x + 10y = 0$.

7. Hallar la ecuación de la circunferencia que pasa por los puntos $(5, 3)$, $(6, 2)$ y $(3, -1)$.

Cada una de las expresiones

$$(x - h)^2 + (y - k)^2 = r^2$$

o bien, $\qquad\qquad x^2 + y^2 + Dx + Ey + F = 0$

contiene tres constantes indeterminadas con lo que serán necesarias tres condiciones para determinarlas. Como la circunferencia debe pasar por los tres puntos dados, se pueden hallar los coeficientes sustituyendo las coordenadas de los puntos en lugar de x e y resolviendo, a continuación, las tres ecuaciones lineales en D, E y F. Estas ecuaciones son

$$25 + 9 + 5D + 3E + F = 0,$$
$$36 + 4 + 6D + 2E + F = 0,$$
$$9 + 1 + 3D - E + F = 0.$$

Resolviendo el sistema se obtiene, $D = -8$, $E = -2$ y $F = 12$.
Sustituyendo estos valores de D, E y F, resulta la ecuación de la circunferencia $x^2 + y^2 - 8x - 2y + 12 = 0$.

8. Hallar la ecuación de la circunferencia que pasa por los puntos (2, 3) y (—1, 1) y cuyo centro está situado en la recta $x - 3y - 11 = 0$.

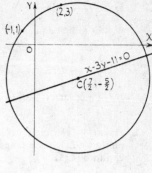

Sean (h, k) las coordenadas del centro de la circunferencia. Como (h, k) debe equidistar de los puntos (2, 3) y (—1, 1),

$$\sqrt{(h-2)^2 + (k-3)^2} = \sqrt{(h+1)^2 + (k-1)^2}.$$

Elevando al cuadrado y simplificando, $6h + 4k = 11$.

Como el centro debe estar sobre la recta $x - 3y - 11 = 0$ se tiene, $h - 3k = 11$.

Despejando los valores de h y k de estas ecuaciones se deduce, $h = \dfrac{7}{2}$, $k = -\dfrac{5}{2}$.

Por tanto, $r = \sqrt{\left(\dfrac{7}{2} + 1\right)^2 + \left(-\dfrac{5}{2} - 1\right)^2} = \frac{1}{2}\sqrt{130}$.

La ecuación pedida es $\left(x - \dfrac{7}{2}\right)^2 + \left(y + \dfrac{5}{2}\right)^2 = \dfrac{130}{4}$, o bien, $x^2 + y^2 - 7x + 5y - 14 = 0$.

9. Hallar la ecuación de la circunferencia inscrita en el triángulo cuyos lados son las rectas L_1: $2x - 3y + 21 = 0$,
L_2: $3x - 2y - 6 = 0$,
L_3: $2x + 3y + 9 = 0$.

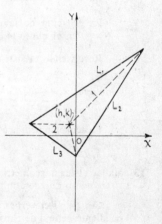

Como el centro de la circunferencia es el punto de intersección de las bisectrices de los ángulos interiores del triángulo será necesario hallar, previamente, las ecuaciones de dichas bisectrices. Sean (h, k) las coordenadas del centro. Para determinar la bisectriz (1) (ver Figura):

$$\frac{2h - 3k + 21}{-\sqrt{13}} = \frac{3h - 2k - 6}{\sqrt{13}}, \text{ o bien, } h - k + 3 = 0.$$

Para la bisectriz (2):

$$\frac{2h + 3k + 9}{-\sqrt{13}} = \frac{2h - 3k + 21}{-\sqrt{13}}, \text{ o bien, } 6k - 12 = 0.$$

Luego, $k = 2$, $h = -1$, y $r = \dfrac{2(-1) + 3(2) + 9}{\sqrt{13}} = \dfrac{13}{\sqrt{13}} = \sqrt{13}$.

Sustituyendo en $(x - h)^2 + (y - k)^2 = r^2$, $(x + 1)^2 + (y - 2)^2 = 13$, o sea, $x^2 + y^2 + 2x - 4y = 8$.

10. Hallar la ecuación de la circunferencia circunscrita al triángulo cuyos lados son las rectas $x + y = 8$,
$2x + y = 14$,
$3x + y = 22$.

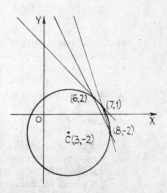

Resolviendo estas ecuaciones tomadas dos a dos, se obtienen las coordenadas de los vértices (6, 2), (7, 1) y (8, —2).

Sustituyendo estas coordenadas en la ecuación general de la circunferencia, $x^2 + y^2 + Dx + Ey + F = 0$, resulta el sistema siguiente:
$$6D + 2E + F = -40,$$
$$7D + E + F = -50,$$
$$8D - 2E + F = -68.$$

cuya solución proporciona los valores $D = -6$, $E = 4$ y $F = -12$.

Por sustitución se deduce la ecuación pedida, $x^2 + y^2 - 6x + 4y - 12 = 0$.

11. Hallar la ecuación de la circunferencia de centro el punto (—4, 2) y que sea tangente a la recta $3x + 4y - 16 = 0$.

El radio se puede determinar calculando la distancia del punto (—4, 2) a la recta.

$$r = \left| \frac{3(-4) + 4(2) - 16}{5} \right| = \left| -\frac{20}{5} \right| = \left| -4 \right| \text{ o sea 4.}$$

La ecuación pedida es $(x + 4)^2 + (y - 2)^2 = 16$, o $x^2 + y^2 + 8x - 4y + 4 = 0$.

12. Hallar la ecuación de la circunferencia que pase por el punto (—2, 1) y sea tangente a la recta $3x - 2y - 6 = 0$ en el punto (4, 3).

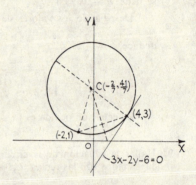

Como la circunferencia debe pasar por los dos puntos (—2, 1) y (4, 3), su centro estará situado sobre la mediatriz del segmento que determinan. Por otra parte, también debe pertenecer a la perpendicular a la recta $3x - 2y - 6 = 0$ en el punto (4, 3).

La ecuación de la mediatriz del segmento es $3x + y - 5 = 0$.

La ecuación de la perpendicular a la recta $3x - 2y - 6 = 0$ en el punto (4, 3) es $2x + 3y - 17 = 0$.

Resolviendo el sistema formado por ambas ecuaciones, $2x + 3y - 17 = 0$ y $3x + y - 5 = 0$

se obtiene, $x = -\dfrac{2}{7}$, $y = \dfrac{41}{7}$. Por tanto, $r = \sqrt{\left(4 + \dfrac{2}{7}\right)^2 + \left(3 - \dfrac{41}{7}\right)^2} = \dfrac{10}{7}\sqrt{13}$.

La ecuación pedida es $\left(x + \dfrac{2}{7}\right)^2 + \left(y - \dfrac{41}{7}\right)^2 = \dfrac{1.300}{49}$, o bien, $7x^2 + 7y^2 + 4x - 82y + 55 = 0$.

13. Hallar el lugar geométrico de los vértices del ángulo recto de los triángulos cuyas hipotenusas son el segmento que determinan los puntos (0, b) y (a, b).

Sea (x, y) el vértice del ángulo recto. Entonces, como los dos catetos son perpendiculares, la pendiente de uno de ellos debe ser el recíproco con signo contrario de la pendiente del otro, es decir,

$$\frac{y - b}{x - 0} = -\frac{1}{\dfrac{y - b}{x - a}} = \frac{x - a}{y - b}.$$

Simplificando, $(y - b)^2 = -x(x - a)$, o sea, $x^2 + y^2 - ax - 2by + b^2 = 0$ (una circunferencia).

14. Hallar la longitud de la tangente desde el punto $P_1(x_1, y_1)$ a la circunferencia $(x - h)^2 + (y - k)^2 = r^2$.

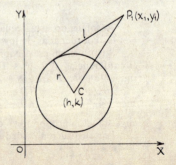

$$l^2 = (P_1C)^2 - r^2,$$
o bien $\quad l^2 = (x_1 - h)^2 + (y_1 - k)^2 - r^2,$

de donde $\quad l = \sqrt{(x_1 - h)^2 + (y_1 - k)^2 - r^2}.$

En consecuencia, la longitud de la tangente trazada desde un punto cualquiera exterior a una circunferencia es igual a la raíz cuadrada del valor que se obtiene al sustituir las coordenadas del punto en la ecuación de la misma.

15. *Definición.* Se llama *eje radical* de dos circunferencias al lugar geométrico de los puntos desde los cuales las tangentes a ellas son de igual longitud.
Deducir la ecuación del eje radical de las circunferencias,

$$x^2 + y^2 + d_1x + e_1y + f_1 = 0$$

y
$$x^2 + y^2 + d_2x + e_2y + f_2 = 0.$$

Sea $P'(x', y')$ un punto genérico cualquiera del eje radical pedido.

Tendremos $l_1 = \sqrt{x'^2 + y'^2 + d_1x' + e_1y' + f_1}$ y $l_2 = \sqrt{x'^2 + y'^2 + d_2x' + e_2y' + f_2}$.

Como $l_1 = l_2$, $\sqrt{x'^2 + y'^2 + d_1x' + e_1y' + f_1} = \sqrt{x'^2 + y'^2 + d_2x' + e_2y' + f_2}$.

Elevando al cuadrado, simplificando y suprimiendo las primas, $(d_1 - d_2)x + (e_1 - e_2)y + f_1 - f_2 = 0$, que es la ecuación de una recta.

16. Hallar la ecuación de la familia de circunferencias que pasan por los puntos de intersección de dos dadas.

Sean $x^2 + y^2 + d_1x + e_1y + f_1 = 0$ y $x^2 + y^2 + d_2x + e_2y + f_2 = 0$, dos circunferencias secantes.

La ecuación $x^2 + y^2 + d_1x + e_1y + f_1 + K(x^2 + y^2 + d_2x + e_2y + f_2) = 0$ representa a dicha familia, ya que las coordenadas de los puntos de intersección satisfacen a las ecuaciones de dichas circunferencias.

Para todos los valores de K, excepto para $K = -1$, se obtiene una circunferencia. Para $K = -1$, la ecuación se reduce a una recta, que es la cuerda común de dichas circunferencias.

17. Hallar las ecuaciones de las circunferencias que pasen por los puntos $A(1, 2)$, $B(3, 4)$ y sean tangentes a la recta $3x + y - 3 = 0$.

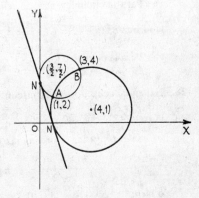

Para hallar las coordenadas del centro, $C(h, k)$, se tienen en cuenta las igualdades $CA = CB$ y $CA = CN$, es decir,

$$(h - 1)^2 + (k - 2)^2 = (h - 3)^2 + (k - 4)^2$$

y
$$(h - 1)^2 + (k - 2)^2 = \left(\frac{3h + k - 3}{\sqrt{10}}\right)^2$$

Desarrollando y simplificando se obtiene,

$$h + k = 5$$

y
$$h^2 + 9k^2 - 6hk - 2h - 34k + 41 = 0.$$

Resolviendo este sistema de ecuaciones resultan $h = 4$, $k = 1$ y $h = 3/2$, $k = 7/2$.

De $r = \dfrac{3h + k - 3}{\sqrt{10}}$ se deduce $r = \dfrac{12 + 1 - 3}{\sqrt{10}} = \sqrt{10}$ y $r = \dfrac{9/2 + 7/2 - 3}{\sqrt{10}} = \dfrac{\sqrt{10}}{2}$.

Teniendo en cuenta $(x - h)^2 + (y - k)^2 = r^2$, tendremos

$$(x - 4)^2 + (y - 1)^2 = 10 \quad \text{y} \quad \left(x - \frac{3}{2}\right)^2 + \left(y - \frac{7}{2}\right)^2 = \frac{10}{4}.$$

Desarrollando estas ecuaciones, resulta $x^2 + y^2 - 8x - 2y + 7 = 0$ y $x^2 + y^2 - 3x - 7y + 12 = 0$.

18. Hallar la ecuación de la circunferencia de radio 5 que sea tangente a la recta $3x + 4y - 16 = 0$ en el punto $(4, 1)$.

Sean (h, k) las coordenadas del centro.

Entonces $\dfrac{3h + 4k - 16}{5} = \pm 5$, o bien, $3h + 4k - 16 = \pm 25$.

Por otra parte, $(h - 4)^2 + (k - 1)^2 = 25$, es decir, $h^2 + k^2 - 8h - 2k = 8$.

Resolviendo este sistema de ecuaciones se obtienen las dos soluciones $(7, 5)$ y $(1, -3)$.

Las ecuaciones de las dos circunferencias respectivas son $(x - 7)^2 + (y - 5)^2 = 25$, y $(x - 1)^2 + (y + 3)^2 = 25$.

19. Hallar las ecuaciones de las dos circunferencias tangentes a las rectas $3x - 4y + 1 = 0$ y $4x + 3y - 7 = 0$ y que pasan por el punto $(2, 3)$.

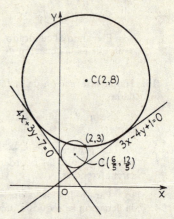

Sea (h, k) las coordenadas del centro. Entonces,

$$\frac{3h - 4k + 1}{-5} = \frac{4h + 3k - 7}{5} \quad \text{o} \quad 7h - k - 6 = 0. \quad (a)$$

Por otra parte, como $r = \dfrac{3h - 4k + 1}{-5}$,

$$(h - 2)^2 + (k - 3)^2 = \left(\frac{3h - 4k + 1}{-5}\right)^2$$

o bien, $16h^2 + 9k^2 - 106h - 142k + 24hk + 324 = 0$. $\quad (b)$

Resolviendo el sistema de ecuaciones (a) y (b) se obtienen, para las coordenadas de los dos centros, los puntos $(2, 8)$ y $(6/5, 12/5)$.

Para la circunferencia de centro $(2, 8)$, $r = \dfrac{3h - 4k + 1}{-5} = \dfrac{6 - 32 + 1}{-5} = 5$ y la ecuación de la misma es $(x - 2)^2 + (y - 8)^2 = 25$.

Para la de centro $\left(\dfrac{6}{5}, \dfrac{12}{5}\right)$, $r = 1$, y la ecuación de la circunferencia es $\left(x - \dfrac{6}{5}\right)^2 + \left(y - \dfrac{12}{5}\right)^2 = 1$.

20. Hallar la ecuación de la circunferencia tangente a las rectas $x + y + 4 = 0$ y $7x - y + 4 = 0$ y que tenga su centro en la recta $4x + 3y - 2 = 0$.

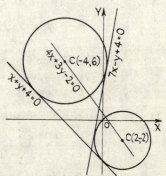

Sean (h, k) las coordenadas del centro. Entonces,

$$\frac{h + k + 4}{\sqrt{2}} = \pm \frac{7h - k + 4}{5\sqrt{2}}$$

o bien, $h - 3k - 8 = 0$ y $3h + k + 6 = 0$,

que son las ecuaciones de las bisectrices de los ángulos formados por las dos rectas dadas. Como el centro ha de pertenecer a la recta $4x + 3y - 2 = 0$ se verificará, $4h + 3k - 2 = 0$. De esta ecuación, y de $h - 3k - 8 = 0$, se obtienen $h = 2$ y $k = -2$.

Por tanto, $r = \dfrac{2 - 2 + 4}{\sqrt{2}} = 2\sqrt{2}$, con lo que la ecuación de la circunferencia es $(x - 2)^2 + (y + 2)^2 = 8$.

Resolviendo el sistema formado por las ecuaciones $4h + 3k - 2 = 0$ y $3h + k + 6 = 0$ resulta, $h = -4$, $k = 6$ y $r = 3\sqrt{2}$.

Por tanto, la ecuación de la circunferencia es $(x + 4)^2 + (y - 6)^2 = 18$.

21. Hallar el lugar geométrico de los puntos (x', y') cuya suma de los cuadrados de sus distancias a las rectas $5x + 12y - 4 = 0$ y $12x - 5y + 10 = 0$ sea igual a 5.

La distancia del punto (x', y') a la recta $5x + 12y - 4 = 0$ es $\dfrac{5x' + 12y' - 4}{13}$, y a la recta

$12x - 5y + 10 = 0$ es $\dfrac{12x' - 5y' + 10}{-13}$. Luego, $\left(\dfrac{5x' + 12y' - 4}{13}\right)^2 + \left(\dfrac{12x' - 5y' + 10}{-13}\right)^2 = 5$.

Simplificando y suprimiendo las primas, se obtiene $169x^2 + 169y^2 + 200x - 196y = 729$, una circunferencia.

22. Hallar el lugar geométrico de los puntos (x, y) cuya suma de los cuadrados de sus distancias a los puntos fijos $(2, 3)$ y $(-1, -2)$ sea igual a 34.

$(x - 2)^2 + (y - 3)^2 + (x + 1)^2 + (y + 2)^2 = 34$. Simplificando, se obtiene, $x^2 + y^2 - x - y = 8$, una circunferencia.

23. Hallar el lugar geométrico de los puntos (x, y) cuya relación de distancias a los puntos fijos $(-1, 3)$ y $(3, -2)$ sea igual a a/b.

$\dfrac{\sqrt{(x + 1)^2 + (y - 3)^2}}{\sqrt{(x - 3)^2 + (y + 2)^2}} = \dfrac{a}{b}$. Elevando al cuadrado y simplificando, se obtiene, $(b^2 - a^2)x^2$

$+ (b^2 - a^2)y^2 + 2(b^2 + 3a^2)x - 2(3b^2 + 2a^2)y = 13a^2 - 10b^2$, una circunferencia.

24. Hallar el lugar geométrico de los puntos (x, y) cuyo cuadrado de la distancia al punto fijo $(-5, 2)$ sea igual a su distancia a la recta $5x + 12y - 26 = 0$.

$(x + 5)^2 + (y - 2)^2 = \pm \left(\dfrac{5x + 12y - 26}{13}\right)^2$. Desarrollando y simplificando,

$13x^2 + 13y^2 + 125x - 64y + 403 = 0$ y $13x^2 + 13y^2 + 135x - 40y + 351 = 0$,   circunferencias.

25. Hallar la ecuación de la circunferencia concéntrica a la circunferencia $x^2 + y^2 - 4x + 6y - 17 = 0$ que sea tangente a la recta $3x - 4y + 7 = 0$.

El centro de la circunferencia dada es $(2, -3)$. El radio de la circunferencia pedida es la distancia

del punto $(2, -3)$ a la recta $3x - 4y + 7 = 0$, es decir, $r = \dfrac{6 + 12 + 7}{5} = 5$.

Luego la circunferencia pedida tiene de ecuación $(x - 2)^2 + (y + 3)^2 = 25$.

26. Hallar las ecuaciones de las circunferencias de radio 15 que sean tangentes a la circunferencia $x^2 + y^2 = 100$ en el punto $(6, -8)$.

El centro de estas circunferencias debe estar sobre la recta que une los puntos $(0, 0)$ y $(6, -8)$,

cuya ecuación es $y = -\dfrac{4}{3}x$.

Llamando (h, k) a las coordenadas del centro, $k = -\dfrac{4}{3}h$ y $(h - 6)^2 + (k + 8)^2 = 225$.

Resolviendo el sistema formado por estas dos ecuaciones se obtienen los valores de h y k $(-3, 4)$ y $(15, -20)$.

Las ecuaciones de las dos circunferencias son $(x + 3)^2 + (y - 4)^2 = 225$ y
$(x - 15)^2 + (y + 20)^2 = 225$.

PROBLEMAS PROPUESTOS

1. Hallar la ecuación de la circunferencia

a) de centro el punto $(3, -1)$ y radio 5.   *Sol.* $x^2 + y^2 - 6x + 2y - 15 = 0.$

b) de centro el punto $(0, 5)$ y radio 5.   *Sol.* $x^2 + y^2 - 10y = 0.$

c) de centro el punto $(-4, 2)$ y diámetro 8.   *Sol.* $x^2 + y^2 + 8x - 4y + 4 = 0.$

d) de centro el punto $(4, -1)$ y que pase por $(-1, 3)$.
Sol. $x^2 + y^2 - 8x + 2y - 24 = 0.$

e) de diámetro el segmento que une los puntos $(-3, 5)$ y $(7, -3)$.
Sol. $x^2 + y^2 - 4x - 2y - 36 = 0.$

f) de centro el punto $(-4, 3)$ y que sea tangente al eje y.
Sol. $x^2 + y^2 + 8x - 6y + 9 = 0.$

g) de centro el punto $(3, -4)$ y que pase por el origen.
Sol. $x^2 + y^2 - 6x + 8y = 0.$

h) de centro el origen y que pase por el punto $(6, 0)$.
Sol. $x^2 + y^2 - 36 = 0.$

i) que sea tangente a los dos ejes de coordenadas de radio $r = 8$ y cuyo centro esté en el primer
cuadrante.   *Sol.* $x^2 + y^2 - 16x - 16y + 64 = 0.$

j) que pase por el origen, de radio $r = 10$ y cuya abscisa de su centro sea -6.
Sol. $x^2 + y^2 + 12x - 16y = 0, \ x^2 + y^2 + 12x + 16y = 0.$

2. Hallar el centro y el radio de las circunferencias siguientes. Determinar si cada una de ellas es real, imaginaria o se reduce a un punto. Aplicar la fórmula y comprobarla por suma y resta de los términos adecuados para completar cuadrados.

a) $x^2 + y^2 - 8x + 10y - 12 = 0.$ *Sol.* $(4, -5), \ r = \sqrt{53}, \ $ real.

b) $3x^2 + 3y^2 - 4x + 2y + 6 = 0.$ *Sol.* $\left(\dfrac{2}{3}, -\dfrac{1}{3}\right), \ r = \dfrac{1}{3}\sqrt{-13}, \ $ imaginaria.

c) $x^2 + y^2 - 8x - 7y = 0.$ *Sol.* $\left(4, \dfrac{7}{2}\right), \ r = \dfrac{1}{2}\sqrt{113}, \ $ real.

d) $x^2 + y^2 = 0.$ *Sol.* $(0, 0), \ r = 0, \ $ un punto.

e) $2x^2 + 2y^2 - x = 0.$ *Sol.* $\left(\dfrac{1}{4}, 0\right), \ r = \dfrac{1}{4}, \ $ real.

3. Hallar la ecuación de la circunferencia que pasa por los puntos

a) $(4, 5), (3, -2),$ y $(1, -4)$.   *Sol.* $x^2 + y^2 + 7x - 5y - 44 = 0.$

b) $(8, -2), (6, 2),$ y $(3, -7)$.   *Sol.* $x^2 + y^2 - 6x + 4y - 12 = 0.$

c) $(1, 1), (1, 3),$ y $(9, 2)$.   *Sol.* $8x^2 + 8y^2 - 79x - 32y + 95 = 0.$

d) $(-4, -3), (-1, -7),$ y $(0, 0)$.   *Sol.* $x^2 + y^2 + x + 7y = 0.$

e) $(1, 2), (3, 1),$ y $(-3, -1)$.   *Sol.* $x^2 + y^2 - x + 3y - 10 = 0.$

4. Hallar la ecuación de la circunferencia circunscrita al triángulo de lados

a) $x - y + 2 = 0, \ 2x + 3y - 1 = 0,$ y $4x + y - 17 = 0$.
Sol. $5x^2 + 5y^2 - 32x - 8y - 34 = 0.$

b) $x + 2y - 5 = 0, \ 2x + y - 7 = 0,$ y $x - y + 1 = 0$.
Sol. $3x^2 + 3y^2 - 13x - 11y + 20 = 0.$

c) $3x + 2y - 13 = 0$, $x + 2y - 3 = 0$, y $x + y - 5 = 0$.
  Sol. $x^2 + y^2 - 17x - 7y + 52 = 0$.

d) $2x + y - 8 = 0$, $x - y - 1 = 0$, y $x - 7y - 19 = 0$.
  Sol. $3x^2 + 3y^2 - 8x + 8y - 31 = 0$.

e) $2x - y + 7 = 0$, $3x + 5y - 9 = 0$, y $x - 7y - 13 = 0$.
  Sol. $169x^2 + 169y^2 - 8x + 498y - 3707 = 0$.

5. Hallar la ecuación de la circunferencia inscrita al triángulo de lados

a) $4x - 3y - 65 = 0$, $7x - 24y + 55 = 0$, y $3x + 4y - 5 = 0$.
  Sol. $x^2 + y^2 - 20x + 75 = 0$.

b) $7x + 6y - 11 = 0$, $9x - 2y + 7 = 0$, y $6x - 7y - 16 = 0$.
  Sol. $85x^2 + 85y^2 - 60x + 70y - 96 = 0$.

c) $y = 0$, $3x - 4y = 0$, y $4x + 3y - 50 = 0$.
  Sol. $4x^2 + 4y^2 - 60x - 20y + 225 = 0$.

d) $15x - 8y + 25 = 0$, $3x - 4y - 10 = 0$, y $5x + 12y - 30 = 0$.
  Sol. $784x^2 + 784y^2 - 896x - 392y - 2399 = 0$.

e) inscrita al triángulo de vértices $(-1, 3)$, $(3, 6)$ y $\left(\dfrac{31}{5}, 0\right)$.
  Sol. $7x^2 + 7y^2 - 34x - 48y + 103 = 0$.

6. Hallar la ecuación de la circunferencia de centro $(-2, 3)$ que sea tangente a la recta $20x - 21y - 42 = 0$.   *Sol.* $x^2 + y^2 + 4x - 6y - 12 = 0$.

7. Hallar la ecuación de la circunferencia de centro el origen que sea tangente a la recta $8x - 15y - 12 = 0$.
Sol. $289x^2 + 289y^2 = 144$.

8. Hallar la ecuación de la circunferencia de centro $(-1, -3)$ que sea tangente a la recta que une los puntos $(-2, 4)$ y $(2, 1)$.   *Sol.* $x^2 + y^2 + 2x + 6y - 15 = 0$.

9. Hallar la ecuación de la circunferencia cuyo centro esté en el eje x y que pase por los puntos $(-2, 3)$ y $(4, 5)$.   *Sol.* $3x^2 + 3y^2 - 14x - 67 = 0$.

10. Hallar la ecuación de la circunferencia que pasa por los puntos $(1, -4)$ y $(5, 2)$ y que tiene su centro en la recta $x - 2y + 9 = 0$.   *Sol.* $x^2 + y^2 + 6x - 6y - 47 = 0$.

11. Hallar la ecuación de la circunferencia que pasa por los puntos $(-3, 2)$ y $(4, 1)$ y sea tangente al eje x.   *Sol.* $x^2 + y^2 - 2x - 10y + 1 = 0$, $x^2 + y^2 - 42x - 290y + 441 = 0$.

12. Hallar la ecuación de la circunferencia que pasa por los puntos $(2, 3)$ y $(3, 6)$ y sea tangente a la recta $2x + y - 2 = 0$.   *Sol.* $x^2 + y^2 - 26x - 2y + 45 = 0$, $x^2 + y^2 - 2x - 10y + 21 = 0$.

13. Hallar la ecuación de la circunferencia que pasa por el punto $(11, 2)$ y sea tangente a la recta $2x + 3y - 18 = 0$ en el punto $(3, 4)$.   *Sol.* $5x^2 + 5y^2 - 98x - 142y + 737 = 0$.

14. Hallar la ecuación de la circunferencia de radio 10 que sea tangente a la recta $3x - 4y - 13 = 0$ en el punto $(7, 2)$.
Sol. $x^2 + y^2 - 26x + 12y + 105 = 0$, $x^2 + y^2 - 2x - 20y + 1 = 0$.

15. Hallar la ecuación de la circunferencia tangente a las rectas $x - 2y + 4 = 0$ y $2x - y - 8 = 0$ y que pase por el punto $(4, -1)$.
Sol. $x^2 + y^2 - 30x + 6y + 109 = 0$, $x^2 + y^2 - 70x + 46y + 309 = 0$.

16. Hallar la ecuación de la circunferencia tangente a las rectas $x - 3y + 9 = 0$ y $3x + y - 3 = 0$ y que tenga su centro en la recta $7x + 12y - 32 = 0$.
Sol. $x^2 + y^2 + 8x - 10y + 31 = 0$, $961x^2 + 961y^2 + 248x - 5270y + 7201 = 0$.

17. Hallar la ecuación de la circunferencia definida por el lugar geométrico de los vértices del ángulo recto de los triángulos cuya hipotenusa es el segmento que une los puntos (—4, 1) y (3, 2).
Sol. $x^2 + y^2 + x - 3y - 10 = 0$.

18. Hallar la ecuación de la circunferencia tangente a las rectas $4x + 3y - 50 = 0$ y $3x - 4y - 25 = 0$ y cuyo radio sea igual a 5.   *Sol.* $x^2 + y^2 - 20x + 10y + 100 = 0$,
$x^2 + y^2 - 36x - 2y + 300 = 0$,
$x^2 + y^2 - 24x - 18y + 200 = 0$,
$x^2 + y^2 - 8x - 6y = 0$.

19. Hallar el lugar geométrico de los puntos cuya suma de cuadrados de distancias a las rectas perpendiculares $2x + 3y - 6 = 0$ y $3x - 2y + 8 = 0$ sea igual a 10. Si es una circunferencia, hallar su centro y su radio.

Sol. $13x^2 + 13y^2 + 24x - 68y - 30 = 0$.   Centro $\left(-\dfrac{12}{13}, \dfrac{34}{13}\right)$, $r = \sqrt{10}$.

20. Demostrar que el lugar geométrico de los puntos cuya suma de cuadrados de distancias a las rectas perpendiculares $a_1x + b_1y + c_1 = 0$ y $b_1x - a_1y + c_2 = 0$ es una constante K^2, es una circunferencia.

21. Hallar el lugar geométrico de los puntos cuya suma de cuadrados de distancias a los puntos fijos (—2, —5) y (3, 4) sea igual a 70. Si es una circunferencia, hallar su centro y su radio.
Sol. $x^2 + y^2 - x + y - 8 = 0$.   Centro $(\frac{1}{2}, -\frac{1}{2})$, $r = \frac{1}{2}\sqrt{34}$.

22. Hallar el lugar geométrico de los puntos cuya relación de distancias a los puntos fijos (2, —1) y (—3, 4) sea igual a 2/3. Si es una circunferencia, determinar su centro y su radio.
Sol. $x^2 + y^2 - 12x + 10y - 11 = 0$.   Centro $(6, -5)$, $r = 6\sqrt{2}$.

23. Demostrar que el lugar geométrico de los puntos cuya relación de distancias a los puntos fijos (a, b) y (c, d) es igual a K (constante) es una circunferencia.

24. Hallar la ecuación del lugar geométrico de los puntos cuyo cuadrado de la distancia al punto fijo (—2, —5) sea el triple de la correspondiente a la recta $8x + 15y - 34 = 0$.
Sol. $17x^2 + 17y^2 + 44x + 125y + 595 = 0$, $17x^2 + 17y^2 + 92x + 215y + 391 = 0$.

25. Hallar la ecuación de la circunferencia tangente a la recta $3x - 4y + 17 = 0$ que sea concéntrica con la circunferencia $x^2 + y^2 - 4x + 6y - 11 = 0$.
Sol. $x^2 + y^2 - 4x + 6y - 36 = 0$.

26. Hallar la ecuación de la circunferencia de radio 10 que sea tangente a la circunferencia $x^2 + y^2 = 25$ en el punto (3, 4).
Sol. $x^2 + y^2 - 18x - 24y + 125 = 0$, $x^2 + y^2 + 6x + 8y - 75 = 0$.

27. Hallar la ecuación del lugar geométrico del punto medio de un segmento de 30 centímetros de longitud cuyos extremos se apoyan constantemente en los ejes de coordenadas.
Sol.   Una circunferencia, $x^2 + y^2 = 225$.

28. Hallar la máxima y mínima distancias del punto (10, 7) a la circunferencia $x^2 + y^2 - 4x - 2y - 20 = 0$.   *Sol.*   15 y 5.

29. Hallar la longitud de la tangente trazada desde el punto (7, 8) a la circunferencia $x^2 + y^2 = 9$.
Sol. $2\sqrt{26}$.

30. Hallar la longitud de la tangente trazada desde el punto (6, 4) a la circunferencia $x^2 + y^2 + 4x + 6y - 19 = 0$.   *Sol.*   9.

31. Hallar el valor de K para el cual la longitud de la tangente trazada desde el punto (5, 4) a la circunferencia $x^2 + y^2 + 2Ky = 0$ sea igual a a), 1, b), 0.   *Sol.* a) $K = -5$, b) $K = -5,125$.

32. Hallar las ecuaciones de los tres ejes radicales de las circunferencias siguientes, y demostrar que se cortan en un punto.

$$x^2 + y^2 + 3x - 2y - 4 = 0, \quad x^2 + y^2 - 2x - y - 6 = 0, \quad y \ x^2 + y^2 - 1 = 0.$$

Sol. $5x - y + 2 = 0, \quad 3x - 2y - 3 = 0, \quad 2x + y + 5 - 0.$ Punto de intersección $(-1, -3)$. Este punto se denomina centro radical de las circunferencias.

33. Hallar las ecuaciones de los tres ejes radicales de las circunferencias siguientes y hallar el centro radical (punto de intersección de los ejes).

$$x^2 + y^2 + x = 0, \quad x^2 + y^2 + 4y + 7 = 0, \quad y \ 2x^2 + 2y^2 + 5x + 3y + 9 = 0.$$

Sol. $x - 4y - 7 = 0, \quad x + y + 3 = 0, \quad x - y - 1 = 0.$ Centro $(-1, -2)$.

34. Hallar las ecuaciones de los tres ejes radicales y el centro radical de las circunferencias siguientes.

$$x^2 + y^2 + 12x + 11 = 0, \quad x^2 + y^2 - 4x - 21 = 0, \quad y \ x^2 + y^2 - 4x + 16y + 43 = 0.$$

Sol. $x + 2 = 0, \quad x - y - 2 = 0, \quad y + 4 = 0.$ Centro $(-2, -4)$.

35. Hallar la ecuación de la circunferencia que pasa por el punto $(-2, 2)$ y por los de intersección de las circunferencias

$$x^2 + y^2 + 3x - 2y - 4 = 0 \quad y \quad x^2 + y^2 - 2x - y - 6 = 0.$$

Sol. $5x^2 + 5y^2 - 7y - 26 = 0.$

36. Hallar la ecuación de la circunferencia que pasa por el punto $(3, 1)$ y por los de intersección de las circunferencias

$$x^2 + y^2 - x - y - 2 = 0 \quad y \quad x^2 + y^2 + 4x - 4y - 8 = 0.$$

Sol. $3x^2 + 3y^2 - 13x + 3y + 6 = 0.$

37. Hallar la ecuación de la circunferencia que pasa por los puntos de intersección de las circunferencias $x^2 + y^2 - 6x + 2y + 4 = 0$ y $x^2 + y^2 + 2x - 4y - 6 = 0$ y cuyo centro esté en la recta $y = x$.

Sol. $7x^2 + 7y^2 - 10x - 10y - 12 = 0.$

CAPITULO 5

Secciones cónicas.–La parábola

DEFINICION. El lugar geométrico de los puntos cuya relación de distancias a un punto y una recta fijos es constante recibe el nombre de *sección cónica* o simplemente *cónica*.

El punto fijo se llama *foco* de la cónica, la recta fija *directriz* y la relación constante *excentricidad* que, normalmente, se representa por la letra *e*.

Las secciones cónicas se clasifican en tres categorías, según su forma y propiedades. Estas se establecen de acuerdo con los valores de la excentricidad *e*.

Si $e < 1$, la cónica se llama *elipse*.
Si $e = 1$, la cónica se llama *parábola*.
Si $e > 1$, la cónica se llama *hipérbola*.

PARABOLA. Sean $L'L$ y F la recta y punto fijos. Tracemos por F la perpendicular al eje x y sea $2a$ la distancia de F a $L'L$. Por definición de parábola la curva debe cortar al eje x en el punto O, equidistante de F y $L'L$. El eje y se traza perpendicular al x por el punto O.

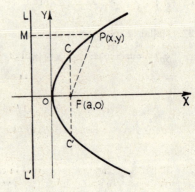

Las coordenadas de F son $(a, 0)$ y la ecuación de la directriz es $x = -a$, o bien, $x + a = 0$.

Sea $P(x, y)$ un punto genérico cualquiera de manera que $\dfrac{PF}{PM} = e = 1$.

Entonces, $\sqrt{(x - a)^2 + (y - 0)^2} = x + a$.

Elevando al cuadrado,

$$x^2 - 2ax + a^2 + y^2 = x^2 + 2ax + a^2,$$

o bien, $\qquad\qquad y^2 = 4ax$.

De la forma de la ecuación se deduce que la parábola es simétrica con respecto al eje x. El punto en que la curva corta al eje de simetría se denomina *vértice*. La cuerda $C'C$ que pasa por el foco y es perpendicular al eje se llama *latus rectum*. La longitud del *latus rectum* es $4a$, es decir, el coeficiente del término de primer grado en la ecuación.

Si el foco está a la izquierda de la directriz, la ecuación toma la forma

$$y^2 = -4ax.$$

Si el foco pertenece al eje y, la forma de la ecuación es

$$x^2 = \pm 4ay$$

en la que el signo depende de que el foco esté por encima o por debajo de la directriz.

Consideremos ahora una parábola de vértice el punto (h, k), de eje paralelo al de coordenadas x y cuyo foco esté a una distancia a del vértice y a la derecha de él. La directriz, paralela al eje y y a una distancia $2a$ a la izquierda del foco, tendrá la ecuación $x = h - a$, o bien, $x - h + a = 0$.

Llamemos $P(x, y)$ un punto genérico cualquiera de la parábola. Como $PF = PM$,

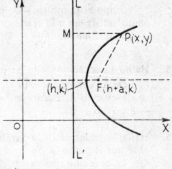

$$\sqrt{(x - h - a)^2 + (y - k)^2} = x - h + a.$$

es decir, $\quad\quad y^2 - 2ky + k^2 = 4ax - 4ah.$

o bien, $\quad\quad\quad (y - k)^2 - 4a(x - h).$

Otras expresiones típicas son:

$$(y - k)^2 = -4a(x - h);$$
$$(x - h)^2 = 4a(y - k);$$
$$(x - h)^2 = -4a(y - k).$$

Que desarrolladas adquieren la forma $\quad x = ay^2 + by + c,$
$$y = ax^2 + bx + c.$$

PROBLEMAS RESUELTOS

1. Hallar el foco, la ecuación de la directriz y la longitud del *latus rectum* de la parábola $3y^2 = 8x$, o bien, $y^2 = \dfrac{8}{3} x$.

De la ecuación de la parábola se deduce que $4a = \dfrac{8}{3}$, de donde, $a = \dfrac{2}{3}$. El foco es, pues el punto de coordenadas $\left(\dfrac{2}{3}, 0\right)$, y la ecuación de la directriz, $x = -\dfrac{2}{3}$.

Para hallar la longitud del *latus rectum* se calcula el valor de y para $x = \dfrac{2}{3}$. Para $x = \dfrac{2}{3}$, $y = \dfrac{4}{3}$, con lo cual, la longitud del *latus rectum* es $2\left(\dfrac{4}{3}\right) = \dfrac{8}{3}$.

2. Hallar la ecuación de la parábola cuyo foco es el punto $\left(0, -\dfrac{4}{3}\right)$ y por directriz la recta $y - \dfrac{4}{3} = 0$. Hallar la longitud del *latus rectum*.

Sea $P(x, y)$ un punto genérico cualquiera de la parábola. En estas condiciones,

$$\sqrt{(x - 0)^2 + \left(y + \dfrac{4}{3}\right)^2} = y - \dfrac{4}{3}.$$

Elevando al cuadrado y simplificando, $x^2 + \dfrac{16}{3} y = 0$. *Latus rectum* $= 4a = \dfrac{16}{3}$.

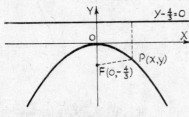

Problema 2

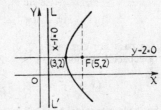

Problema 3

3. Hallar la ecuación de la parábola de vértice el punto $(3, 2)$ y foco $(5, 2)$.

Como el vértice es el punto $(3, 2)$ y el foco $(5, 2)$ se tiene, $a = 2$ y la ecuación adquiere la forma $(y - k)^2 = 4a(x - h)$, o sea, $(y - 2)^2 = 8(x - 3)$.

Simplificando, $y^2 - 4y - 8x + 28 = 0$.

4. Hallar la ecuación de la parábola de vértice el origen, de eje el de coordenadas y, y que pase por el punto (6, —3).

La ecuación que hemos de aplicar es $x^2 = -4ay$.

Como el punto (6, —3) pertenece a la curva el valor de a debe ser tal que las coordenadas del punto satisfagan a la ecuación.

Sustituyendo, $36 = -4a(-3)$, de donde, $a = 3$. La ecuación pedida es $x^2 = -12y$.

5. Hallar la ecuación de la parábola de foco el punto (6, —2) y directriz la recta $x - 2 = 0$.

De la definición, $\sqrt{(x-6)^2 + (y+2)^2} = x - 2$.

Elevando al cuadrado, $x^2 - 12x + 36 + y^2 + 4y + 4 = x^2 - 4x + 4$. Simplificando, $y^2 + 4y - 8x + 36 = 0$.

6. Hallar la ecuación de la parábola de vértice el punto (2, 3), de eje paralelo al de coordenadas y, y que pase por el punto (4, 5).

La ecuación que hemos de aplicar es $(x - h)^2 = 4a(y - k)$, es decir, $(x - 2)^2 = 4a(y - 3)$.

Como el punto (4, 5) pertenece a la curva, $(4 - 2)^2 = 4a(5 - 3)$, de donde, $a = \dfrac{1}{2}$.

La ecuación pedida es $(x - 2)^2 = 2(y - 3)$, o bien, $x^2 - 4x - 2y + 10 = 0$.

7. Hallar la ecuación de la parábola de eje paralelo al de coordenadas x, y que pase por los puntos (—2, 1), (1, 2) y (—1, 3).

Aplicamos la ecuación $y^2 + Dx + Ey + F = 0$.

Sustituyendo x e y por las coordenadas de los puntos, $1 - 2D + E + F = 0$,
$4 + D + 2E + F = 0$,
$9 - D + 3E + F = 0$.

Resolviendo este sistema de ecuaciones, $D = \dfrac{2}{5}$, $E = -\dfrac{21}{5}$, $F = 4$.

Por tanto, la ecuación pedida es $y^2 + \dfrac{2}{5}x - \dfrac{21}{5}y + 4 = 0$, o bien, $5y^2 + 2x - 21y + 20 = 0$.

8. Hallar la altura de un punto de un arco parabólico de 18 metros de altura y 24 metros de base, situado a una distancia de 8 metros del centro del arco.

Tomemos el eje x en la base del arco y el origen en el punto medio. La ecuación de la parábola será de la forma

$$(x - h)^2 = 4a(y - k)$$

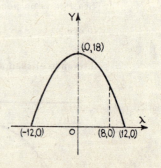

o bien $(x - 0)^2 = 4a(y - 18)$.

La curva pasa por el punto (12, 0). Sustituyendo estas coordenadas en la ecuación se obtiene, $a = -2$. Por consiguiente,

$$(x - 0)^2 = -8(y - 18).$$

Para hallar la altura del arco a 8 metros del centro se sustituye $x = 8$ en la ecuación y se despeja el valor de y. Por tanto, $8^2 = -8(y - 18)$, de donde, $y = 10$ metros. El arco simple más resistente es el de forma parabólica.

9. Dada la parábola de ecuación $y^2 + 8y - 6x + 4 = 0$, hallar las coordenadas del vértice y del foco, y la ecuación de su directriz.

Sumando y restando términos adecuados, para completar un cuadrado, $y^2 + 8y + 16 = 6x$ — $4 + 16 = 6x + 12$, o bien, $(y + 4)^2 = 6(x + 2)$.

El vértice es el punto $(-2, -4)$. Como $4a = 6$, $a = 3/2$. Luego el foco es el punto de coordenadas $(-\frac{1}{2}, -4)$, y la ecuación de la directriz es $x = -7/2$.

10. Hallar la ecuación de la parábola cuyo *latus rectum* es el segmento entre los puntos $(3, 5)$ y $(3, -3)$.

Aplicamos la ecuación en la forma $(y - k)^2 = +4a(x - h)$.

Como la longitud del *latus rectum* es 8, $4a = 8$, e $(y - k)^2 = \pm 8(x - h)$.

Para determinar las coordenadas (h, k) tenemos, $(5 - k)^2 = \pm 8(3 - h)$ y $(-3 - k)^2 = \pm 8(3 - h)$, ya que los puntos $(3, 5)$ y $(3, -3)$ pertenecen a la curva. Resolviendo este sistema de ecuaciones se obtienen como valores de h y k los puntos $(1, 1)$ y $(5, 1)$.

Las ecuaciones pedidas son   (1) $(y - 1)^2 = 8(x - 1)$ o $y^2 - 2y - 8x + 9 = 0$
               y   (2) $(y - 1)^2 = -8(x - 5)$ o $y^2 - 2y + 8x - 39 = 0$.

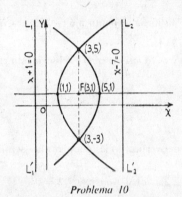

Problema 10   *Problema 11*

11. Hallar la ecuación de la parábola de vértice en la recta $7x + 3y - 4 = 0$, de eje horizontal y que pase por los puntos $(3, -5)$ y $(3/2, 1)$.

Aplicamos la ecuación en la forma $(y - k)^2 = 4a(x - h)$. Sustituyendo las coordenadas de los puntos dados se obtiene,

$$(-5 - k)^2 = 4a(3 - h) \quad y \quad (1 - k)^2 = 4a(3/2 - h).$$

Como (h, k) pertenece a la recta $7x + 3y - 4 = 0$, se tiene, $7h + 3k - 4 = 0$.

Resolviendo el sistema de estas tres ecuaciones resulta $h = 1$, $k = -1$, $4a = 8$; y $h = 359/119$, $k = -97/17$, $4a = -504/17$.

Luego las ecuaciones pedidas son, $(y + 1)^2 = 8(x - 1)$ e $\left(y + \dfrac{97}{17}\right)^2 = -\dfrac{504}{17}\left(x - \dfrac{359}{119}\right)$

12. La trayectoria descrita por un proyectil lanzado horizontalmente, desde un punto situado y metros (m) sobre el suelo, con una velocidad v metros por segundo (m/s), es una parábola de ecuación

$$x^2 = -\frac{2v^2}{g}\, y,$$

siendo x la distancia horizontal desde el lugar de lanzamiento y $g = 9,81$ metros por segundo en cada segundo (m/s²), aproximadamente. El origen se toma en el punto de salida del proyectil del arma.

En estas condiciones se lanza horizontalmente una piedra desde un punto situado a 3 metros (m) de altura sobre el suelo. Sabiendo que la velocidad inicial es de 50 metros segundo (m/s), calcular la distancia horizontal al punto de caída.

$$x^2 = -\frac{2v^2}{g}\, y = -\frac{2(50)^2}{9,8}\,(-3), \text{ con lo que } x = 50\sqrt{0,61} = 39 \text{ m}.$$

PROBLEMAS PROPUESTOS

1. Hallar las coordenadas del foco, la longitud del *latus rectum* y la ecuación de la directriz de las parábolas siguientes. Representarlas gráficamente.

   a) $y^2 = 6x$.   Sol. $(3/2, 0)$, 6, $x + 3/2 = 0$.
   b) $x^2 = 8y$.   Sol. $(0, 2)$, 8, $y + 2 = 0$.
   c) $3y^2 = -4x$.   Sol. $(-1/3, 0)$, 4/3, $x - 1/3 = 0$.

2. Hallar la ecuación de las parábolas siguientes:

   a) Foco $(3, 0)$, directriz $x + 3 = 0$.   Sol. $y^2 - 12x = 0$.
   b) Foco $(0, 6)$, directriz el eje x.   Sol. $x^2 - 12y + 36 = 0$.
   c) Vértice el origen, eje el de coordenadas x, y que pase por $(-3, 6)$.   Sol. $y^2 = -12x$.

3. Hallar la ecuación del lugar geométrico de los puntos cuya distancia al punto fijo $(-2, 3)$ sea igual a su distancia a la recta $x + 6 = 0$.   Sol. $y^2 - 6y - 8x - 23 = 0$.

4. Hallar la ecuación de la parábola de foco el punto $(-2, -1)$ y cuyo *latus rectum* es el segmento entre los puntos $(-2, 2)$ y $(-2, 4)$.
   Sol. $y^2 + 2y - 6x - 20 = 0$, $y^2 + 2y + 6x + 4 = 0$.

5. Hallar la ecuación de la parábola de vértice $(-2, 3)$ y foco $(1, 3)$.
   Sol. $y^2 - 6y - 12x - 15 = 0$.

6. Dadas las parábolas siguientes, calcular a) las coordenadas del vértice, b) las coordenadas del foco, c) la longitud del *latus rectum* y d) la ecuación de la directriz.

   (1) $y^2 - 4y + 6x - 8 = 0$.   Sol. a) $(2, 2)$, b) $(1/2, 2)$, c) 6, d) $x - 7/2 = 0$.
   (2) $3x^2 - 9x - 5y - 2 = 0$.   Sol. a) $(3/2, -7/4)$, b) $(3/2, -4/3)$, c) 5/3.
   (3) $y^2 - 4y - 6x + 13 = 0$.   Sol. a) $(3/2, 2)$, b) $(3, 2)$, c) 6, d) $x = 0$.

7. Hallar la ecuación de una parábola cuyo eje sea paralelo al eje x y que pase por los puntos $(3, 3)$, $(6, 5)$ y $(6, -3)$.   Sol. $y^2 - 2y - 4x + 9 = 0$.

8. Hallar la ecuación de una parábola de eje vertical y que pase por los puntos $(4, 5)$, $(-2, 11)$ y $(-4, 21)$.
   Sol. $x^2 - 4x - 2y + 10 = 0$.

9. Hallar la ecuación de una parábola cuyo vértice esté sobre la recta $2y - 3x = 0$, que su eje sea paralelo al de coordenadas x, y que pase por los puntos $(3, 5)$ y $(6, -1)$.
   Sol. $y^2 - 6y - 4x + 17 = 0$, $11y^2 - 98y - 108x + 539 = 0$.

10. El cable de suspensión de un puente colgante adquiere la forma de un arco de parábola. Los pilares que lo soportan tienen una altura de 60 metros (m) y están separados una distancia de 500 metros (m), quedando el punto más bajo del cable a una altura de 10 metros (m) sobre la calzada del puente. Tomando como eje x la horizontal que define el puente, y como eje y el de simetría de la parábola, hallar la ecuación de ésta. Calcular la altura de un punto situado a 80 metros (m) del centro del puente.   Sol. $x^2 - 1.250y + 12.500 = 0$; 15,12 m.

11. Se lanza una piedra horizontalmente desde la cima de una torre de 185 metros (m) de altura con una velocidad de 15 metros por segundo (m/s). Hallar la distancia del punto de caída al pie de la torre suponiendo que el suelo es horizontal.   Sol. 92,5 m.

12. Un avión que vuela hacia el Sur a una altura de 1.500 metros (m) y a una velocidad de 200 kilómetros por hora (km/h) deja caer una bomba. Calcular la distancia horizontal del punto de caída a la vertical del punto de lanzamiento.   Sol. 972 m.

13. Un arco parabólico tiene una altura de 25 metros (m) y una luz de 40 metros (m). Hallar la altura de los puntos del arco situados 8 metros a ambos lados de su centro.   Sol. 21 m.

CAPITULO 6

La elipse

DEFINICION. Elipse es el lugar geométrico de los puntos cuya suma de distancias a dos puntos fijos es constante. Los puntos fijos se llaman *focos*.

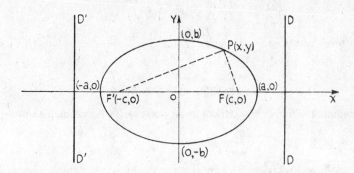

Sean los dos puntos fijos $F(c, 0)$ y $F'(-c, 0)$ y $2a$ la suma constante, $(a > c)$. Consideremos un punto genérico $P(x, y)$ que pertenezca al lugar. Por definición,

$$F'P + PF = 2a,$$

es decir,
$$\sqrt{(x + c)^2 + (y - 0)^2} + \sqrt{(x - c)^2 + (y - 0)^2} = 2a,$$

o bien,
$$\sqrt{(x + c)^2 + (y - 0)^2} = 2a - \sqrt{(x - c)^2 + (y - 0)^2}.$$

Elevando al cuadrado y reduciendo términos semejantes,

$$cx - a^2 = -a\sqrt{(x - c)^2 + (y - 0)^2}.$$

Elevando al cuadrado y simplificando, $(a^2 - c^2) x^2 + a^2 y^2 = a^2(a^2 - c^2)$.

Dividiendo por $a^2(a^2 - c^2)$ se obtiene la ecuación $\dfrac{x^2}{a^2} + \dfrac{y^2}{a^2 - c^2} = 1$.

Como $a > c$, $a^2 - c^2$ es positivo. Haciendo $a^2 - c^2 = b^2$, resulta la ecuación de la elipse en la forma

$$\frac{x^2}{a^2} + \frac{y^2}{b^2} = 1,$$

o bien,
$$b^2 x^2 + a^2 y^2 = a^2 b^2.$$

Como esta ecuación solo contiene potencias pares de x e y, la curva es simétrica con respecto a los ejes de coordenadas x e y, y con respecto al origen. El punto O es el centro de la elipse y los ejes se denominan *eje mayor* y *eje menor*.

Si los focos fueran los puntos de coordenadas $(0, c)$ y $(0, -c)$, el eje mayor estaría sobre el eje y, con lo que la ecuación resulta de la forma $\dfrac{x^2}{b^2} + \dfrac{y^2}{a^2} = 1$.

51

La *excentricidad* $e = \dfrac{c}{a} = \dfrac{\sqrt{a^2 - b^2}}{a}$, o bien $c = ae$.

Como la elipse tiene dos focos, también tendrá dos directrices. Las ecuaciones de las directrices $D'D'$ y DD son, respectivamente,

$$x + \frac{a}{e} = 0 \quad \text{y} \quad x - \frac{a}{e} = 0.$$

Si los focos estuvieran sobre el eje y, las ecuaciones de las directrices serían

$$y + \frac{a}{e} = 0 \quad \text{y} \quad y - \frac{a}{e} = 0.$$

Se denomina *latus rectum* de la elipse a la cuerda perpendicular al eje mayor por uno de los focos. Su longitud es $\dfrac{2b^2}{a}$

Los puntos en los cuales la elipse corta al eje mayor se llaman *vértices*.

Si el centro de la elipse es el punto (h, k) y el eje mayor tiene la dirección del eje x, la ecuación de la elipse es de la forma

$$\frac{(x - h)^2}{a^2} + \frac{(y - k)^2}{b^2} = 1,$$

o bien, $$\frac{(x - h)^2}{b^2} + \frac{(y - k)^2}{a^2} = 1 \quad \text{si el eje mayor fuera paralelo}$$

al eje y. En cualquier caso, la forma general de la ecuación de la elipse es

$$Ax^2 + By^2 + Dx + Ey + F = 0$$

siempre que A y B sean del mismo signo.

PROBLEMAS RESUELTOS

1. Dada la elipse $9x^2 + 16y^2 = 576$, hallar el semieje mayor, el semieje menor, la excentricidad, las coordenadas de los focos, las ecuaciones de las directrices y la longitud del *latus rectum*.

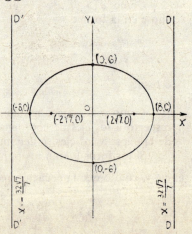

Dividiendo por 576 se tiene $\dfrac{x^2}{64} + \dfrac{y^2}{36} = 1$. Luego $a = 8$ y $b = 6$.

$$e = \frac{\sqrt{a^2 - b^2}}{a} = \frac{\sqrt{7}}{4} \qquad c = \sqrt{a^2 - b^2} = 2\sqrt{7}.$$

Coordenadas de los focos: $(2\sqrt{7}, 0)$ y $(-2\sqrt{7}, 0)$.

Las ecuaciones de las directrices son

$$x = \mp \frac{a}{e} \quad \text{o} \quad x = \mp \frac{32\sqrt{7}}{7}.$$

La longitud del *latus rectum* de la elipse es $2b^2 a = 72/8 = 9$.

2. Hallar la ecuación de la elipse de centro el origen, foco en el punto $(0, 3)$ y semieje mayor igual a 5.

Datos: $c = 3$ y $a = 5$. Por consiguiente, $b = \sqrt{a^2 - c^2} = \sqrt{25 - 9} = 4$.

Aplicando la fórmula $\dfrac{x^2}{b^2} + \dfrac{y^2}{a^2} = 1$, se obtiene la ecuación $\dfrac{x^2}{16} + \dfrac{y^2}{25} = 1$.

3. Hallar la ecuación de la elipse de centro el origen, eje mayor sobre el eje x y que pase por los puntos $(4, 3)$ y $(6, 2)$.

La fórmula a aplicar es $\dfrac{x^2}{a^2} + \dfrac{y^2}{b^2} = 1$. Sustituyendo x e y por las coordenadas de los puntos

dados se obtiene, $\dfrac{16}{a^2} + \dfrac{9}{b^2} = 1$ y $\dfrac{36}{a^2} + \dfrac{4}{b^2} = 1$. Resolviendo este sistema de ecuaciones, $a^2 = 52$,

$b^2 = 13$.

Luego la ecuación pedida es $\dfrac{x^2}{52} + \dfrac{y^2}{13} = 1$, o bien, $x^2 + 4y^2 = 52$.

4. Hallar la ecuación del lugar geométrico de los puntos cuya distancia al punto $(4, 0)$ es igual a la mitad de la correspondiente a la recta $x - 16 = 0$.

Del enunciado del problema se deduce,

$$\sqrt{(x - 4)^2 + (y - 0)^2} = \tfrac{1}{2}(x - 16), \text{ o sea, } x^2 - 8x + 16 + y^2 = \frac{x^2 - 32x + 256}{4}.$$

Simplificando, se obtiene la ecuación $3x^2 + 4y^2 = 192$, de la elipse.

5. Se considera un segmento AB de 12 unidades de longitud y un punto $P(x, y)$ situado sobre él a 8 unidades de A. Hallar el lugar geométrico de P cuando el segmento se desplace de forma que los puntos A y B se apoyen constantemente sobre los ejes de coordenadas y y x respectivamente.

Por triángulos semejantes, $\dfrac{MA}{AP} = \dfrac{y}{PB}$, o sea, $\dfrac{\sqrt{64 - x^2}}{8} = \dfrac{y}{4}$.

Luego $64 - x^2 = 4y^2$, o bien, $x^2 + 4y^2 = 64$. El lugar es una elipse con su centro en el origen y de eje mayor sobre el eje x.

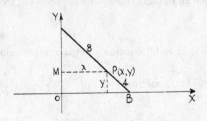

Problema 5

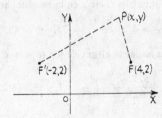

Problema 6

6. Hallar la ecuación del lugar geométrico de los puntos $P(x, y)$ cuya suma de distancias a los puntos fijos $(4, 2)$ y $(-2, 2)$ sea igual a 8.

$F'P + PF = 8$, o sea, $\sqrt{(x + 2)^2 + (y - 2)^2} + \sqrt{(x - 4)^2 + (y - 2)^2} = 8$.

Ordenando términos, $\sqrt{(x + 2)^2 + (y - 2)^2} = 8 - \sqrt{(x - 4)^2 + (y - 2)^2}$.

Elevando al cuadrado y reduciendo términos, $3x - 19 = -4\sqrt{(x-4)^2 + (y-2)^2}$.

Elevando de nuevo al cuadrado y reduciendo términos resulta la ecuación $7x^2 + 16y^2 - 14x - 64y - 41 = 0$, que es una elipse.

7. Dada la elipse de ecuación $4x^2 + 9y^2 - 48x + 72y + 144 = 0$, hallar su centro, semiejes, vértices y focos.

Esta ecuación se puede poner en la forma $\dfrac{(x-h)^2}{a^2} + \dfrac{(y-k)^2}{b^2} = 1$, de la manera siguiente:

$$4(x^2 - 12x + 36) + 9(y^2 + 8y + 16) = 144,$$

$$4(x-6)^2 + 9(y+4)^2 = 144,$$

$$\frac{(x-6)^2}{36} + \frac{(y+4)^2}{16} = 1.$$

Por tanto, el centro de la elipse es el punto de coordenadas $(6, -4)$; $a = 6$, $b = 4$; los vértices son los puntos $(0, -4)$, $(12, -4)$, y los focos $(6 + 2\sqrt{5}, -4)$, $(6 - 2\sqrt{5}, -4)$.

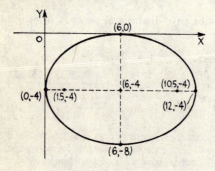

Problema 7

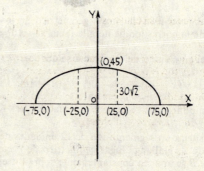

Problema 8

8. Un arco tiene forma de semielipse con una luz de 150 metros siendo su máxima altura de 45 metros. Hallar la longitud de dos soportes verticales situados cada uno a igual distancia del extremo del arco.

Supongamos el eje x en la base del arco y el origen en su punto medio. La ecuación del arco será, $\dfrac{x^2}{a^2} + \dfrac{y^2}{b^2} = 1$, siendo $a = 75$, $b = 45$.

Para hallar la altura de los soportes, hacemos $x = 25$ en la ecuación y despejamos el valor de y.

Es decir, $\dfrac{625}{5.625} + \dfrac{y^2}{2.025} = 1$, $\quad y^2 = 8(225)$, $\quad$ e $\quad y = 30\sqrt{2}$ metros.

9. La Tierra describe una trayectoria elíptica alrededor del Sol que se encuentra en uno de los focos. Sabiendo que el semieje mayor de la elipse vale $1,485 \times 10^8$ kilómetros y que la excentricidad es, aproximadamente, $1/62$, hallar la máxima y la mínima distancias de la Tierra al Sol.

Excentricidad $e = \dfrac{c}{a}$. Luego $\dfrac{1}{62} = \dfrac{c}{148.500.000}$, o sea, $c = 2.400.000$.

La máxima distancia es $a + c = 1,509 \times 10^8$ km.
La mínima distancia es $a + c = 1,461 \times 10^8$ km.

10. Hallar la ecuación de la elipse de centro $(1, 2)$, uno de los focos $(6, 2)$ y que pase por el punto $(4, 6)$.

Aplicamos la ecuación $\dfrac{(x-1)^2}{a^2} + \dfrac{(y-2)^2}{b^2} = 1$.

Como $(4, 6)$ pertenece a la curva, $\dfrac{(4-1)^2}{a^2} + \dfrac{(6-2)^2}{b^2} = 1$, o bien, $\dfrac{9}{a^2} + \dfrac{16}{b^2} = 1$.

Como $c = 5$, resulta $b^2 = a^2 - c^2 = a^2 - 25$ y $\dfrac{9}{a^2} + \dfrac{16}{a^2-25} = 1$.

Resolviendo, $a^2 = 45$ y $b^2 = 20$. Sustituyendo, $\dfrac{(x-1)^2}{45} + \dfrac{(y-2)^2}{20} = 1$.

11. Hallar la ecuación de la elipse de centro $(-1, -1)$, uno de los vértices el punto $(5, -1)$ y excentricidad $e = \dfrac{2}{3}$.

Como el centro es el punto $(-1, -1)$ y el vértice $(5, -1)$ se tiene, $a = 6$, $e = \dfrac{c}{a} = \dfrac{c}{6} = \dfrac{2}{3}$, de donde $c = 4$. Por otra parte, $b^2 = a^2 - c^2 = 36 - 16 = 20$.

La ecuación pedida es $\dfrac{(x+1)^2}{36} + \dfrac{(y+1)^2}{20} = 1$.

12. Hallar la ecuación de la elipse cuya directriz es la recta $x = -1$, uno de los focos el punto $(4, -3)$ y excentricidad $2/3$.

De la definición general de sección cónica, si $\dfrac{PF}{PM} = e$

y $e < 1$ la curva es una elipse.

Por consiguiente, $\dfrac{\sqrt{(x-4)^2 + (y+3)^2}}{x+1} = \dfrac{2}{3}$.

Elevando al cuadrado los dos miembros de esta ecuación y simplificando resulta,

$$5x^2 + 9y^2 - 80x + 54y = -221.$$

Completando cuadrados, $5(x^2 - 16x + 64) + 9(y^2 + 6y + 9) = -221 + 320 + 81$,

es decir, $5(x - 8)^2 + 9(y + 3)^2 = 180$,

o bien, $\dfrac{(x-8)^2}{36} + \dfrac{(y+3)^2}{20} = 1$.

13. Hallar el lugar geométrico de los puntos $P(x, y)$ cuyo producto de las pendientes de las rectas que unen $P(x, y)$ con los puntos fijos $(3, -2)$ y $(-2, 1)$ es igual a -6.

$\left(\dfrac{y+2}{x-3}\right)\left(\dfrac{y-1}{x+2}\right) = -6$, o bien, $6x^2 + y^2 + y - 6x = 38$, una elipse.

14. Hallar la ecuación de la elipse de focos $(0, \pm4)$ y que pase por el punto $\left(\dfrac{12}{5}, 3\right)$.

Sustituyendo $x = \dfrac{12}{5}$, $y = 3$ en $\dfrac{x^2}{b^2} + \dfrac{y^2}{a^2} = 1$ se obtiene $\dfrac{144}{25b^2} + \dfrac{9}{a^2} = 1$.

Como los focos son $(0, \pm4)$, resulta $c = 4$ y $a^2 - b^2 = 4^2 = 16$.

Resolviendo el sistema de ecuaciones, $a^2 = 25$, $b^2 = 9$. Luego, $\dfrac{x^2}{9} + \dfrac{y^2}{25} = 1$.

15. Hallar el lugar geométrico de los puntos que dividen a las ordenadas de los puntos de la circunferencia $x^2 + y^2 = 25$ en la relación $\dfrac{3}{5}$.

Sea $y' = \dfrac{3}{5}y$, o bien, $y = \dfrac{5}{3}y'$, y $x = x'$. Entonces, $x'^2 + \dfrac{25}{9}y'^2 = 25$.

Suprimiendo las primas y simplificando se llega a la ecuación $9x^2 + 25y^2 = 225$, que es una elipse.

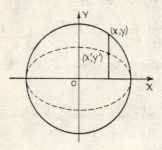 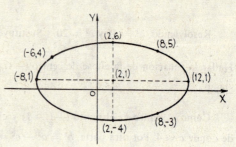

Problema 15   Problema 16

16. Hallar la ecuación de la elipse que pasa por los puntos $(-6, 4)$, $(-8, 1)$, $(2, -4)$ y $(8, -3)$ y cuyos ejes son paralelos a los de coordenadas.

En la ecuación $x^2 + By^2 + Cx + Dy + E = 0$, sustituyendo x e y por las coordenadas de los cuatro puntos dados,

$$16B - 6C + 4D + E = -36,$$
$$B - 8C + D + E = -64,$$
$$16B + 2C - 4D + E = -4,$$
$$9B + 8C - 3D + E = -64.$$

Resolviendo el sistema, $B = 4$, $C = -4$, $D = -8$, y $E = -92$.

La ecuación pedida es $x^2 + 4y^2 - 4x - 8y - 92 = 0$, o bien, $\dfrac{(x-2)^2}{100} + \dfrac{(y-1)^2}{25} = 1$.

17. Hallar la ecuación del lugar geométrico del centro de una circunferencia tangente a $x^2 + y^2 = 1$ y $x^2 + y^2 - 4x - 21 = 0$.

Sean (x_0, y_0) las coordenadas del centro. Las circunferencias dadas tienen de radios 1 y 5 respectivamente.

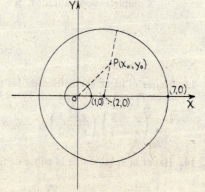

a) $5 - \sqrt{(x_0 - 2)^2 + (y_0 - 0)^2} = \sqrt{x_0^2 + y_0^2} - 1$.

Elevando al cuadrado, simplificando y suprimiendo las primas se llega a la ecuación $8x^2 + 9y^2 - 16x - 64 = 0$, que es una elipse. Poniendo esta ecuación en la forma

$$\frac{(x-1)^2}{9} + \frac{(y-0)^2}{8} = 1,$$

se deduce que el centro de la elipse corresponde al punto $(1, 0)$.

b) $\sqrt{x_0^2 + y_0^2} + 1 = 5 - \sqrt{(x_0 - 2)^2 + y_0^2}$. Elevando al cuadrado, simplificando y suprimiendo las primas se llega a la ecuación $3x^2 + 4y^2 - 6x - 9 = 0$, o bien, $\dfrac{(x-1)^2}{4} + \dfrac{(y-0)^2}{3} = 1$.

El centro de esta elipse es el punto $(1, 0)$.

18. En una elipse, los radios focales son las rectas que unen los focos con un punto cualquiera de ella. Hallar las ecuaciones de los radios focales correspondientes al punto $(2, 3)$ de la elipse $3x^2 + 4y^2 = 48$.

Escribiendo esta ecuación en la forma $\dfrac{x^2}{16} + \dfrac{y^2}{12} = 1$ se tiene, $c = \pm \sqrt{16 - 12} = \pm 2$.

Los focos son los puntos $(\pm 2, 0)$. La ecuación del radio focal del punto $(2, 0)$ al $(2, 3)$ es $x - 2 = 0$

y la del $(-2, 0)$ al $(2, 3)$ es $y - 0 = \dfrac{3 - 0}{2 + 2}(x + 2)$, o bien, $3x - 4y + 6 = 0$.

PROBLEMAS PROPUESTOS

1. En cada una de las elipses siguientes hallar $a)$ la longitud del semieje mayor, $b)$ la longitud del semieje menor, $c)$ las coordenadas de los focos, $d)$ la excentricidad.

(1) $\dfrac{x^2}{169} + \dfrac{y^2}{144} = 1$. $\qquad$ *Sol.* $a)$ 13, $b)$ 12, $c)$ $(\pm 5, 0)$, $d)$ $\dfrac{5}{13}$.

(2) $\dfrac{x^2}{8} + \dfrac{y^2}{12} = 1$. $\qquad$ *Sol.* $a)$ $2\sqrt{3}$, $b)$ $2\sqrt{2}$, $c)$ $(0, \pm 2)$, $d)$ $\dfrac{\sqrt{3}}{3}$.

(3) $225x^2 + 289y^2 = 65.025$. $\qquad$ *Sol.* $a)$ 17, $b)$ 15, $c)$ $(\pm 8, 0)$, $d)$ $\dfrac{8}{17}$.

2. Hallar las ecuaciones de las elipses siguientes de forma que satisfagan las condiciones que se indican.

(1) Focos $(\pm 4, 0)$, vértices $(\pm 5, 0)$. $\qquad$ *Sol.* $\dfrac{x^2}{25} + \dfrac{y^2}{9} = 1$.

(2) Focos $(0, \pm 8)$, vértices $(0, \pm 17)$. $\qquad$ *Sol.* $\dfrac{x^2}{225} + \dfrac{y^2}{289} = 1$.

(3) Longitud del *latus rectum* $= 5$, vértices $(\pm 10, 0)$. $\qquad$ *Sol.* $\dfrac{x^2}{100} + \dfrac{y^2}{25} = 1$.

(4) Focos $(0, \pm 6)$, semieje menor $= 8$. $\qquad$ *Sol.* $\dfrac{x^2}{64} + \dfrac{y^2}{100} = 1$.

(5) Focos $(\pm 5, 0)$, excentricidad $= \dfrac{5}{8}$. $\qquad$ *Sol.* $\dfrac{x^2}{64} + \dfrac{y^2}{39} = 1$.

3. Hallar la ecuación de la elipse de centro el origen, focos en el eje x, y que pase por los puntos $(-3, 2\sqrt{3})$ y $(4, 4\sqrt{5}/3)$. $\qquad$ *Sol.* $4x^2 + 9y^2 = 144$.

4. Hallar la ecuación de la elipse de centro el origen, semieje mayor de 4 unidades de longitud sobre el eje y, y la longitud del *latus rectum* igual a $9/2$. $\qquad$ *Sol.* $16x^2 + 9y^2 = 144$.

5. Hallar el lugar geométrico de los puntos $P(x, y)$ cuya suma de distancias a los puntos fijos $(3, 1)$ y $(-5, 1)$ sea igual a 10. ¿Qué curva representa dicho lugar?
Sol. $9x^2 + 25y^2 + 18x - 50y - 191 = 0$, una elipse.

6. Hallar el lugar geométrico de los puntos $P(x, y)$ cuya suma de distancias a los puntos fijos $(2, -3)$ y $(2, 7)$ sea igual a 12. $\qquad$ *Sol.* $36x^2 + 11y^2 - 144x - 44y - 208 = 0$.

7. Hallar el lugar geométrico de los puntos cuya distancia al punto fijo $(3, 2)$ sea la mitad de la correspondiente a la recta $x + 2 = 0$. ¿Qué curva representa dicho lugar?
Sol. $3x^2 + 4y^2 - 28x - 16y + 48 = 0$, una elipse.

8. Dada la elipse de ecuación $9x^2 + 16y^2 - 36x + 96y + 36 = 0$, hallar *a*) las coordenadas del centro, *b*) el semieje mayor, *c*) el semieje menor, *d*) los focos y *e*) la longitud del *latus rectum*.
Sol.   *a*) $(2, -3)$,   *b*) 4,   *c*) 3,   *d*) $(2 \pm \sqrt{7}, -3)$,   *e*) 4,5.

9. Hallar la ecuación de la elipse de centro $(4, -1)$, uno de los focos en $(1, -1)$ y que pase por el punto $(8, 0)$.   *Sol.* $\dfrac{(x-4)^2}{18} + \dfrac{(y+1)^2}{9} = 1$, o bien, $x^2 + 2y^2 - 8x + 4y = 0$.

10. Hallar la ecuación de la elipse de centro $(3, 1)$, uno de los vértices en $(3, -2)$ y excentricidad $e = 1/3$.
Sol. $\dfrac{(x-3)^2}{8} + \dfrac{(y-1)^2}{9} = 1$, o bien, $9x^2 + 8y^2 - 54x - 16y + 17 = 0$.

11. Hallar la ecuación de la elipse uno de cuyos focos es el punto $(-1, -1)$, directriz $x = 0$, y excentricidad $e = \dfrac{\sqrt{2}}{2}$ *Sol.* $x^2 + 2y^2 + 4x + 4y + 4 = 0$.

12. Un punto $P(x, y)$ se mueve de forma que el producto de las pendientes de las dos rectas que unen P con los dos puntos fijos $(-2, 1)$ y $(6, 5)$ es constante e igual a -4. Demostrar que dicho lugar es una elipse y hallar su centro.   *Sol.* $4x^2 + y^2 - 16x - 6y - 43 = 0$.   Centro $(2, 3)$.

13. Un segmento AB, de 18 unidades de longitud, se mueve de forma que A está siempre sobre el eje y y B sobre el eje x. Hallar el lugar geométrico de los puntos $P(x, y)$ sabiendo que P pertenece al segmento AB y está situado a 6 unidades de B.   *Sol.* $x^2 + 4y^2 = 144$, una elipse.

14. Un arco de 80 metros de luz tiene forma semielíptica. Sabiendo que su altura es de 30 metros, hallar la altura del arco en un punto situado a 15 metros del centro.   *Sol.* $15\sqrt{55}/4$ metros.

15. La órbita de la Tierra es una elipse en uno de cuyos focos está el Sol. Sabiendo que el semieje mayor de la elipse es 148,5 millones de kilómetros y que la excentricidad vale 0,017, hallar la máxima y la mínima distancias de la Tierra al Sol.   *Sol.* $(152, 146)$ millones de kilómetros.

16. Hallar la ecuación de la elipse de focos $(\pm 8, 0)$ y que pasa por el punto $(8, 18/5)$.
Sol. $\dfrac{x^2}{100} + \dfrac{y^2}{36} = 1$.

17. Hallar el lugar geométrico de los puntos que dividen a las ordenadas de los puntos de la circunferencia $x^2 + y^2 = 16$ en la relación $\frac{1}{2}$.   *Sol.* $x^2 + 4y^2 = 16$.

18. Hallar las ecuaciones de los radios focales correspondientes al punto $(1, -1)$ de la elipse

$$x^2 + 5y^2 - 2x + 20y + 16 = 0.$$

Sol. $x - 2y - 3 = 0$, $x + 2y + 1 = 0$.

19. Hallar la ecuación de la elipse que pasa por los puntos $(0, 1)$, $(1, -1)$, $(2, 2)$, $(4, 0)$ y cuyos ejes son paralelos a los de coordenadas.   *Sol.* $13x^2 + 23y^2 - 51x - 19y - 4 = 0$.

20. Hallar el lugar geométrico del centro de la circunferencia tangente a

$$x^2 + y^2 = 4 \quad y \quad x^2 + y^2 - 6x - 27 = 0.$$

Sol. $220x^2 + 256y^2 - 660x - 3.025 = 0$ y $28x^2 + 64y^2 - 84x - 49 = 0$.

CAPITULO 7

La hipérbola

DEFINICION. La hipérbola es el lugar geométrico de los puntos cuya diferencia de distancias a los puntos fijos $F(c, 0)$ y $F'(-c, 0)$ es constante e igual a $2a$. Ver Figura (a).

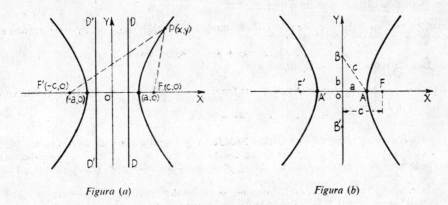

Figura (a) Figura (b)

Sea $P(x, y)$ un punto genérico cualquiera de la curva.

Por definición, $F'P - PF = 2a$, o bien $\sqrt{(x + c)^2 + (y - 0)^2} - \sqrt{(x - c)^2 + (y - 0)^2} = 2a$.

Trasponiendo un radical, $\sqrt{(x + c)^2 + (y - 0)^2} = 2a + \sqrt{(x - c)^2 + (y - 0)^2}$,

Elevando al cuadrado y reduciendo términos, $cx - a^2 = a\sqrt{(x - c)^2 + y^2}$.

Elevando al cuadrado y simplificando, $(c^2 - a^2)x^2 - a^2y^2 = a^2(c^2 - a^2)$.

Dividiendo por $a^2(c^2 - a^2)$, se obtiene la ecuación $\dfrac{x^2}{a^2} - \dfrac{y^2}{c^2 - a^2} = 1$.

Como $c > a$, $c^2 - a^2$ es positivo. Haciendo $c^2 - a^2 = b^2$ se obtiene la ecuación de la hipérbola con centro en el origen y focos en el eje x,

$$\frac{x^2}{a^2} - \frac{y^2}{b^2} = 1.$$

Si los focos fueran $(0, c)$ y $(0, -c)$, la ecuación sería de la forma $\dfrac{y^2}{a^2} - \dfrac{x^2}{b^2} = 1$.

La expresión general de la ecuación de la hipérbola de centro en el origen y cuyos focos estén sobre los ejes de coordenadas es $Ax^2 - By^2 = \pm 1$, correspondiendo el signo más cuando los focos pertenezcan al eje x.

Como la ecuación solo contiene potencias pares de x e y, la curva es simétrica con respecto a los ejes x e y y con respecto al origen.

El eje real o transversal de la hipérbola es $A'A$ de longitud igual a $2a$. El eje imaginario es $B'B$ de longitud $2b$. Ver Figura (b).

59

La excentricidad es $e = \dfrac{c}{a} = \dfrac{\sqrt{a^2 + b^2}}{a}$. Como vemos $e > 1$, lo cual coincide con la definición general de sección cónica. Las ecuaciones de las directrices, DD y $D'D$, son $x = \pm \dfrac{a}{e}$ cuando los focos están sobre el eje x, e $y = \pm \dfrac{a}{e}$ cuando estén sobre el eje y.

Los vértices reales de la hipérbola son los puntos en los que la curva corta al eje real. Los otros dos vértices son imaginarios.

La longitud del *latus rectum* es $\dfrac{2b^2}{a}$.

Las ecuaciones de las asíntotas son:

$y = \pm \dfrac{b}{a}\, x$ cuando el eje real o transversal es el eje x.

e $y = \pm \dfrac{a}{b}\, x$ cuando el eje real o transversal es el eje y.

Si el centro de la hipérbola es el punto de coordenadas (h, k) y el eje real es paralelo al eje x, la ecuación de la hipérbola es

$$\frac{(x-h)^2}{a^2} - \frac{(y-k)^2}{b^2} = 1.$$

Si el eje real es paralelo al eje y, la ecuación es

$$\frac{(y-k)^2}{a^2} - \frac{(x-h)^2}{b^2} = 1.$$

Las ecuaciones de las asíntotas son

$y - k = \pm \dfrac{b}{a}\,(x - h)$ si el eje real es paralelo al eje x,

e $y - k = \pm \dfrac{a}{b}\,(x - h)$ si el eje real es paralelo al eje y.

La forma general de la ecuación de la hipérbola de ejes paralelos a los de coordenadas x e y es

$$Ax^2 - By^2 + Dx + Ey + F = 0,$$

siendo A y B del mismo signo.

PROBLEMAS RESUELTOS

1. Hallar la ecuación de la hipérbola de centro el origen, eje real sobre el de coordenadas y y que pase por los puntos $(4, 6)$ y $(1, -3)$.

    Sustituyendo x e y por las coordenadas de los puntos dados en la ecuación

    $$\frac{y^2}{a^2} - \frac{x^2}{b^2} = 1 \text{ resultan, } \frac{36}{a^2} - \frac{16}{b^2} = 1 \text{ y } \frac{9}{a^2} - \frac{1}{b^2} = 1.$$

    Resolviendo este sistema de ecuaciones, $a^2 = 36/5$ y $b^2 = 4$.

    Sustituyendo y simplificando, $\dfrac{5y^2}{36} - \dfrac{x^2}{4} = 1$, o bien, $5y^2 - 9x^2 = 36$.

2. Hallar las coordenadas de los vértices y de los focos, las ecuaciones de las directrices, las correspondientes de las asíntotas, la longitud del *latus rectum*, la excentricidad y la representación gráfica de la hipérbola $9x^2 - 16y^2 = 144$.

Escribiendo la ecuación en la forma $\dfrac{x^2}{16} - \dfrac{y^2}{9} = 1$ se tiene, $a = 4$, $b = 3$, $c = \sqrt{16 + 9} = 5$.

Los puntos reales de corte con los ejes son $(\pm 4, 0)$, y los focos $(\pm 5, 0)$.

La excentricidad $e = \dfrac{c}{a} = \dfrac{5}{4}$, y las ecuaciones de las directrices son $x = \pm \dfrac{a}{e} = \pm \dfrac{16}{5}$.

Latus rectum $= \dfrac{2b^2}{a} = \dfrac{18}{4} = \dfrac{9}{2}$.

Las ecuaciones de las asíntotas son $y = \pm \dfrac{b}{a} x = \pm \dfrac{3}{4} x$.

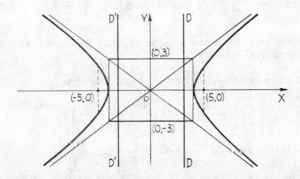

Problema 2

3. Hallar la ecuación de la hipérbola de ejes paralelos a los de coordenadas y de centro el origen, sabiendo que el *latus rectum* vale 18 y que la distancia entre los focos es 12.

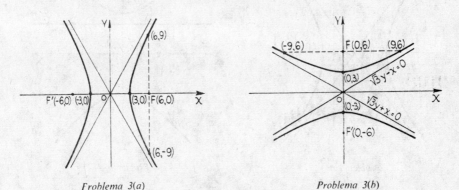

Problema 3(a)   *Problema 3(b)*

Latus rectum $= 2b^2/a = 18$, y $2c = 12$. Luego $b^2 = 9a$ y $c = 6$.
Como $b^2 = c^2 - a^2 = 36 - a^2$, se tiene $9a = 36 - a^2$, o sea, $a^2 + 9a - 36 = 0$.
Resolviendo. $(a - 3)(a + 12) = 0$ y $a = 3$, -12. Se desecha $a = -12$.
Para $a^2 = 9$. $b^2 = 36 - 9 = 27$ y las dos ecuaciones pedidas son

a) $\dfrac{x^2}{9} - \dfrac{y^2}{27} = 1$, o bien, $3x^2 - y^2 = 27$,   y   *b)* $\dfrac{y^2}{9} - \dfrac{x^2}{27} = 1$, o bien, $3y^2 - x^2 = 27$.

4. Hallar la ecuación de la hipérbola de focos $(0, \pm 3)$ y de eje imaginario igual a 5.

Datos: $c = 3$ y $b = \dfrac{5}{2}$. Luego $a^2 = c^2 - b^2 = 9 - \dfrac{25}{4} = \dfrac{11}{4}$.

Sustituyendo en $\dfrac{y^2}{a^2} - \dfrac{x^2}{b^2} = 1$, se obtiene $\dfrac{y^2}{11/4} - \dfrac{x^2}{25/4} = 1$, o bien, $100y^2 - 44x^2 = 275$.

5. Hallar la ecuación de la hipérbola que tiene su centro en el origen, el eje real sobre el eje x, excentricidad $\tfrac{1}{2}\sqrt{7}$ y *latus rectum* igual a 6.

Datos: $e = \dfrac{\sqrt{a^2 + b^2}}{a} = \dfrac{\sqrt{7}}{2}$, y *latus rectum* $= \dfrac{2b^2}{a} = 6$, o sea, $b^2 = 3a$.

Resolviendo el sistema $a^2 + b^2 = \dfrac{7}{4}\,a^2$ y $b^2 = 3a$, se obtiene $a^2 = 16$, $b^2 = 12$.

Sustituyendo en $\dfrac{x^2}{a^2} - \dfrac{y^2}{b^2} = 1$, la ecuación pedida es $\dfrac{x^2}{16} - \dfrac{y^2}{12} = 1$, o bien, $3x^2 - 4y^2 = 48$.

6. Hallar el lugar geométrico de los puntos cuyo producto de distancias a las rectas $4x - 3y + 11 = 0$ y $4x + 3y + 5 = 0$ sea igual a 144/25.

Sea $P(x, y)$ un punto genérico cualquiera del lugar. Entonces,

$$\left(\frac{4x - 3y + 11}{-5}\right)\left(\frac{4x + 3y + 5}{-5}\right) = \frac{144}{25}.$$

Simplificando, $16x^2 - 9y^2 + 64x + 18y - 89 = 0$, o bien, $\dfrac{(x + 2)^2}{9} - \dfrac{(y - 1)^2}{16} = 1$.

que es la ecuación de una hipérbola que tiene por asíntotas las rectas dadas.

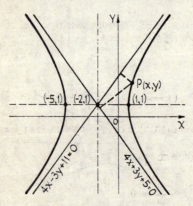

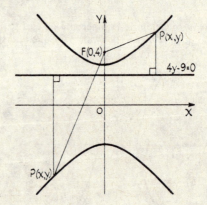

Problema 6   Problema 7

7. Hallar el lugar geométrico de los puntos (x, y) cuya distancia al punto fijo $(0, 4)$ sea igual a 4/3 de la correspondiente a la recta $4y - 9 = 0$.

$$\sqrt{(x - 0)^2 + (y - 4)^2} = \frac{4}{3}\left(\frac{4y - 9}{4}\right).$$

Elevando al cuadrado y simplificando, $9x^2 - 7y^2 + 63 = 0$, o bien, $\dfrac{y^2}{9} - \dfrac{x^2}{7} = 1$, que es una hipérbola.

8. Hallar la ecuación de la hipérbola que tiene su centro en el origen, un vértice en $(6, 0)$ y por una de sus asíntotas la recta $4x - 3y = 0$.

Escribimos la ecuación de la asíntota dada en la forma $y = \dfrac{4}{3} x$.

Las asíntotas de $\dfrac{x^2}{a^2} - \dfrac{y^2}{b^2} = 1$ son $y = \pm \dfrac{b}{a} x$. Luego $\dfrac{b}{a} = \dfrac{4}{3}$.

Como un vértice es $(6, 0)$, $a = 6$ y $b = \dfrac{4a}{3} = 8$, con lo que la ecuación es $\dfrac{x^2}{36} - \dfrac{y^2}{64} = 1$.

9. Hallar la ecuación de la hipérbola con centro en $(-4, 1)$, un vértice en $(2, 1)$ y semieje imaginario igual a 4.

La distancia entre el centro y el vértice es 6; luego $a = 6$.

El semieje imaginario es 4; luego $b = 4$.

Sustituyendo en $\dfrac{(x - h)^2}{a^2} - \dfrac{(y - k)^2}{b^2} = 1$, se obtiene $\dfrac{(x + 4)^2}{36} - \dfrac{(y - 1)^2}{16} = 1$.

10. Dada la hipérbola $9x^2 - 16y^2 - 18x - 64y - 199 = 0$, hallar a) el centro, b) los vértices, c) los focos, d) las ecuaciones de las asíntotas y e) efectuar su representación gráfica.

Procediendo como se indica, escribimos la ecuación en la forma

$$\frac{(x - h)^2}{a^2} - \frac{(y - k)^2}{b^2} = 1.$$

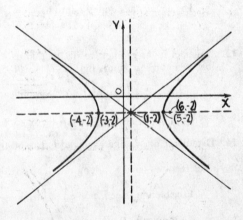

$$9(x^2 - 2x + 1) - 16(y^2 + 4y + 4) = 199 - 64 + 9,$$

$$9(x - 1)^2 - 16(y + 2)^2 = 144,$$

$$\frac{(x - 1)^2}{16} - \frac{(y + 2)^2}{9} = 1.$$

Sol. a) $(1, -2)$; b) $(-3, -2)$, $(5, -2)$; c) $(-4, -2)$, $(6, -2)$; d) $y + 2 = \pm \dfrac{3}{4}(x - 1)$.

11. Hallar la ecuación de la hipérbola que pase por el punto $(4, 6)$ y cuyas asíntotas sean $y = \pm\sqrt{3}x$.

Las asíntotas de la hipérbola $\dfrac{x^2}{a^2} - \dfrac{y^2}{b^2} = 1$ son $y = \pm \dfrac{b}{a} x$.

Operando, $\dfrac{y}{b} = \pm \dfrac{x}{a}$, o bien, $\dfrac{x}{a} - \dfrac{y}{b} = 0$ y $\dfrac{x}{a} + \dfrac{y}{b} = 0$.

Como el producto $\left(\dfrac{x}{a} - \dfrac{y}{b} \right) \left(\dfrac{x}{a} + \dfrac{y}{b} \right) = \dfrac{x^2}{a^2} - \dfrac{y^2}{b^2} = 0$, se deduce que las ecuaciones de las asíntotas de $\dfrac{x^2}{a^2} - \dfrac{y^2}{b^2} = 1$ se pueden determinar anulando el término independiente y descomponiendo en factores.

En este problema, pues, la ecuación de la hipérbola toma la forma

$$(y - \sqrt{3}x)(y + \sqrt{3}x) = C \text{ (constante)}.$$

Sustituyendo las coordenadas del punto $(4, 6)$, $(6 - 4\sqrt{3})(6 + 4\sqrt{3}) = C = -12$.

Luego la ecuación pedida es $(y - \sqrt{3}x)(y + \sqrt{3}x) = -12$, o bien, $3x^2 - y^2 = 12$.

Definición. Dos hipérbolas son *conjugadas* si los ejes real e imaginario de una de ellas son, respectivamente, el imaginario y real de la otra. Para hallar la ecuación de la hipérbola conjugada de una dada no hay más que cambiar en ésta los signos de los coeficientes de x^2 e y^2.

12. Deducir la ecuación de la hipérbola conjugada de $\dfrac{x^2}{9} - \dfrac{y^2}{16} = 1$. Hallar las ecuaciones de las asíntotas y las coordenadas de los focos de ambas hipérbolas.

La ecuación de la hipérbola conjugada es $-\dfrac{x^2}{9} + \dfrac{y^2}{16} = 1$.

En las dos hipérbolas, $c = \sqrt{9 + 16} = 5$. Luego las coordenadas de los focos de la hipérbola dada son $(\pm 5, 0)$, y los de la conjugada $(0, \pm 5)$.

Las ecuaciones de las asíntotas, $y = \pm \dfrac{4}{3}\, x$, son las mismas para las dos hipérbolas.

13. Hallar el lugar geométrico de los puntos $P(x, y)$ cuyo producto de las pendientes de las rectas que los unen con los puntos fijos $(-2, 1)$ y $(4, 5)$ es igual a 3.

$$\left(\frac{y - 1}{x + 2}\right)\left(\frac{y - 5}{x - 4}\right) = 3.$$ Simplificando, $3x^2 - y^2 + 6y - 6x - 29 = 0$, una hipérbola.

14. Demostrar que la diferencia de las distancias del punto $\left(8, \dfrac{8\sqrt{7}}{3}\right)$ de la hipérbola $64x^2 - 36y^2 = 2.304$ a los focos es igual a la longitud del eje real. Estas distancias son los radios focales del punto.

Escribiendo la ecuación en la forma $\dfrac{x^2}{36} - \dfrac{y^2}{64} = 1$. Por tanto, $c = \pm\sqrt{36 + 64} = \pm 10$.

La longitud del eje real es $2a = 12$.

Las diferencias de las distancias del punto $\left(8, \dfrac{8\sqrt{7}}{3}\right)$ a los focos $(\pm 10, 0)$ es

$$\sqrt{(8 + 10)^2 + \left(\frac{8\sqrt{7}}{3} - 0\right)^2} - (8 - 10)^2 + \left(\frac{8\sqrt{7}}{3} - 0\right)^2 = \frac{58}{3} - \frac{22}{3} = 12.$$

PROBLEMAS PROPUESTOS

1. Hallar *a*) los vértices, *b*) los focos, *c*) la excentricidad, *d*) el *latus rectum*, y *e* las ecuaciones de las asíntotas de las hipérbolas siguientes:

(1) $4x^2 - 45y^2 = 180$; (2) $49y^2 - 16x^2 = 784$; (3) $x^2 - y^2 = 25$.

Sol. (1) *a*) $(\pm 3\sqrt{5}, 0)$; *b*) $(\pm 7, 0)$; *c*) $\dfrac{7\sqrt{5}}{15}$; *d*) $\dfrac{8\sqrt{5}}{15}$; *e*) $y = \pm \dfrac{2\sqrt{5}}{15}\, x$.

(2) *a*) $(0, \pm 4)$; *b*) $(0, \pm\sqrt{65})$; *c*) $\dfrac{\sqrt{65}}{4}$; *d*) $\dfrac{49}{2}$; *e*) $y = \pm \dfrac{4}{7}\, x$.

(3) *a*) $(\pm 5, 0)$; *b*) $(\pm 5\sqrt{2}, 0)$; *c*) $\sqrt{2}$; *d*) 10; *e*) $y = \pm x$.

2. Hallar las ecuaciones de las hipérbolas que satisfacen las condiciones siguientes:

  a) Eje real 8, focos $(\pm 5, 0)$. *Sol.* $9x^2 - 16y^2 = 144$.
  b) Eje imaginario 24, focos $(0, \pm 13)$. *Sol.* $144y^2 - 25x^2 = 3.600$.
  c) Centro $(0, 0)$, un foco $(8, 0)$, un vértice $(6, 0)$. *Sol.* $7x^2 - 9y^2 = 252$.

3. Hallar el lugar geométrico de los puntos cuya diferencia de distancias a los dos puntos fijos $(0, 3)$ y $(0, -3)$ sea igual a 5. *Sol.* $44y^2 - 100x^2 = 275$.

4. Hallar el lugar geométrico de los puntos cuya distancia al punto fijo $(0, 6)$ sea igual a 3/2 de la correspondiente a la recta $y - 8/3 = 0$. *Sol.* $5y^2 - 4x^2 = 80$.

5. Hallar la ecuación de la hipérbola de centro el origen, eje real sobre el eje de coordenadas y, longitud del *latus rectum* 36 y distancia entre los focos igual a 24. *Sol.* $3y^2 - x^2 = 108$.

6. Hallar la ecuación de la hipérbola de centro el origen, eje real sobre el eje de coordenadas y, excentricidad $2\sqrt{3}$ y longitud del *latus rectum* igual a 18. *Sol.* $121y^2 - 11x^2 = 81$.

7. Hallar la ecuación de la hipérbola de centro el origen, ejes sobre los de coordenadas y que pase por los puntos $(3, 1)$ y $(9, 5)$. *Sol.* $x^2 - 3y^2 = 6$.

8. Hallar la ecuación de la hipérbola de vértices $(\pm 6, 0)$ y asíntotas $6y = \pm 7x$.
  Sol. $49x^2 - 36y^2 = 1.764$.

9. Hallar el lugar geométrico de los puntos cuya diferencia de distancia a los puntos fijos $(-6, -4)$ y $(2, -4)$ sea igual a 6. *Sol.* $\dfrac{(x + 2)^2}{9} - \dfrac{(y + 4)^2}{7} = 1$.

10. Hallar las coordenadas de *a)* el centro, *b)* los focos, *c)* los vértices, y *d)* las ecuaciones de las asíntotas, de la hipérbola $9x^2 - 16y^2 - 36x - 32y - 124 = 0$.
  Sol. *a)* $(2, -1)$; *b)* $(7, -1), (-3, -1)$; *c)* $(6, -1), (-2, -1)$; *d)* $y + 1 = \pm \frac{3}{4}(x - 2)$.

11. Demostrar que el lugar geométrico de los puntos cuyo producto de las pendientes de las rectas que los unen con los puntos fijos $(-2, 1)$ y $(3, 2)$ es igual a 4, representa una hipérbola.
  Sol. $4x^2 - y^2 - 4x + 3y - 26 = 0$.

12. Hallar el lugar geométrico de los puntos cuyo producto de distancias a las rectas $3x - 4y + 1 = 0$ y $3x + 4y - 7 = 0$ sea 144/25. ¿Qué curva representa dicho lugar?
  Sol. $9x^2 - 16y^2 - 18x + 32y - 151 = 0$. Hipérbola.

13. Hallar la ecuación de la hipérbola de centro $(0, 0)$, un vértice en $(3, 0)$ y ecuación de una asíntota $2x - 3y = 0$. *Sol.* $4x^2 - 9y^2 = 36$.

14. Hallar la ecuación de la hipérbola conjugada a la del Problema 13. *Sol.* $9y^2 - 4x^2 = 36$.

15. Dibujar las hipérbolas siguientes y hallar sus puntos de intersección.

$$x^2 - 2y^2 + x + 8y - 8 = 0,$$

$$3x^2 - 4y^2 + 3x + 16y - 18 = 0.$$

  Sol. $(1, 1), (1, 3), (-2, 1), (-2, 3)$.

16. Demostrar que la diferencia de distancias del punto $\left(6, \dfrac{3\sqrt{5}}{2}\right)$ de la hipérbola $9x^2 - 16y^2 = 144$ a los focos es igual a la longitud del eje real. Estas distancias son los radios focales del punto.

CAPITULO 8

Transformación de coordenadas

INTRODUCCION. En geometría analítica, al igual que en física, es muy importante elegir un sistema de coordenadas, o referencia, adecuado con objeto de simplificar al máximo las ecuaciones y que el proceso de resolución sea lo más rápido posible. Ello se realiza mediante una transformación de ejes coordenados cuyo proceso general se puede considerar reducido a dos movimientos, uno de *traslación* y otro de *rotación*.

TRASLACION DE EJES. Sean OX y OY los ejes primitivos y $O'X'$ y $O'Y'$, paralelos respectivamente a los anteriores, los nuevos ejes. Sean también (h, k) las coordenadas de O' con respecto al sistema inicial.

Supongamos que (x, y) son las coordenadas de un punto P con respecto a los ejes primitivos, y (x', y') las coordenadas, del mismo punto, respecto de los nuevos. Para determinar x e y en función de x', y', h y k se tiene:

$$x = MP = MM' + M'P = h + x' \qquad \text{e}$$
$$y = NP = NN' + N'P = k + y'$$

Por tanto, las ecuaciones de la traslación de ejes son:

$$x = x' + h, \quad y = y' + k.$$

ROTACION DE EJES. Sean OX y OY los ejes primitivos y OX' y OY' los nuevos, siendo O el origen común de ambos sistemas. Representemos por θ el ángulo $X'OX$ de la rotación. Supongamos que (x, y) son las coordenadas de un punto P del plano con respecto a los ejes primitivos, y (x', y') las coordenadas, del mismo punto, respecto de los nuevos. Para determinar x e y en función de x', y' y θ, se tiene:

$$x = OM = ON - MN$$
$$= x' \cos \theta - y' \operatorname{sen} \theta \qquad \text{e}$$
$$y = MP = MM' + M'P = NN' + M'P$$
$$= x' \operatorname{sen} \theta + y' \cos \theta.$$

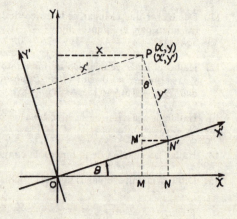

Por tanto, las fórmulas de la rotación θ de los ejes coordenados son:

$$x = x' \cos \theta - y' \operatorname{sen} \theta,$$
$$y = x' \operatorname{sen} \theta + y' \cos \theta.$$

PROBLEMAS RESUELTOS

1. Hallar la ecuación de la curva $2x^2 + 3y^2 - 8x + 6y = 7$ cuando se traslada el origen de coordenadas al punto $(2, -1)$.

Sustituyendo $x = x' + 2$, $y = y' - 1$ en la ecuación dada se obtiene

$$2(x' + 2)^2 + 3(y' - 1)^2 - 8(x' + 2) + 6(y' - 1) = 7.$$

Desarrollando y simplificando, se llega a la ecuación de la curva referida a los nuevos ejes.

$$2x'^2 + 3y'^2 = 18.$$

Esta es la ecuación de la elipse con centro en el nuevo origen, con el eje mayor sobre el eje x' y de semiejes $a = 3$, $b = \sqrt{6}$.

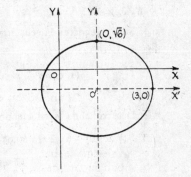

2. Por medio de una traslación de ejes, transformar la ecuación $3x^2 - 4y^2 + 6x + 24y = 135$ en otra en la cual los coeficientes de los términos de primer grado sean nulos.

Sustituyendo x e y por los valores $x' + h$ e $y' + k$, respectivamente,

$$3(x' + h)^2 - 4(y' + k)^2 + 6(x' + h) + 24(y' + k) = 135, \text{ o bien}$$

$$3x'^2 - 4y'^2 + (6h + 6)x' - (8k - 24)y' + 3h^2 - 4k^2 + 6h + 24k = 135.$$

De $6h + 6 = 0$ y $8k - 24 = 0$ se obtiene $h = -1$ y $k = 3$, con lo cual resulta

$$3x'^2 - 4y'^2 = 102.$$

Esta es la ecuación de una hipérbola con centro en el origen, eje real o transversal sobre el eje x y semieje real igual a $\sqrt{34}$.

Otro método. A veces, para eliminar los términos de primer grado de una ecuación, se sigue el método que se da a continuación.

Sumando y restando los términos que se indican (para completar cuadrados) en la ecuación dada $3x^2 - 4y^2 + 6x + 24y = 135$,

resulta $\qquad\qquad 3(x^2 + 2x + 1) - 4(y^2 - 6y + 9) = 102,$

o bien, $\qquad\qquad 3(x + 1)^2 - 4(y - 3)^2 = 102.$

Sustituyendo $x + 1$ por x' e $y - 3$ por y' resulta

$$3x'^2 - 4y'^2 = 102.$$

3. Deducir la ecuación de la parábola $x^2 - 2xy + y^2 + 2x - 4y + 3 = 0$ cuando se giran los ejes un ángulo de $45°$.

$$x = x' \cos 45° - y' \operatorname{sen} 45° = \frac{x' - y'}{\sqrt{2}} \quad e \quad y = x' \operatorname{sen} 45° + y' \cos 45° = \frac{x' + y'}{\sqrt{2}}.$$

Sustituyendo estos valores en la ecuación dada

$$\left(\frac{x' - y'}{\sqrt{2}}\right)^2 - 2\left(\frac{x' - y'}{\sqrt{2}}\right)\left(\frac{x' + y'}{\sqrt{2}}\right) + \left(\frac{x' + y'}{\sqrt{2}}\right)^2 + 2\left(\frac{x' - y'}{\sqrt{2}}\right) - 4\left(\frac{x' + y'}{\sqrt{2}}\right) + 3 = 0.$$

Desarrollando y simplificando se obtiene $2y'^2 - \sqrt{2}x' - 3\sqrt{2}y' + 3 = 0$, que es la misma paralela con su vértice en $\left(\dfrac{3\sqrt{2}}{8}, \dfrac{3\sqrt{2}}{4}\right)$ y su eje paralelo el nuevo eje x.

4. Hallar el ángulo de rotación de ejes necesario para eliminar el término en xy de la ecuación $7x^2 - 6\sqrt{3}xy + 13y^2 = 16$.

Sustituyendo en la ecuación dada $x = x' \cos \theta - y' \sen \theta$

e $y = x' \sen \theta + y' \cos \theta$. Se obtiene,

$$7(x' \cos \theta - y' \sen \theta)^2 - 6\sqrt{3}(x' \cos \theta - y' \sen \theta)(x' \sen \theta + y' \cos \theta)$$
$$+ 13(x' \sen \theta + y' \cos \theta)^2 = 16.$$

Desarrollando y reduciendo términos semejantes,

$$(7\cos^2\theta - 6\sqrt{3} \sen \theta \cos \theta + 13 \sen^2\theta)x'^2 + [12 \sen \theta \cos \theta - 6\sqrt{3}(\cos^2\theta - \sen^2\theta)]x'y'$$
$$+ (7\sen^2\theta + 6\sqrt{3} \sen \theta \cos \theta + 13 \cos^2\theta)y'^2 = 16.$$

Para eliminar el término en $x'y'$, igualamos a cero el coeficiente de dicho término y despejamos θ,

$$12 \sen \theta \cos \theta - 6\sqrt{3}(\cos^2\theta - \sen^2\theta) = 0, \quad o$$

$$6 \sen 2\theta - 6\sqrt{3}(\cos 2\theta) = 0.$$

Luego tg $2\theta = \sqrt{3}$, $2\theta = 60°$, de donde $\theta = 30°$.

Sustituyendo este valor de θ, la ecuación se reduce a $x'^2 + 4y'^2 = 4$, que representa una elipse de centro en el origen y que tiene sus ejes sobre los nuevos. Los semiejes mayor y menor son, respectivamente, $a = 2$, $b = 1$.

LA FORMA MAS GENERAL de la ecuación de segundo grado es

$$Ax^2 + Bxy + Cy^2 + Dx + Ey + F = 0.$$

En el estudio general de esta ecuación, se demuestra que el ángulo θ que se deben girar los ejes para eliminar el término en xy viene dado por

$$\text{tg } 2\theta = \frac{B}{A - C}.$$

5. Mediante una traslación y una rotación de ejes, reducir la ecuación

$$5x^2 + 6xy + 5y^2 - 4x + 4y - 4 = 0$$

a su forma más simple. Hacer un esquema en el que figuren los tres sistemas de ejes coordenados.

Para eliminar los términos de primer grado hacemos $x = x' + h$, $y = y' + k$.

$$5(x' + h)^2 + 6(x' + h)(y' + k) + 5(y' + k)^2 - 4(x' + h) + 4(y' + k) - 4 = 0.$$

Desarrollando y agrupando términos,

$$5x'^2 + 6x'y' + 5y'^2 + (10h + 6k - 4)x' + (10k + 6h + 4)y' + 5h^2 + 6hk + 5k^2 - 4h + 4k - 4 = 0.$$

Resolviendo el sistema formado por $10h + 6k - 4 = 0$ y $10k + 6h + 4 = 0$ se obtiene $h = 1$, $k = -1$. Luego la ecuación se reduce a

$$5x'^2 + 6x'y' + 5y'^2 = 8.$$

Para hallar θ, se emplea la fórmula tg $2\theta = \dfrac{B}{A - C} = \dfrac{6}{5 - 5} = \infty$. Por tanto, $2\theta = 90°$, $\theta = 45°$.

Las ecuaciones de la rotación son $x' = \dfrac{x'' - y''}{\sqrt{2}}$, $y' = \dfrac{x'' + y''}{\sqrt{2}}$.

Sustituyendo,

$$5\left(\frac{x''-y''}{\sqrt{2}}\right)^2 + 6\left(\frac{x''-y''}{\sqrt{2}}\right)\left(\frac{x''+y''}{\sqrt{2}}\right)$$
$$+ 5\left(\frac{x''+y''}{\sqrt{2}}\right)^2 = 8.$$

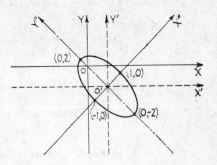

Desarrollando y simplificando, la ecuación se reduce a

$$4x''^2 + y''^2 = 4,$$

que es una elipse con sus ejes sobre los x'' e y'', con centro en el nuevo origen, semieje mayor 2 y semieje menor igual a 1.

LA ECUACION GENERAL $Ax^2 + Bxy + Cy^2 + Dx + Ey + F = 0$, excepto en *casos particulares*, corresponde a una sección cónica. Se demuestra que si el discriminante

$$AC < 0, \text{ la curva es una elipse,}$$

$$B^2 - 4AC = 0, \text{ la curva es una parábola,}$$

$$B^2 - 4AC > 0, \text{ la curva es una hipérbola.}$$

En los casos particulares, la ecuación puede representar (degeneración) dos rectas, un punto o rectas imaginarias.

6. Hallar la naturaleza de la curva representada por la ecuación: $4x^2 - 4xy + y^2 - 6x + 3y + 2 = 0$.

Como $B^2 - 4AC = 16 - 16 = 0$, puede ser una parábola.
Agrupando términos, esta ecuación se puede descomponer en factores.

$$(4x^2 - 4xy + y^2) - 3(2x - y) + 2 = 0,$$

$$(2x - y)^2 - 3(2x - y) + 2 = 0,$$

$$(2x - y - 1)(2x - y - 2) = 0.$$

Se trata de las dos rectas paralelas, $2x - y - 1 = 0$ y $2x - y - 2 = 0$.

7. Determinar la naturaleza del lugar geométrico representado por la ecuación $9x^2 - 12xy + 7y^2 + 4 = 0$.

En este caso, $B^2 - 4AC = (144 - 252) < 0$, que es la condición necesaria para la elipse.
Sin embargo, escribiendo esta ecuación en la forma

$$(3x - 2y)^2 + 3y^2 + 4 = 0$$

se observa que no se satisface para valores reales de x e y. Por tanto, el lugar en cuestión es imaginario.
Otro método consiste en despejar y en función de x,

$$y = \frac{+12x \pm \sqrt{(12x)^2 - 4(7)(9x^2 + 4)}}{2(7)} = \frac{+6x \pm \sqrt{-(27x^2 + 28)}}{7}.$$

El lugar geométrico dado es imaginario para todos los valores reales de x.

8. Eliminar los términos de primer grado en la ecuación $3x^2 + 4y^2 - 12x + 4y + 13 = 0$.

Sumando y restando términos, para completar cuadrados, $3(x^2 - 4x + 4) + 4(y^2 + y + \frac{1}{4}) = 0$, o sea, $3(x - 2)^2 + 4(y + \frac{1}{2})^2 = 0$.

Haciendo $x - 2 = x'$ e $y + \frac{1}{2} = y'$ se obtiene $3x'^2 + 4y'^2 = 0$.

Esta ecuación solo se satisface para $x' = 0$, $y' = 0$, que es el nuevo origen.

El lugar geométrico representado por la ecuación original se reduce a un punto $(2, -\frac{1}{2})$.

9. Simplificar la ecuación siguiente: $4x^2 - 4xy + y^2 - 8\sqrt{5}x - 16\sqrt{5}y = 0$.

Como $B^2 - 4AC = 0$, puede tratarse de una parábola.
En el caso de la parábola, conviene girar los ejes antes de efectuar la traslación.

$\operatorname{tg} 2\theta = \dfrac{-4}{4-1} = -\dfrac{4}{3}$. De donde $\cos 2\theta = -\dfrac{3}{5}$.

Como $\cos 2\theta = 2\cos^2\theta - 1 = -\dfrac{3}{5}$, $\cos^2\theta = \dfrac{1}{5}$, $\cos\theta = \dfrac{1}{\sqrt{5}}$, y $\operatorname{sen}\theta = \dfrac{2}{\sqrt{5}}$.

Las ecuaciones de la rotación son $x = \dfrac{x' - 2y'}{\sqrt{5}}$, $y = \dfrac{2x' + y'}{\sqrt{5}}$. Sustituyendo,

$$4\left(\frac{x' - 2y'}{\sqrt{5}}\right)^2 - 4\left(\frac{x' - 2y'}{\sqrt{5}}\right)\left(\frac{2x' + y'}{\sqrt{5}}\right) + \left(\frac{2x' + y'}{\sqrt{5}}\right)^2 - 8\sqrt{5}\left(\frac{x' - 2y'}{\sqrt{5}}\right) - 16\sqrt{5}\left(\frac{2x' + y'}{\sqrt{5}}\right) = 0.$$

Desarrollando y simplificando se obtiene $y'^2 - 8x' = 0$, que es una parábola.

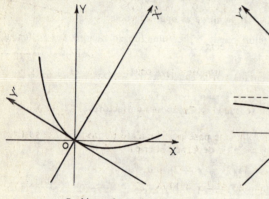

Problema 9

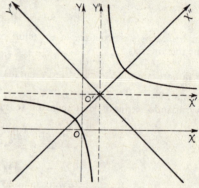

Problema 10

10. Simplificar la ecuación $xy - 2y - 4x = 0$. Hacer un esquema con los tres sistemas de ejes.

Como $B^2 - 4AC = 1 > 0$, la curva, si existe, es una hipérbola.

Sustituyendo $x = x' + h$, $y = y' + k$, se obtiene

$$(x' + h)(y' + k) - 2(y' + k) - 4(x' + h) = 0, \text{ o bien,}$$

$$x'y' + (k - 4)x' + (h - 2)y' + hk - 2k - 4h = 0.$$

Para $k = 4$, $h = 2$, se llega a la ecuación $x'y' = 8$.

Para hallar el ángulo de la rotación: $\operatorname{tg} 2\theta = \dfrac{1}{0} = \infty$, $2\theta = 90°$, $\theta = 45°$.

Luego $x' = \dfrac{x'' - y''}{\sqrt{2}}$, $y' = \dfrac{x'' + y''}{\sqrt{2}}$, y $\left(\dfrac{x'' - y''}{\sqrt{2}}\right)\left(\dfrac{x'' + y''}{\sqrt{2}}\right) = 8$.

Simplificando, la ecuación final es $x''^2 - y''^2 = 16$, una hipérbola equilátera.

11. Hallar la ecuación de la cónica que pasa por los puntos $(1, 1)$, $(2, 3)$, $(3, -1)$, $(-3, 2)$, $(-2, -1)$.
Dividiendo por A la ecuación general de segundo grado,

$$x^2 + B'xy + C'y^2 + D'x + E'y + F' = 0.$$

Sustituyendo las coordenadas de los puntos por x e y,

$$B' + C' + D' + E' + F' = -1$$
$$6B' + 9C' + 2D' + 3E' + F' = -4$$
$$-3B' + C' + 3D' - E' + F' = -9$$
$$-6B' + 4C' - 3D' + 2E' + F' = -9$$
$$2B' + C' - 2D' - E' + F' = -4$$

Resolviendo el sistema, $B' = \dfrac{8}{9}$, $C' = -\dfrac{13}{9}$, $D' = -\dfrac{1}{9}$, $E' = \dfrac{19}{9}$, $F' = -\dfrac{22}{9}$.

Sustituyendo estos valores en la ecuación original y simplificando resulta

$$9x^2 + 8xy - 13y^2 - x + 19y - 22 = 0.$$

Como $B^2 - 4AC = (64 + 468) > 0$, la cónica es una hipérbola.

Otro método de resolver este problema es el siguiente.

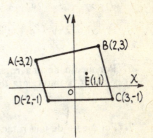

La ecuación de la recta AB es $x - 5y + 13 = 0$, y la de CD es $y + 1 = 0$. La ecuación de este par de rectas es $(y + 1)(x - 5y + 13) = xy - 5y^2 + x + 8y + 13 = 0$.

Análogamente, la ecuación del par de rectas AD y BC es $12x^2 + 7xy + y^2 - 5x - 4y - 77 = 0$.

La familia de curvas que pasan por los puntos de intersección de estas rectas es

$$xy - 5y^2 + x + 8y + 13 + k(12x^2 + 7xy + y^2 - 5x - 4y - 77) = 0.$$

Para determinar la curva de esta familia que pase por el quinto punto $(1, 1)$, se sustituyen x e y por las coordenadas de éste y se despeja el valor de k; se obtiene $k = 3/11$.

Para este valor de k, la ecuación es

$$9x^2 + 8xy - 13y^2 - x + 19y - 22 = 0.$$

PROBLEMAS PROPUESTOS

1. Aplicando las fórmulas de la traslación de ejes, $x = x' + h$, $y = y' + k$, reducir las ecuaciones siguientes a su forma más simple y establecer la naturaleza de la figura que representan.

   a) $y^2 - 6y - 4x + 5 = 0$.   *Sol.* $y^2 = 4x$. Parábola.

   b) $x^2 + y^2 + 2x - 4y - 20 = 0$.   *Sol.* $x^2 + y^2 = 25$. Circunferencia.

   c) $3x^2 - 4y^2 + 12x + 8y - 4 = 0$.   *Sol.* $3x^2 - 4y^2 = 12$. Hipérbola.

   d) $2x^2 + 3y^2 - 4x + 12y - 20 = 0$.   *Sol.* $2x^2 + 3y^2 = 34$. Elipse.

   e) $x^2 + 5y^2 + 2x - 20y + 25 = 0$.   *Sol.* $x^2 + 5y^2 + 4 = 0$. Elipse imaginaria.

2. Eliminar los términos de **primer grado de las ecuaciones siguientes** completando cuadrados perfectos.

   a) $x^2 + 2y^2 - 4x + 6y - 8 = 0$.   **Sol.** $2x^2 + 4y^2 = 33$.

   b) $3x^2 - 4y^2 - 6x - 8y - 10 = 0$.   **Sol.** $3x^2 - 4y^2 = 9$.

   c) $2x^2 + 5y^2 - 12x + 10y - 17 = 0$.   **Sol.** $2x^2 + 5y^2 = 40$.

   d) $3x^2 + 3y^2 - 12x + 12y - 1 = 0$.   **Sol.** $3x^2 + 3y^2 = 25$.

3. Por medio de una traslación de ejes, eliminar los términos de primer grado de la ecuación $2xy - x - y + 4 = 0$.   *Sol.* $4xy + 7 = 0$.

4. Por medio de una traslación de ejes, eliminar los términos de primer grado de la ecuación $x^2 + 2xy + 3y^2 + 2x - 4y - 1 = 0$.   *Sol.* $2x^2 + 4xy + 6y^2 - 13 = 0$.

5. Hallar la naturaleza de las cónicas siguientes teniendo en cuenta el valor del discriminante $B^2 - 4AC$.

a) $3x^2 - 10xy + 3y^2 + x - 32 = 0$.   *Sol.* Hipérbola.

b) $41x^2 - 84xy + 76y^2 = 168$.   *Sol.* Elipse.

c) $16x^2 + 24xy + 9y^2 - 30x + 40y = 0$.   *Sol.* Parábola.

d) $xy + x - 2y + 3 = 0$.   *Sol.* Hipérbola.

e) $x^2 - 4xy + 4y^2 = 4$.   *Sol.* Dos rectas paralelas.

6. Por medio de una rotación de ejes, simplificar la ecuación $9x^2 + 24xy + 16y^2 + 90x - 130y = 0$ y hallar la naturaleza de la figura que representa.   *Sol.* $x^2 - 2x - 6y = 0$. Parábola.

7. Por medio de una rotación de ejes de valor $\theta = \text{arc tg } \dfrac{4}{3}$, simplificar la ecuación

$$9x^2 + 24xy + 16y^2 + 80x - 60y = 0.$$

Hacer un esquema con ambos sistemas de ejes.   *Sol.* $x^2 - 4y = 0$.

8. Simplificar las ecuaciones siguientes por medio de una transformación adecuada de ejes y dibujar la figura que representan así como los sistemas de ejes.

a) $9x^2 + 4xy + 6y^2 + 12x + 36y + 44 = 0$.   *Sol.* $2x^2 + y^2 = 2$.

b) $x^2 - 10xy + y^2 + x + y + 1 = 0$.   *Sol.* $32x^2 - 48y^2 = 9$.

c) $17x^2 - 12xy + 8y^2 - 68x + 24y - 12 = 0$.   *Sol.* $x^2 + 4y^2 = 16$.

d) $2x^2 + 3xy + 4y^2 + 2x - 3y + 5 = 0$.   *Sol.* Imaginaria.

9. Hallar la ecuación de la cónica que pasa por los puntos $(5, 2)$, $(1, -2)$, $(-1, 1)$, $(2, 5)$ y $(-1, -2)$. *Sol.* $49x^2 - 55xy + 36y^2 - 110x - 19y - 231 = 0$. Elipse.

10. Hallar la ecuación de la cónica que pasa por los puntos $(1, 1)$, $(-1, 2)$, $(0, -2)$, $(-2, -1)$, $(3, -3)$. *Sol.* $16x^2 + 46xy + 49y^2 + 16x + 23y - 150 = 0$. Elipse.

11. Hallar la ecuación de la cónica que pasa por los puntos $(4, 1)$, $(2, 2)$, $(3, -2)$, $(4, -1)$, $(1, -3)$. *Sol.* $17x^2 - 16xy + 54y^2 + 11x + 64y - 370 = 0$. Elipse.

12. Hallar la ecuación de la cónica que pasa por los puntos $(1, 6)$, $(-3, -2)$, $(-5, 0)$, $(3, 4)$, $(0, 10)$ *Sol.* $xy - 2x + y - 10 = 0$. Hipérbola.

CAPITULO 9
Coordenadas polares

COORDENADAS POLARES. En lugar de fijar la posición de un punto del plano en función de sus distancias a dos rectas perpendiculares es preferible, a veces, hacerlo en función de su distancia a un punto fijo y de la dirección con respecto a una recta fija que pase por este punto. Las coordenadas de un punto, en esta referencia, se llaman *coordenadas polares*.

El punto fijo O se denomina *polo* y la recta fija OA se llama *eje polar*.

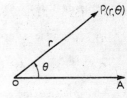

Las coordenadas polares de un punto P se representan por $(r; \theta)$, siendo r la distancia OP y θ el ángulo AOP. La distancia r medida desde O hasta P es positiva. Igual que en trigonometría, el ángulo θ es positivo cuando se mide en sentido contrario al de las agujas del reloj; r es positivo cuando se mide desde el polo al punto, y negativo en caso contrario.

Si r y θ están relacionados por una ecuación cualquiera, se pueden asignar valores a θ y determinar los correspondientes de r. Los puntos que resultan constituyen una línea, recta o curva, definida.

SIMETRIAS. Igual que ocurre en el caso de coordenadas cartesianas rectangulares, cuando se emplean coordenadas polares también se dispone de criterios para averiguar las simetrías que puede presentar una línea o lugar geométrico cualquiera.

Si la ecuación no se modifica al sustituir θ por $-\theta$, la curva es simétrica con respecto al eje polar.

La curva es simétrica con respecto a la perpendicular al eje polar que pasa por el polo cuando la ecuación no varía al sustituir θ por $\pi - \theta$.

Una curva es simétrica con respecto al polo cuando la ecuación no varía al sustituir por $-r$, o cuando se sustituye θ por $\pi + \theta$.

RELACION ENTRE LAS COORDENADAS RECTANGULARES Y POLARES.

Consideremos al punto $P(r; \theta)$ y supongamos que el eje polar OX y el polo O son, respectivamente, el eje x y el origen de un sistema de coordenadas rectangulares. Sean (x, y) las coordenadas rectangulares del mismo punto P. En estas condiciones,

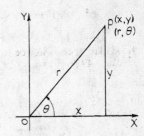

$$x = r \cos \theta,$$

$$y = r \operatorname{sen} \theta,$$

$$r = \sqrt{x^2 + y^2},$$

y

$$\theta = \operatorname{arc\,tg} \frac{y}{x}.$$

PROBLEMAS RESUELTOS

1. Hallar la distancia entre los puntos $P_1(r_1; \theta_1)$ y $P_2(r_2; \theta_2)$.

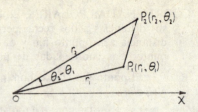

Como se conocen dos lados de un triángulo y el ángulo que forman, el tercer lado se puede determinar mediante el teorema del coseno.

$$P_1P_2 = \sqrt{r_1^2 + r_2^2 - 2r_1r_2 \cos(\theta_2 - \theta_1)}.$$

2. Hallar la distancia entre los puntos $(6; 15°)$ y $(8; 75°)$.

Aplicando la fórmula del Problema 1, $\quad d = \sqrt{6^2 + 8^2 - 2(6)(8)\cos(75° - 15°)}$

$$= \sqrt{36 + 64 - 96(\tfrac{1}{2})} = 2\sqrt{13}.$$

3. Hallar la ecuación en coordenadas polares de la circunferencia de centro $(r_1; \theta_1)$ y radio a.

Sea $(r; \theta)$ un punto genérico cualquiera de la circunferencia.

Del triángulo de la figura se obtiene la ecuación $\quad a^2 = r^2 + r_1^2 - 2rr_1 \cos(\theta - \theta_1)$

$$\text{o bien,} \quad r^2 - 2r_1 r \cos(\theta - \theta_1) + r_1^2 = a^2.$$

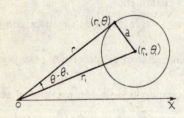

Problema 3

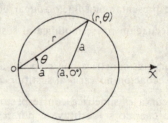

Problema 4

4. Hallar la ecuación de la circunferencia de centro $(a; 0°)$ y radio a.

Se tiene, $\theta_1 = 0°$. Del triángulo se deduce, $\quad a^2 = r^2 + a^2 - 2ra \cos \theta$.

Luego la ecuación pedida es $r^2 = 2ar \cos \theta \quad$ o $\quad r = 2a \cos \theta$.

5. Hallar el área del triángulo cuyos vértices son los puntos $(0; 0)$, $(r_1; \theta_1)$ y $(r_2; \theta_2)$.

$$\text{Area} = \tfrac{1}{2}(OP_1)(h)$$

$$= \tfrac{1}{2}(r_1)r_2 \operatorname{sen}(\theta_2 - \theta_1)$$

$$= \tfrac{1}{2}r_1 r_2 \operatorname{sen}(\theta_2 - \theta_1).$$

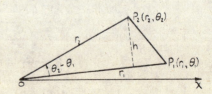

6. Hallar el área del triángulo cuyos vértices son los puntos $(0; 0)$, $(6; 20°)$ y $(9; 50°)$.

$$\text{Area} = \tfrac{1}{2}r_1 r_2 \operatorname{sen}(\theta_2 - \theta_1) = \tfrac{1}{2}(6)(9)\operatorname{sen}(50 - 20°) = 13.5 \text{ unidades de superficie.}$$

7. Hallar la ecuación de la recta que pasa por el punto $(2; 30°)$ y es perpendicular al eje polar OX.

Sea $(r; \theta)$ un punto genérico cualquiera de la recta.

Se tiene $r \cos \theta = 2 \cos 30° = 2\left(\dfrac{\sqrt{3}}{2}\right) = \sqrt{3}$, o bien, $r \cos \theta = \sqrt{3}$.

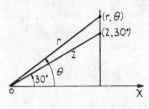

Problema 7   Problema 8

8. Hallar la ecuación en coordenadas polares de una recta paralela al eje polar OX y situada por debajo de él a una distancia de 4 unidades.

Sea $(r; -\theta)$ un punto cualquiera de la recta L.

Se tiene $r \operatorname{sen}(-\theta) = 4$, o sea, $r \operatorname{sen} \theta + 4 = 0$.

Nota. $\cos(-\theta) = \cos \theta$; $\operatorname{sen}(-\theta) = -\operatorname{sen} \theta$.

9. Hallar la ecuación de la recta que pase por el punto $(4; 30°)$ y forme en ángulo de $150°$ con el eje polar.

Sea $(r; \theta)$ un punto cualquiera de la recta.

Se tiene, $OA = r \cos(\theta - 60°) = 4 \operatorname{sen} 60°$, o bien, $r \cos(\theta - 60°) = 2\sqrt{3}$.

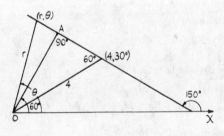

Problema 9   Problema 10

10. Hallar la ecuación de la recta que pase por el punto $(4; 120°)$ y sea perpendicular a la que une $(4; 120°)$ con el polo $(0; 0)$. Sea $(r; \theta)$ un punto genérico cualquiera de la recta.

Las rectas L y d son perpendiculares. Por tanto, $d = r \cos(\theta - 120°)$ y la ecuación de L es $r \cos(\theta - 120°) = 4$.

La ecuación $r \cos(\theta - 120°) = 4$ es la forma polar de la forma normal de la ecuación de la recta en coordenadas rectangulares, siendo $p = 4$ y $\omega = 120°$.

11. Hallar el lugar geométrico de los puntos $P(r; \theta)$ de manera que $\dfrac{OP}{MP} = e$ (constante).

$MP = NO + OQ = p + r \cos \theta$.

Como $OP = e(MP)$, $\quad r = e(p + r \cos \theta)$

o $\quad r = \dfrac{ep}{1 - e \cos \theta}$.

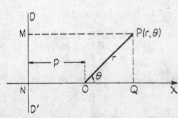

Si $D'D$ estuviera a la derecha del polo O, la ecuación sería

$$r = \frac{ep}{1 + e \cos \theta}.$$

Como el punto $(r ; \theta)$ se mueve de forma que la relación de sus distancias al punto fijo O, polo, y a la recta fija $D'D$ es constante e igual a e, la curva es una cónica cuya naturaleza depende del valor de e.

Si la recta fija $D'D$ es paralela al eje polar, la ecuación toma la forma

$$r = \frac{ep}{1 \pm e \,\text{sen}\, \theta}.$$

12. Hallar la naturaleza de la cónica definida por la ecuación $r = \dfrac{12}{4 + 3 \cos \theta}$.

Dividiendo numerador y denominador por 4 se obtiene la ecuación $r = \dfrac{3}{1 + \frac{3}{4} \cos \theta}$.

Luego $e = \frac{3}{4}$ y la curva es una elipse.

Como $ep = 3$, o sea, $\frac{3}{4}p = 3$, se obtiene $p = 4$, con lo cual, la directriz $D'D$ es perpendicular al eje polar y está a 4 unidades a la derecha del polo.

13. Hallar la ecuación en coordenadas polares de la elipse $9x^2 + 4y^2 = 36$.

Aplicando las relaciones $x = r \cos \theta$, $y = r \,\text{sen}\, \theta$, y sustituyendo en la ecuación dada se obtiene

$$9r^2 \cos^2\theta + 4r^2 \,\text{sen}^2\theta = 36, \text{ o bien, } r^2(4 + 5 \cos^2\theta) = 36.$$

14. Escribir la ecuación siguiente en coordenadas rectangulares:

$$r^2 - 2r(\cos \theta - \text{sen}\, \theta) - 7 = 0.$$

Sustituyendo $r = \sqrt{x^2 + y^2}$, $\theta = \text{arc tg } \dfrac{y}{x}$, se obtiene la ecuación

$$x^2 + y^2 - 2\sqrt{x^2 + y^2} \left(\frac{x}{\sqrt{x^2 + y^2}} - \frac{y}{\sqrt{x^2 + y^2}} \right) - 7 = 0, \text{ o bien, } x^2 + y^2 - 2x + 2y - 7 = 0,$$

que es una circunferencia de centro $(1, -1)$ y radio 3.

15. Escribir la ecuación siguiente en coordenadas rectangulares:

$$r = \frac{4}{1 - \cos \theta}, \text{ o bien } r(1 - \cos \theta) = 4.$$

Sustituyendo $r = \sqrt{x^2 + y^2}$ y $\cos \theta = \dfrac{x}{\sqrt{x^2 + y^2}}$ se obtiene $\sqrt{x^2 + y^2} \left(1 - \dfrac{x}{\sqrt{x^2 + y^2}} \right) = 4.$

Simplificando, $\sqrt{x^2 + y^2} - x = 4$, o bien $\sqrt{x^2 + y^2} = x + 4$.

Elevando al cuadrado, $x^2 + y^2 = x^2 + 8x + 16$, o bien, $y^2 - 8x - 16 = 0$, que es la ecuación de una parábola de vértice $(-2, 0)$ y simétrica con respecto al eje x.

16. Escribir la ecuación siguiente en coordenadas rectangulares e identificar la curva.

$$r = \frac{1}{1 - 2 \,\text{sen}\, \theta}.$$

Sustituyendo, $\sqrt{x^2 + y^2} = \dfrac{1}{1 - \dfrac{2y}{\sqrt{x^2 + y^2}}}$.

Simplificando, $\sqrt{x^2 + y^2} = \dfrac{\sqrt{x^2 + y^2}}{\sqrt{x^2 + y^2 - 2y}}$, o bien, $\sqrt{x^2 + y^2}\,(\sqrt{x^2 + y^2} - 2y - 1) = 0$.

Pero $\sqrt{x^2 + y^2} = 0$ solo para $x = y = 0$.

Elevando al cuadrado y simplificando la ecuación $\sqrt{x^2 + y^2} - 2y - 1 = 0$ se obtiene $x^2 - 3y^2 - 4y - 1 = 0$; se trata de una hipérbola.

17. Hallar las coordenadas de los puntos de intersección de las curvas siguientes:

$$(1)\quad r = 1 - \cos\theta$$

$$(2)\quad r = \operatorname{sen} \tfrac{1}{2}\theta.$$

Sabemos por trigonometría que $1 - \cos\theta = 2\operatorname{sen}^2 \tfrac{1}{2}\theta$.

Por tanto, $2\operatorname{sen}^2\tfrac{1}{2}\theta = \operatorname{sen}\tfrac{1}{2}\theta$, o bien, $\operatorname{sen}\tfrac{1}{2}\theta(2\operatorname{sen}\tfrac{1}{2}\theta - 1) = 0$. De donde, $\operatorname{sen}\theta = 0, \tfrac{1}{2}$.

Para $\operatorname{sen}\tfrac{1}{2}\theta = 0$, $\theta = 0°$; para $\operatorname{sen}\tfrac{1}{2}\theta = \tfrac{1}{2}$, $\tfrac{1}{2}\theta = 30°, 150°$, y $\theta = 60°, 300°$.

Luego las coordenadas de los puntos de intersección son $(0, 0°)$, $(\tfrac{1}{2}, 60°)$, $(\tfrac{1}{2}, 300°)$.

18. Hallar el centro y el radio de la circunferencia $r^2 + 4r\cos\theta - 4\sqrt{3}\,r\operatorname{sen}\theta - 20 = 0$.

Aplicando la ecuación de la circunferencia dada en el Problema 3 y desarrollando se obtiene

$$r^2 - 2r(r_1\cos\theta_1\cos\theta + r_1\operatorname{sen}\theta_1\operatorname{sen}\theta) + r_1^2 - a^2 = 0$$

o bien, $\qquad r^2 - 2r_1\cos\theta_1\,r\cos\theta - 2r_1\operatorname{sen}\theta_1\,r\operatorname{sen}\theta + r_1^2 - a^2 = 0.$

Comparando la ecuación dada con esta última,

$$(1)\quad -2r_1\cos\theta_1 = 4, \qquad (2)\quad 2r_1\operatorname{sen}\theta_1 = 4\sqrt{3}, \quad \text{y} \quad (3)\quad r_1^2 - a^2 = -20.$$

Dividiendo la ecuación (2) por (1), $\operatorname{tg}\theta_1 = -\sqrt{3}$, $\theta_1 = 120°$.

Sustituyendo en (1), $-2r_1(-\tfrac{1}{2}) = 4$, de donde, $r_1 = 4$. De (3), $16 - a^2 = -20$, $a = 6$.

Luego el centro de la circunferencia es el punto $(4; 120°)$ y su radio vale 6.

19. Hallar el lugar geométrico de los puntos cuyo producto de distancias a los dos fijos $(-a; 0°)$ y $(a; 0°)$ sea igual a a^2.

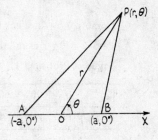

Del triángulo AOP se deduce,

$$AP = \sqrt{a^2 + r^2 - 2ar\cos(180° - \theta)} = \sqrt{a^2 + r^2 + 2ar\cos\theta}.$$

Del triángulo BOP, $\quad PB = \sqrt{a^2 + r^2 - 2ar\cos\theta}.$

$$(AP)(PB) = \sqrt{(a^2 + r^2)^2 - 4a^2r^2\cos^2\theta} = a^2.$$

Elevando al cuadrado, $a^4 + 2a^2r^2 + r^4 - 4a^2r^2\cos^2\theta = a^4.$

Simplificando, $r^4 + 2a^2r^2 - 4a^2r^2\cos^2\theta = 0$, o bien, $r^2(r^2 + 2a^2 - 4a^2\cos^2\theta) = 0.$

Luego la ecuación pedida es $r^2 + 2a^2 - 4a^2\cos^2\theta = 0$,

o sea, $r^2 = 2a^2(2\cos^2\theta - 1) = 2a^2\cos 2\theta.$ (Lemniscata. Ver Problema 25.)

20. Un segmento de longitud $2a$ tiene sus extremos sobres dos rectas fijas perpendiculares. Hallar el lugar geométrico del pie de la perpendicular trazada desde el punto de intersección de las rectas al segmento.

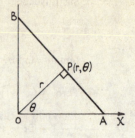

Sea una de las rectas fijas el eje polar y el punto de intersección de las rectas dadas el polo.

Se tiene $OA = OP \sec \theta = AB \cos (90° - \theta)$

es decir, $r \sec \theta = 2a \cos (90° - \theta)$

o bien, $\dfrac{r}{\cos \theta} = 2a \, \text{sen} \, \theta.$

Luego $r = 2a \, \text{sen} \, \theta \cos \theta$, de donde, $r = a \, \text{sen} \, 2\theta$. (Trébol de cuatro hojas.)

21. Estudiar y dibujar el lugar geométrico de ecuación $r = 10 \cos \theta$.

Como $\cos(-\theta) = \cos \theta$, la curva es simétrica con respecto al eje polar. El ángulo θ puede tomar cualquier valor, pero r varía de 0 a ± 10; luego la curva es cerrada.

Para hallar puntos de ella, damos valores a θ y calculamos los correspondientes de r. Por el Problema 4 sabemos que el lugar dado es una circunferencia de radio $a = 5$ y centro en el eje polar.

θ	0°	30°	45°	60°	90°	120°	135°	150°	180°
r	10	8,7	7,1	5	0	—5	—7,1	—8,7	—10

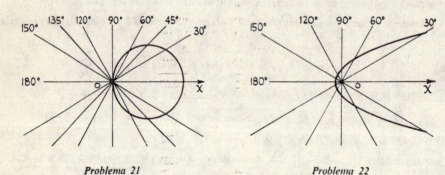

Problema 21   Problema 22

22. Dibujar la curva o lugar geométrico de ecuación $r = \dfrac{2}{1 - \cos \theta}$.

Como $\cos(-\theta) = \cos \theta$, la curva es simétrica con respecto al eje polar.

Para $\theta = 0°$, r es infinito; para $\theta = 180°$, $r = 1$. La curva es abierta.

Según el Problema 11, se trata de una parábola.

θ	0°	30°	60°	90°	120°	150°	180°	210°	240°	270°	300°	330°	360°
r	∞	14,9	4	2	1,3	1,1	1	1,1	1,3	2	4	14,9	∞

23. Dibujar el trébol de tres hojas de ecuación $r = 10 \, \text{sen} \, 3\theta$.

Como el seno es positivo en los cuadrantes 1.° y 2.° y negativo en los 3.° y 4.°, la curva es simétrica con respecto a la recta perpendicular al eje polar trazada por el polo.

El valor de r es cero cuando 3θ sea $0°$, $180°$, o algún múltiplo de $180°$, es decir, para $\theta = 0°$, $60°$, $120°$, ... Por el contrario, r alcanza un máximo cuando $3\theta = 90°$, $270°$, o algún múltiplo impar de $90°$, es decir, para $\theta = 30°$, $90°$, $150°$, ...

θ	$0°$	$30°$	$60°$	$90°$	$120°$	$150°$	$180°$	$210°$	$240°$	$270°$	$300°$	$330°$
r	0	10	0	—10	0	10	0	—10	0	10	0	—10

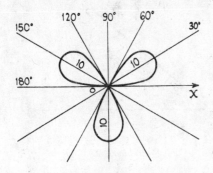

Problema 23   *Problema 24*

24. Dibujar la *cardioide* de ecuación $r = 5(1 + \cos \theta)$.

La curva es simétrica con respecto al eje polar.

Como $\cos \theta$ varía entre 1 y —1, r no puede ser negativo.

El valor de r varía de 10 a 0 cuando θ lo hace de $0°$ a $180°$.

θ	$0°$	$30°$	$45°$	$60°$	$90°$	$120°$	$135°$	$150°$	$180°$
r	10	9,3	8,5	7,5	5	2,5	1,5	0,67	0

25. Dibujar la *lemniscata* de ecuación:

$$r^2 = 9 \cos 2\theta.$$

Si se sustituye r por $—r$ y θ por $—\theta$, la ecuación no se modifica, ya que $\cos(—2\theta) = \cos 2\theta$ y $(—r)^2 = r^2$. La curva es, pues, simétrica con respecto al polo y con respecto al eje polar.

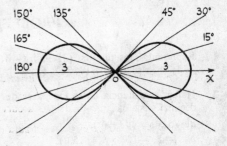

El valor de r alcanza un máximo para $\theta = 0°$, ya que $\cos 0° = 1$, con lo que $r = 3$.

Para $45° < \theta < 135°$, y $225° < \theta < 315°$, r es imaginario.

Para $\theta = \pm 45°$, $\cos 2\theta = 0$; de donde $r = 0$, y las rectas $\theta = \pm \pi/4$ son tangentes a la curva en el origen.

$$r = \pm 3\sqrt{\cos 2\theta}.$$

θ	2θ	$\cos 2\theta$	r
0	0	1	± 3
$15°$	$30°$	0,866	$\pm 2,8$
$30°$	$60°$	0,5	$\pm 2,1$
$45°$	$90°$	0	0

26. Hallar el lugar geométrico de los puntos cuyo radio vector sea proporcional al ángulo.

La ecuación es $r = a\theta$. La curva que cumple esta condición se llama *espiral de Arquímedes*.

θ	0	$\pi/6$	$\pi/3$	$\pi/2$	π	$3\pi/2$	2π
r	0	$0,52a$	$1,0a$	$1,6a$	$3,1a$	$4,7a$	$6,3a$

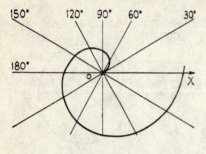

Problema 26

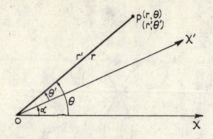

Problema 27

27. Siendo $P(r; \theta)$ un punto cualquiera, demostrar que cuando el eje polar gira alrededor del polo O un ángulo α se verifica, $r' = r$ y $\theta' = \theta - \alpha$, siendo $(r'; \theta')$ las nuevas coordenadas del punto.

Las fórmulas de la rotación de ejes en coordenadas polares son $\theta = \theta' + \alpha$ y $r = r'$.

28. Demostrar que si se gira el eje polar un ángulo de 90° en el sentido contrario al de las agujas del reloj, la ecuación de la cardioide del Problema 24 se transforma en $r = 5(1 - \text{sen } \theta)$.

Se sustituye θ por $90° + \theta'$.

Entonces, $r' = 5[1 + \cos(90° + \theta')] = 5(1 - \text{sen } \theta')$, ya que $\cos(90° + \theta') = -\text{sen } \theta'$.

PROBLEMAS PROPUESTOS

1. Representar los puntos: $(2; 30°)$, $(-3; 30°)$, $(5; 75°)$, $(3; 210°)$, $(2; \pi/2)$, $(-2; 270°)$, $(-4; 300°)$, $(-3; -5\pi/6)$, $(4; 0°)$, $(0; 30°)$, $(0; 60°)$.

2. Hallar la distancia entre los pares de puntos siguientes, expresando los resultados con una cifra decimal.

    a) $(5; 45°)$ y $(8; 90°)$.   *Sol.*   5,7.

    b) $(-5; -120°)$ y $(4; 150°)$.   *Sol.*   6,4.

    c) $(50; 30°)$ y $(50; -90°)$.   *Sol.*   86,6.

    d) $(3; 150°)$ y $(-2; 60°)$.   *Sol.*   3,6.

3. Hallar el área de los triángulos cuyos vértices son el polo y los pares de puntos del Problema 2.
Sol.   *a)* 14,14;   *b)* 10;   *c)* 1082,5;   *d)* 3.

4. Hallar la ecuación polar de la recta que pasa por el punto $(4; 120°)$ y es perpendicular a OX.
Sol. $r \cos \theta + 2 = 0$.

5. Hallar la ecuación polar de la recta que pasa por el punto $(3; -30°)$ y es paralela a OX.
Sol. $2r \text{ sen } \theta + 3 = 0$.

6. Hallar la ecuación polar de la recta que pasa por el punto (2; 120°) y por el polo.
Sol. $\theta = 2\pi/3$.

7. Hallar la ecuación polar de la recta que pasa por el punto (4; $2\pi/3$) y es perpendicular a la recta que une el origen con dicho punto.   *Sol.* $r \cos(\theta - 2\pi/3) = 4$.

8. Hallar la ecuación polar de la recta que pasa por el punto (3; 0°) y forma un ángulo de $3\pi/4$ con el eje polar. Hallar r para $\theta = -\pi/4$ y razonar la respuesta.   *Sol.* $\sqrt{2}\, r \cos(\theta - \pi/4) = 3$.

9. Hallar la ecuación de la recta que pasa por el punto (4; 20°) y forma un ángulo de 140° con el eje polar.   *Sol.* $r \cos(\theta - 50°) = 2\sqrt{3}$.

10. Hallar la ecuación polar de la circunferencia de centro el polo y radio igual a 5.   *Sol.* $r = 5$.

11. Hallar la ecuación polar de la circunferencia de centro (4; 30°) y radio igual a 5.
Sol. $r^2 - 8r \cos(\theta - \pi/6) - 9 = 0$.

12. Hallar la ecuación de las circunferencias siguientes:

    a)   Centro (3; 0°) y que pasa por el polo.   *Sol.* $r = 6 \cos\theta$.

    b)   Centro (4; 45°) y que pasa por el polo.   *Sol.* $r = 8 \cos(\theta - 45°)$.

    c)   Centro (5; 90°) y que pasa por el polo.   *Sol.* $r - 10 \operatorname{sen}\theta = 0$.

    d)   Que pasa por el polo, por (3; 90°) y por (4; 0°).   *Sol.* $r = 4 \cos\theta + 3 \operatorname{sen}\theta$.

13. Hallar la ecuación de la circunferencia de centro (8; 120°) y que pasa por el punto (4; 60°).
Sol. $r^2 - 16r \cos(\theta - 120°) + 16 = 0$.

14. Por comparación con la ecuación del Problema 3 de la sección de resueltos, hallar el centro y el radio de la circunferencia $r^2 - 4r \cos(\theta - \pi/4) - 12 = 0$.   *Sol.*   (2, $\pi/4$), radio 4.

15. Dada la circunferencia $r^2 - 4\sqrt{3}\, r \cos\theta - 4r \operatorname{sen}\theta + 15 = 0$, hallar las coordenadas del centro y el radio.   *Sol.* Centro (4; $\pi/6$), radio 1.

16. Hallar la ecuación de la circunferencia de centro (8; $\pi/4$) y que sea tangente al eje polar.
Sol. $r^2 - 16r \cos(\theta - \pi/4) + 32 = 0$.

17. Hallar la ecuación de la circunferencia de centro (4; 30°) y que sea tangente al eje polar *OX*.
Sol. $r^2 - 8r \cos(\theta - \pi/6) + 12 = 0$.

18. Demostrar que la ecuación de la circunferencia que pasa por el polo y por los puntos (a; 0°) y (b; 90°) es $r = a \cos\theta + b \operatorname{sen}\theta$.

19. Hallar el centro y el radio de la circunferencia $r = 5 \cos\theta - 5\sqrt{3} \operatorname{sen}\theta$.   *Sol.* (5; $-60°$), 5.

20. En el Problema 11 de la sección de resueltos se demostró que la ecuación de una sección cónica con su foco en el polo y directriz perpendicular al eje polar a p unidades a la izquierda del foco, viene dada por

$$r = \frac{ep}{1 - e \cos\theta}.$$

Si la directriz está a p unidades del foco y a su derecha, la ecuación es:

$$r = \frac{ep}{1 + e \cos\theta}.$$

Demostrar que la ecuación polar de la cónica con su foco en el polo y directriz paralela al eje polar y a p unidades de él es

$$r = \frac{ep}{1 \pm e \operatorname{sen} \theta}.$$

donde el signo *más* corresponde al caso en que la directriz esté por encima del eje polar y el *menos* cuando esté por debajo.

21. Hallar la naturaleza de las cónicas siguientes que tienen un foco en el polo. Hallar e y situar la directriz en función de sus dirección con respecto al eje polar y su distancia al polo.

   a) $r = \dfrac{4}{2 - 3 \cos \theta}$.   *Sol.* Hipérbola; $e = 3/2$; una directriz perpendicular al eje polar y a 4/3 unidades del foco correspondiente.

   b) $r = \dfrac{2}{1 - \cos \theta}$.   *Sol.* Parábola; $e = 1$; directriz perpendicular al eje polar y a 2 unidades a la izquierda del foco.

   c) $r = \dfrac{6}{2 - \operatorname{sen} \theta}$.   *Sol.* Elipse; $e = \frac{1}{2}$; directriz paralela al eje polar y a 6 unidades debajo del polo.

22. Identificar y dibujar las cónicas siguientes:

   a) $r = \dfrac{4}{2 + \cos \theta}$;   *b)* $r = \dfrac{5}{1 - \cos \theta}$;   *c)* $r = \dfrac{2}{2 + 3 \operatorname{sen} \theta}$.

23. Hallar la ecuación polar de la elipse $9x^2 + 16y^2 = 144$.
   Sol. $r^2(9 \cos^2\theta + 16 \operatorname{sen}^2\theta) = 144$.

24. Pasar a coordenadas polares: $2x^2 - 3y^2 - x + y = 0$.   *Sol.* $r = \dfrac{\cos \theta - \operatorname{sen} \theta}{2 \cos^2\theta - 3 \operatorname{sen}^2\theta}$.

En los Problemas 25-30 pasar las ecuaciones a coordenadas polares.

25. $(x^2 + y^2)^2 = 2a^2xy$.   *Sol.* $r^2 = a^2 \operatorname{sen} 2\theta$.

26. $y^2 = \dfrac{x^3}{2a - x}$.   *Sol.* $r = 2a \operatorname{sen} \theta \operatorname{tg} \theta$.

27. $(x^2 + y^2)^3 = 4x^2y^2$.   *Sol.* $r^2 = \operatorname{sen}^2 2\theta$.

28. $x - 3y = 0$.   *Sol.* $\theta = \operatorname{arc} \operatorname{tg} 1/3$.

29. $x^4 + x^2y^2 - (x + y)^2 = 0$.   *Sol.* $r = \pm(1 + \operatorname{tg} \theta)$.

30. $(x^2 + y^2)^3 = 16x^2y^2(x^2 - y^2)^2$.   *Sol.* $r = \pm \csc 4\theta$.

31. Pasar a coordenadas polares la ecuación de la recta que pasa por dos puntos y demostrar que la ecuación polar de la recta que pasa por $(r_1; \theta_1)$ y $(r_2; \theta_2)$ es

$$rr_1 \operatorname{sen}(\theta - \theta_1) + r_1 r_2 \operatorname{sen}(\theta_1 - \theta_2) + r_2 r \operatorname{sen}(\theta_2 - \theta) = 0.$$

32. Pasar a coordenadas polares y simplificar, suprimiendo los radicales, la ecuación $\dfrac{(x - 4)^2}{25} + \dfrac{y^2}{9} = 1$.

   Sol. $r = \dfrac{9}{5 - 4 \cos \theta}$, o bien, $r = \dfrac{-9}{5 + 4 \cos \theta}$. ¿Por qué son idénticas estas ecuaciones?

En los Problemas 33-39, pasar las ecuaciones a coordenadas polares.

33. $r = 3 \cos \theta$. *Sol.* $x^2 + y^2 - 3x = 0$.

34. $r = 1 - \cos \theta$. *Sol.* $(x^2 + y^2 + x)^2 = x^2 + y^2$.

35. $r = 2 \cos \theta + 3 \operatorname{sen} \theta$. *Sol.* $x^2 + y^2 - 2x - 3y = 0$.

36. $\theta = 45°$. *Sol.* $x - y = 0$.

37. $r = \dfrac{3}{2 + 3 \operatorname{sen} \theta}$. *Sol.* $4x^2 - 5y^2 + 18y - 9 = 0$.

38. $r = a\theta$. *Sol.* $\sqrt{x^2 + y^2} = a \operatorname{arc\,tg} \dfrac{y}{x}$.

39. $r^2 = 9 \cos 2\theta$. *Sol.* $(x^2 + y^2)^2 = 9(x^2 - y^2)$.

40. Hallar los puntos de intersección de los pares de curvas siguientes: $r - 4(1 + \cos \theta) = 0$, $r(1 - \cos \theta) = 3$. *Sol.* $(6, 60°), (2, 120°), (2, 240°), (6, 300°)$.

41. Hallar los puntos de intersección de las curvas: $r = \sqrt{2} \cos \theta$, $r = \operatorname{sen} 2\theta$.
Sol. $(1, 45°), (0, 90°), (-1, 135°)$.

42. Hallar los puntos de intersección de las curvas: $r = 1 + \cos \theta$, $r = \dfrac{1}{2(1 - \cos \theta)}$.
Sol. $\left(1 + \dfrac{\sqrt{2}}{2}, \pm 45°\right)$, $\left(1 - \dfrac{\sqrt{2}}{2}, \pm 135°\right)$.

43. Hallar los puntos de intersección de las curvas: $r - \sqrt{6} \cos \theta$, $r^2 = 9 \cos 2\theta$.
Sol. $\left(\dfrac{3\sqrt{2}}{2}, 30°\right)$, $\left(-\dfrac{3\sqrt{2}}{2}, 150°\right)$, $\left(-\dfrac{3\sqrt{2}}{2}, 210°\right)$, $\left(\dfrac{3\sqrt{2}}{2}, 330°\right)$.

44. Dibujar la curva de ecuación $r = 4 \operatorname{sen} 2\theta$.

45. Dibujar la curva de ecuación $r = \dfrac{9}{4 - 5 \cos \theta}$.

46. Dibujar la curva $r = 2(1 + \operatorname{sen} \theta)$.

47. Dibujar la curva $r^2 = 4 \operatorname{sen} 2\theta$.

48. Dibujar la curva $r = 1 + 2 \operatorname{sen} \theta$.

49. Dibujar la espiral $r\theta = 4$.

50. Deducir la ecuación polar de la elipse cuando el polo es el centro. Ind.: Aplicar el teorema del coseno y la propiedad de que la suma de los radios focales es igual a $2a$.
Sol. $r^2(1 - e^2 \cos^2 \theta) = b^2$.

51. Un segmento, de 20 unidades de longitud, tiene sus extremos sobre dos rectas perpendiculares. Hallar el lugar geométrico de los pies de las perpendiculares trazadas desde el punto de intersección de las rectas fijas a la recta de longitud constante. Tómese una de las rectas fijas como eje polar.
Sol. $r = 10 \operatorname{sen} 2\theta$.

52. Hallar el lugar geométrico del vértice de un triángulo cuya base es una recta fija de longitud $2b$ y el producto de los otros dos lados es b^2. Tómese la base del triángulo como eje polar y el polo en su punto medio. *Sol.* $r^2 = 2b^2 \cos^2\theta$. Esta curva es la *lemniscata*.

CAPITULO 10

Tangentes y normales

TANGENTE Y NORMAL. La definición de la tangente a una curva en uno de sus puntos es como sigue:

Sean P y Q dos puntos de la curva y tracemos la secante PQ. Si el punto Q se desplaza a lo largo de la curva hacia P, la secante PQ irá girando alrededor de P, y cuando Q tienda a confundirse con P, la secante PQ coincide, en el límite, con la recta PT que se llama *tangente* a la curva en P.

La *normal* PN a una curva es la perpendicular a la tangente en el punto de contacto P.

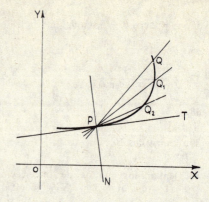

Para hallar la ecuación de la tangente a la curva en uno de sus puntos, $P_1(x_1, y_1)$, hay que determinar la pendiente de dicha tangente.

Ejemplo: Hallar la pendiente de la tangente a la circunferencia $x^2 + y^2 = r^2$ en el punto $P_1(x_1, y_1)$.

Sea $Q(x_1 + h, y_1 + k)$ otro punto cualquiera de la circunferencia. La pendiente de la secante es k/h. Al girar la tangente alrededor de P_1, el punto Q tiende hacia P_1, y los valores de k y h lo hacen hacia cero. La pendiente m de la tangente es el límite de la relación k/h cuando ambos tienden a cero.

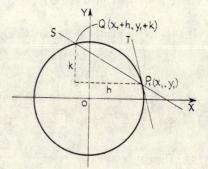

Como (x_1, y_1) y $(x_1 + h, y_1 + k)$ pertenecen a la circunferencia, estas coordenadas deben satisfacer a la ecuación de aquélla; sustituyendo valores se obtiene

(1) $x_1^2 + y_1^2 = r^2$

y (2) $(x_1 + h)^2 + (y_1 + k)^2 = r^2$, o bien, $x_1^2 + 2hx_1 + h^2 + y_1^2 + 2ky_1 + k^2 = r^2$.

Restando (1) de (2), resulta $2hx_1 + h^2 + 2ky_1 + k^2 = 0$

o bien, $k(2y_1 + k) = -h(2x_1 + h)$.

Por tanto, $\dfrac{k}{h} = -\dfrac{2x_1 + h}{2y_1 + k}$. El límite de esta expresión cuando h y k tienden a cero es $-\dfrac{2x_1}{2y_1}$, o sea, $m = -\dfrac{x_1}{y_1}$.

Como la tangente pasa por $P_1(x_1, y_1)$, su ecuación es

$$y - y_1 = -\frac{x_1}{y_1}(x - x_1).$$

Quitando denominadores, $y_1 y - y_1^2 = -x_1 x + x_1^2$, o bien,

$x_1 x + y_1 y = x_1^2 + y_1^2 = r^2$.

La ecuación de la normal es $\quad y - y_1 = \dfrac{y_1}{x_1}(x - x_1),$

o bien, $\quad x_1y - y_1x = x_1y_1 - x_1y_1 = 0.$

PROBLEMAS RESUELTOS

1. Hallar las ecuaciones de la tangente y de la normal a la elipse $\dfrac{x^2}{a^2} + \dfrac{y^2}{b^2} = 1$ en el punto $P(x_1, y_1)$.

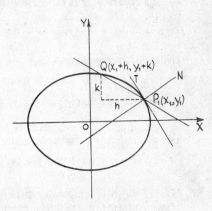

Sea Q un punto de coordenadas $(x_1 + h, y_1 + k)$. Sustituyendo las coordenadas de P_1 y Q en la ecuación dada,

$$(1) \quad \frac{x_1^2}{a^2} + \frac{y_1^2}{b^2} = 1 \quad \text{y}$$

$$(2) \quad \frac{(x_1 + h)^2}{a^2} + \frac{(y_1 + k)^2}{b^2} = 1.$$

Desarrollando (2) y restando (1) de (2),

$$2b^2hx_1 + b^2h^2 + 2a^2ky_1 + k^2a^2 = 0.$$

Despejando, $\dfrac{k}{h} = -\dfrac{b^2(2x_1 + h)}{a^2(2y_1 + k)}$, y $\lim \dfrac{k}{h} = -\lim \dfrac{2b^2x_1 + b^2h}{2a^2y_1 + a^2k} = -\dfrac{b^2x_1}{a^2y_1}.$

Teniendo en cuenta $y - y_1 = m(x - x_1)$ resulta $y - y_1 = -\dfrac{b^2x_1}{a^2y_1}(x - x_1)$

o bien $\quad a^2y_1y - a^2y_1^2 = -b^2x_1x + b^2x_1^2.$

Como $b^2x_1^2 + a^2y_1^2 = a^2b^2$, se tiene $b^2x_1x + a^2y_1y = a^2b^2$, o bien, $\dfrac{x_1x}{a^2} + \dfrac{y_1y}{b^2} = 1$, que es la ecuación de la tangente.

La pendiente de la normal es $\dfrac{a^2y_1}{b^2x_1}$, y su ecuación $a^2y_1x - b^2x_1y = (a^2 - b^2)x_1y_1.$

2. Hallar las ecuaciones de la tangente y de la normal a la parábola $y^2 = 4ax$ en el punto $P_1(x_1, y_1)$.

Sustituyendo las coordenadas de $P_1(x_1, y_1)$ y $Q(x_1 + h, y_1 + k)$ en la ecuación dada,

$$y_1^2 = 4ax_1 \quad \text{y} \quad (y_1 + k)^2 = 4a(x_1 + h).$$

Desarrollando y despejando el valor k/h,

$$\frac{k}{h} = \frac{4a}{2y_1 + k}, \quad \text{y} \quad \lim \frac{k}{h} = \lim \frac{4a}{2y_1 + k} = \frac{2a}{y_1}.$$

La ecuación de la tangente es

$$y - y_1 = \frac{2a}{y_1}(x - x_1), \text{ o bien, } y_1y - y_1^2 = 2ax - 2ax_1.$$

Como $y_1^2 = 4ax_1$, esta ecuación se puede escribir en la forma $\quad y_1y = 2a(x + x_1).$

La pendiente de la normal es $-\dfrac{y_1}{2a}$ y su ecuación, $y_1x + 2ay = x_1y_1 + 2ay_1.$

3. Hallar la ecuación de la tangente a la curva $xy = a^2$ en el
    punto $P_1(x_1, y_1)$.

    Sustituyendo las coordenadas de los puntos $P_1(x_1, y_1)$
    y $Q(x_1 + h, y_1 + k)$ en la ecuación dada, y despejando el
    valor k/h,

$$\frac{k}{h} = -\frac{y_1 + k}{x_1} \quad \text{y} \quad \lim. \frac{k}{h} = -\lim. \frac{y_1 + k}{x_1} = -\frac{y_1}{x_1}.$$

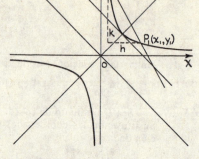

La ecuación de la tangente es

$$y - y_1 = -\frac{y_1}{x_1}(x - x_1);$$

quitando denominadores, $x_1 y - x_1 y_1 = -y_1 x + x_1 y_1$

o bien, $y_1 x + x_1 y = 2x_1 y_1 = 2a^2,$

que se puede escribir $\frac{1}{2}(y_1 x + x_1 y) = a^2.$

Así, pues, para establecer la ecuación de la tangente en un punto $P_1(x_1, y_1)$ de una curva dada
por una ecuación de segundo grado basta con sustituir

x^2 por $x_1 x$, y^2 por $y_1 y$, xy por $\frac{1}{2}(y_1 x + x_1 y)$, x por $\frac{1}{2}(x + x_1)$ e y por $\frac{1}{2}(y + y_1)$.

4. Sea $P_1 T$ y $P_1 N$ las longitudes de la tangente y de la normal,
    respectivamente, a una curva en el punto P_1. Las proyec-
    ciones ST y SN se denominan subtangente y subnormal,
    respectivamente, en P_1.

    Llamando m a la pendiente de la tangente en $P_1(x_1, y_1)$,

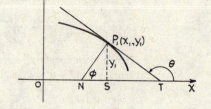

resulta $-\dfrac{y_1}{m} =$ longitud de subtangente,

e $y_1 m =$ longitud de subnormal.

Esto es evidente ya que $\dfrac{ST}{y_1} = -\cot \theta = -\dfrac{1}{m}$ y $ST = -\dfrac{y_1}{m}.$

También, $\dfrac{SN}{y_1} = -\cot \phi = -\cot(\theta - 90°) = \text{tg } \theta = m$ y $SN = my_1.$

Las subtangente y subnormal se miden en sentidos opuestos, es decir, son de signo contrario.
Para hallar las longitudes de la tangente y de la normal se aplican las relaciones pitagóricas en
un triángulo rectángulo.

5. Hallar las pendientes de la tangente y de la normal a la circunferencia $x^2 + y^2 = 5$ en el punto $(2, 1)$.

    Teniendo en cuenta que $m = -\dfrac{x_1}{y_1}$, la pendiente de la tangente es $-\dfrac{2}{1}$ y la correspondiente de
    la normal vale $\dfrac{1}{2}$.

6. Hallar las pendientes de la tangente y de la normal a la elipse $\dfrac{x^2}{9} + \dfrac{y^2}{16} = 1$ en el punto $\left(2, \dfrac{4\sqrt{5}}{3}\right)$.

    La pendiente de la tangente es $m = -\dfrac{a^2 x_1}{b^2 y_1}$. Sustituyendo las coordenadas del punto dado

$$m = -\frac{16(2)}{9(4\sqrt{5}/3)} = -\frac{8\sqrt{5}}{15}, \text{ y la pendiente de la normal } \frac{3\sqrt{5}}{8}.$$

7. Demostrar que la pendiente de la tangente a la curva $4x^2 + 4xy + y^2 - 9 = 0$ en un punto cualquiera de ella es $m = -2$.

Tomemos los dos puntos $P_1(x_1, y_1)$ y $Q(x_1 + h, y_1 + k)$, y hallemos el límite de $\dfrac{k}{h}$.

Sustituyendo, (1) $4(x_1 + h)^2 + 4(x_1 + h)(y_1 + k) + (y_1 + k)^2 - 9 = 0$ y

(2) $4x_1^2 + 4x_1y_1 + y_1^2 - 9 = 0$.

Desarrollando (1) y restando (2) de dicho desarrollo,

$$\text{lím.} \ \frac{k}{h} = -\frac{8x_1 + 4y_1}{4x_1 + 2y_1} = -2.$$

Otro método. La ecuación original se puede escribir en la forma $(2x + y)^2 - 9 = 0$.

Descomponiendo en factores, $(2x + y + 3)(2x + y - 3) = 0$, que son dos rectas paralelas de pendiente igual a -2.

8. Hallar la pendiente de la tangente a la hipérbola $9x^2 - 4y^2 = 36$ en el punto $\left(3, \dfrac{3\sqrt{5}}{2}\right)$.

Tomemos los dos puntos $P_1(x_1, y_1)$ y $Q(x_1 + h, y_1 + k)$, y hallemos el límite de $\dfrac{k}{h}$.

Sustituyendo, (1) $9(x_1 + h)^2 - 4(y_1 + k)^2 = 36$ y (2) $9x_1^2 - 4y_1^2 = 36$.

Desarrollando y despejando $\dfrac{k}{h}$, se obtiene $\dfrac{4k}{9h} = \dfrac{2x_1 + h}{2y_1 + k}$ y $\text{lím.} \ \dfrac{k}{h} = \dfrac{9x_1}{4y_1} = m$.

La pendiente en $\left(3, \dfrac{3\sqrt{5}}{2}\right)$ es $m = \dfrac{27}{6\sqrt{5}} = \dfrac{9\sqrt{5}}{10}$.

9. Hallar las pendientes de la tangente y de la normal a la curva $y^2 = 2x^3$ en el punto $(2, 4)$.

Tomemos los puntos de la curva $P_1(x_1, y_1)$ y $Q(x_1 + h, y_1 + k)$.

Sustituyendo, (1) $(y_1 + k)^2 = 2(x_1 + h)^3$, o bien, $y_1^2 + 2ky_1 + k^2 = 2x_1^3 + 6x_1^2h + 6x_1h^2 + 2h^3$

y (2) $y_1^2 = 2x_1^3$.

Restando (2) del desarrollo de (1) se obtiene, $2ky_1 + k^2 = 6x_1^2h + 6x_1h^2 + 2h^3$.

Por tanto, $\dfrac{k}{h} = \dfrac{6x_1^2 + 6x_1h + 2h^2}{2y_1 + k}$ y $\text{lím.} \ \dfrac{k}{h} = \dfrac{6x_1^2}{2y_1} = \dfrac{3x_1^2}{y_1}$.

En el punto $(2, 4)$, $m = \text{lím.} \ \dfrac{k}{h} = \dfrac{12}{4} = 3$. La pendiente de la normal vale $-\dfrac{1}{3}$.

10. Hallar las ecuaciones de la tangente y de la normal a la curva $y^2 = 2x^3$ en el punto $(2, 4)$.

En el Problema 9 se vio que la pendiente de esta curva en el punto $(2, 4)$ vale 3.

Por tanto, la ecuación de la tangente es $y - 4 = 3(x - 2)$, o bien, $y = 3x - 2$.

La ecuación de la normal es $y - 4 = -\tfrac{1}{3}(x - 2)$, o bien, $x + 3y = 14$.

11. Hallar las ecuaciones de la tangente y de la normal a la curva $x^2 + 3xy - 4y^2 + 2x - y + 1 = 0$ en el punto $(2, -1)$.

Aplicando la norma dada en el Problema 3,

$$x_1x + 3\left(\frac{x_1y + y_1x}{2}\right) - 4y_1y + 2\left(\frac{x + x_1}{2}\right) - \left(\frac{y + y_1}{2}\right) + 1 = 0.$$

Sustituyendo $x_1 = 2$, $y_1 = -1$, resulta $3x + 13y + 7 = 0$, ecuación de la tangente de pendiente $-3/13$.

La ecuación de la normal es $y + 1 = \dfrac{13}{3}(x - 2)$, o bien, $13x - 3y - 29 = 0$.

12. Hallar las ecuaciones de las rectas de pendiente m tangentes a la elipse

$$(1) \quad b^2x^2 + a^2y^2 = a^2b^2.$$

Las ecuaciones pedidas son de la forma $(2)\ y = mx + k$.

Del sistema (1) y (2) se obtiene $b^2x^2 + a^2(mx + k)^2 = a^2b^2$.

Desarrollando y reduciendo términos, $(3)\ (b^2 + a^2m^2)x^2 + 2a^2mkx + a^2k^2 - a^2b^2 = 0$.

Para que las rectas sean tangentes a la curva, las raíces de (3) deben ser iguales, es decir, el discriminante ha de ser igual a cero. Por consiguiente,

$$4a^4m^2k^2 - 4(b^2 + a^2m^2)(a^2k^2 - a^2b^2) = 0, \text{ o bien, } k^2 = a^2m^2 + b^2, \text{ y } k = \pm\sqrt{a^2m^2 + b^2}.$$

Las ecuaciones de las rectas de pendiente m y tangentes a la elipse son

$$y = mx \pm \sqrt{a^2m^2 + b^2}.$$

13. Hallar las ecuaciones de las tangentes a la elipse $x^2 + 4y^2 = 100$ paralelas a la recta $3x + 8y = 7$.

La pendiente de la recta dada es $-3/8$. Luego las ecuaciones pedidas son de la forma $y = -\dfrac{3}{8}x + k$, siendo k una constante a determinar.

Resolviendo el sistema formado por esta ecuación y la correspondiente de la elipse e imponiendo la condición de que las raíces sean iguales, se deduce el valor de k. Así, pues,

$$x^2 + 4\left(-\frac{3}{8}x + k\right)^2 - 100 = 0, \text{ o bien, } 25x^2 - 48kx + (64k^2 - 1.600) = 0.$$

Para que las raíces sean iguales, el discriminante ha de ser cero, o sea, $(-48k)^2 - 4(25)(64k^2 - 1.600) = 0$.

Resolviendo, $16k^2 = 625$, $k = \pm\dfrac{25}{4}$. Luego las ecuaciones pedidas son $y = -\dfrac{3}{8}x \pm \dfrac{25}{4}$, o bien, $3x + 8y \pm 50 = 0$.

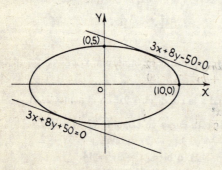

Problema 13

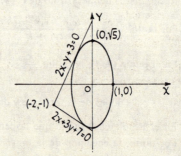

Problema 14

14. Hallar las ecuaciones de las rectas que pasan por el punto $(-2, -1)$ y sean tangentes a la elipse $5x^2 + y^2 = 5$.

Sea $P_1(x_1, y_1)$ un punto de contacto. La ecuación de la tangente es de la forma $5x_1x + y_1y = 5$; como el punto $(-2, -1)$ pertenece a la tangente, $-10x_1 - y_1 = 5$. Por otra parte, el punto (x_1, y_1) pertenece a la elipse, con lo que $5x_1^2 + y_1^2 = 5$.

Resolviendo el sistema de ecuaciones se obtiene para (x_1, y_1) los dos puntos de contacto $\left(-\dfrac{2}{3}, \dfrac{5}{3}\right)$ y $\left(-\dfrac{2}{7}, -\dfrac{15}{7}\right)$. Sustituyendo estos valores en $5x_1x + y_1y = 5$ resultan, $2x - y + 3 = 0$ y $2x + 3y + 7 = 0$.

15. Hallar, en el punto $(-1\ 3)$, las longitudes de subtangente, subnormal, tangente y normal a la elipse

$$9x^2 + y^2 = 18.$$

Para hallar la tangente, aplicamos la fórmula

$$9x_1x + y_1y = 18.$$

Sustituyendo las coordenadas del punto

$-9x + 3y = 18$, o bien, $3x - y + 6 = 0$. Luego $m = 3$.

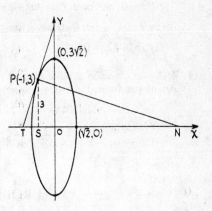

Subtangente $ST = -y_1/m = -3/3 = -1$.

Subnormal $SN = my_1 = 3(3) = 9$.

Longitud de tangente, $PT = \sqrt{3^2 + 1^2} = \sqrt{10}$.

Longitud de normal, $PN = \sqrt{9^2 + 3^2} = 3\sqrt{10}$.

DEFINICION. El lugar geométrico de los puntos medios de un sistema de cuerdas paralelas a una cónica cualquiera recibe el nombre de *diámetro* de la misma

Si la pendiente de las cuerdas paralelas es m, la ecuación del diámetro determinado por los puntos medios de ellas es:

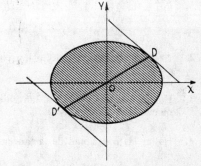

Para la elipse $\dfrac{x^2}{a^2} + \dfrac{y^2}{b^2} = 1,$ $\qquad y = -\dfrac{b^2x}{a^2m}$.

Para la parábola $y^2 = 4ax,$ $\qquad y = \dfrac{2a}{m}$.

Para la hipérbola $\dfrac{x^2}{a^2} - \dfrac{y^2}{b^2} = 1,$ $\quad y = \dfrac{b^2x}{a^2m}$.

Para la hipérbola $xy = a^2,$ $\qquad y = -mx$.

Para el caso general de la cónica $ax^2 + 2hxy + by^2 + 2gx + 2fy + c = 0$, la ecuación del diámetro toma la forma $(ax + hy + g) + m(hx + by + f) = 0$.

16. Hallar la ecuación del diámetro de la elipse $\dfrac{x^2}{9} + \dfrac{y^2}{4} = 1$ correspondiente a las cuerdas de pendiente $\dfrac{1}{3}$.

Aplicando $y = -\dfrac{b^2x}{a^2m}$, la ecuación del diámetro es $y = -\dfrac{4x}{9(1/3)}$, o bien, $4x + 3y = 0$.

17. Hallar la ecuación del diámetro de la cónica $3x^2 - xy - y^2 - x - y = 5$ correspondiente a las cuerdas de pendiente 4.

Aplicando $(ax + hy + g) + m(hx + by + f) = 0$, siendo $a = 3$, $h = -\tfrac{1}{2}$, $b = -1$, $g = -\tfrac{1}{2}$, $f = -\tfrac{1}{2}$ y $c = -5$, se obtiene $3x - \tfrac{1}{2}y - \tfrac{1}{2} + 4(-\tfrac{1}{2}x - y - \tfrac{1}{2}) = 0$, o bien, $2x - 9y - 5 = 0$.

18. Hallar la ecuación del diámetro de la parábola $y^2 = 16x$
que pase por los puntos medios de las cuerdas paralelas
a la recta $2x - 3y = 5$.

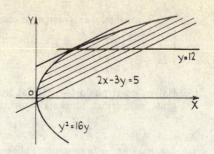

La pendiente de la recta $2x - 3y - 5 = 0$ es $\dfrac{2}{3}$.

Para la parábola $y^2 = 4ax$, la ecuación del diáme-
tro es $y = \dfrac{2a}{m}$. Luego la ecuación pedida es $y = \dfrac{8}{2/3}$,
o bien, $y - 12 = 0$.

19. Hallar la ecuación del diámetro de la hipérbola $xy = 16$ que pase por los puntos medios de las cuerdas de pendiente 2.

La ecuación del diámetro de la hipérbola $xy = a^2$ que pasa por los puntos medios de las cuerdas
de pendiente m es $y = -mx$. Luego la ecuación pedida es $y = -2x$.

PROBLEMAS PROPUESTOS

1. Hallar las ecuaciones de la tangente y de la normal a las circunferencias siguientes en los puntos
dados:

a) $x^2 + y^2 = 25$, $(3, 4)$. *Sol.* $3x + 4y = 25$; $4x - 3y = 0$.

b) $2x^2 + 2y^2 - 3x + 5y - 2 = 0$, $(2, 0)$. *Sol.* $x + y - 2 = 0$; $x - y - 2 = 0$.

c) $x^2 + y^2 - 6x + 8y - 25 = 0$, $(-2, 1)$. *Sol.* $x - y + 3 = 0$; $x + y + 1 = 0$.

2. Hallar las ecuaciones de la tangente y de la normal a la elipse $2x^2 + 3y^2 - 30 = 0$ en el punto
$(-3, 2)$. *Sol.* $x - y + 5 = 0$; $x + y + 1 = 0$.

3. Hallar las ecuaciones de la tangente y de la normal·a la elipse $3x^2 + 4y^2 - 6x + 8y - 45 = 0$ en el
punto $(-3, -2)$. *Sol.* $3x + y + 11 = 0$; $x - 3y - 3 = 0$.

4. Hallar las ecuaciones de la tangente y de la normal a la parábola $x^2 - 4y = 0$ en el punto $(2, 1)$.
 Sol. $x - y - 1 = 0$; $x + y - 3 = 0$.

5. Hallar las ecuaciones de la tangente y de la normal a las hipérbolas siguientes en los puntos dados:

a) $6x^2 - 9y^2 - 8x + 3y + 16 = 0$, $(-1, 2)$. *Sol.* $20x + 33y - 46 = 0$; $33x - 20y + 73 = 0$.

b) $x^2 - 2xy - y^2 - 2x + 4y + 4 = 0$, $(2, -2)$. *Sol.* $3x + 2y - 2 = 0$; $2x - 3y - 10 = 0$.

c) $xy - 4 = 0$, $(2, 2)$. *Sol.* $x + y - 4 = 0$; $x - y = 0$.

6. Hallar las ecuaciones de las tangentes a la hipérbola $5x^2 - 4y^2 = 4$ en los puntos de intersección
con la recta $5x - 2y - 4 = 0$. *Sol.* $5x - 2y - 4 = 0$.

7. Hallar las ecuaciones de las tangentes a la hipérbola $x^2 - 4y^2 - 12 = 0$ que pasen por el punto $(1, 4)$.
 Sol. $x - y + 3 = 0$; $19x + 11y - 63 = 0$.

8. Hallar los puntos de la hipérbola $x^2 - 4y^2 - 8 = 0$ en los cuales las tangentes son perpendiculares
a la recta $4x + 5y - 2 = 0$. *Sol.* $\left(\dfrac{10\sqrt{34}}{17}, \dfrac{4\sqrt{34}}{17}\right)$, $\left(\dfrac{-10\sqrt{34}}{17}, \dfrac{-4\sqrt{34}}{17}\right)$.

9. Hallar la pendiente de la curva $y^2 = x^3 + 2x^2$ en el punto (x_1, y_1).   *Sol.* lím. $\dfrac{k}{h} = \dfrac{3x_1^2 + 4x_1}{2y_1}$.

10. Hallar las ecuaciones de la tangente y de la normal a la curva del problema anterior en el punto $(2, -4)$.
    Sol. $5x + 2y - 2 = 0$; $2x - 5y - 24 = 0$.

11. *a)* Hallar las longitudes de la subtangente y de la subnormal a la curva $y^2 = x^3 + 2x^2$ en el punto $(2, -4)$.   *Sol.* $-8/5$, 10.

    b) Hallar las longitudes de la tangente y de la normal a dicha curva.   *Sol.* $\dfrac{4\sqrt{29}}{5}$, $2\sqrt{29}$.

12. Hallar la ecuación de las tangentes a la hipérbola $2xy + y^2 - 8 = 0$ de pendiente $m = -2/3$.
    Sol. $2x + 3y - 8 = 0$; $2x + 3y + 8 = 0$.

13. Hallar las ecuaciones de la tangente y de la normal, así como las longitudes de la subtangente y de la subnormal, a la curva $y^2 - 6y - 8x - 31 = 0$ en el punto $(-3, -1)$.
    Sol. $x + y + 4 = 0$; $x - y + 2 = 0$; $-1, 1$.

14. Hallar la pendiente de la tangente a la curva $4x^2 - 12xy + 9y^2 - 2x + 3y - 6 = 0$ en un punto cualquiera, (x_1, y_1), de ella.   *Sol.* $m = 2/3$. Interpretar este resultado.

15. Hallar las ecuaciones de las tangentes a la curva $4x^2 - 2y^2 - 3xy + 2x - 3y - 10 = 0$ paralelas a la recta $x - y + 5 = 0$.   *Sol.* $x - y - 1 = 0$; $41x - 41y + 39 = 0$.

16. Hallar las ecuaciones de las tangentes a la hipérbola $xy = 2$ perpendiculares a la recta $x - 2y = 7$.
    Sol. $2x + y - 4 = 0$; $2x + y + 4 = 0$.

17. ¿En qué puntos de la elipse $x^2 + xy + y^2 - 3 = 0$ las tangentes son paralelas al eje x? ¿En qué puntos son paralelas al eje y?   *Sol.* $(1, -2)$, $(1, 2)$; $(2, -1)$, $(-2, 1)$.

18. ¿En qué puntos de la curva $x^2 - 2xy + y + 1 = 0$ las tangentes son paralelas a la recta $2x + y = 5$?
    Sol. $(1, 2)$ y $(0, -1)$.

19. Hallar las ecuaciones de las rectas que pasan por el punto $(5, 6)$ y sean tangentes a la parábola $y^2 = 4x$ *Sol.* $x - y + 1 = 0$; $x - 5y + 25 = 0$.

20. Demostrar que las tangentes a la parábola $y^2 = 4ax$ en los extremos del *latus rectum* son perpendiculares, es decir, sus pendientes son ± 1.

21. Hallar las ecuaciones de la tangente y de la normal a la parábola $x^2 = 5y$ en el punto de abscisa 3.
    Sol. $6x - 5y - 9 = 0$; $25x + 30y - 129 = 0$.

22. Demostrar que las ecuaciones de las tangentes de pendiente m a la parábola $y^2 = 4ax$ son

$$y = mx + \frac{a}{m}; \, (m \neq 0).$$

23. Demostrar que las ecuaciones de las tangentes de pendiente m a la circunferencia $x^2 + y^2 = a^2$ son

$$y = mx \pm a\sqrt{m^2 + 1}.$$

24. Demostrar que las ecuaciones de las tangentes de pendiente m a la hipérbola $b^2x^2 - a^2y^2 = a^2b^2$ son $y = mx \pm \sqrt{a^2m^2 - b^2}$, y a la hipérbola $b^2x^2 - a^2y^2 = -a^2b^2$, $y = mx \pm \sqrt{b^2 - a^2m^2}$.

25. Hallar las ecuaciones de las tangentes a la elipse $5x^2 + 7y^2 = 35$ perpendiculares a la recta $3x + 4y - 12 = 0$.   *Sol.* $3y = 4x \pm \sqrt{157}$.

26. Hallar las ecuaciones de las tangentes a la hipérbola $16x^2 - 9y^2 = 144$ paralelas a la recta $4x - y - 14 = 0$.   *Sol.* $y = 4x \pm 8\sqrt{2}$.

27. La parábola $y^2 = 4ax$ pasa por el punto $(-8, 4)$. Hallar la ecuación de su tangente paralela a la recta $3x + 2y - 6 = 0$.   *Sol.* $9x + 6y = 2$.

28. Hallar la ecuación de la tangente a la curva $x^3 + y^3 = 3axy$ en el punto $P_1(x_1, y_1)$.
Sol. $(y_1^2 - ax_1)y + (x_1^2 - ay_1)x = ax_1y_1$.

29. Hallar el valor de b para que la recta $y = mx + b$ sea tangente a la parábola $x^2 = 4ay$.
Sol. $b = -am^2$.

30. Teniendo en cuenta el resultado del **Problema 29**, hallar la ecuación de la tangente a la parábola $x^2 = -2y$ que sea paralela a la recta $x - 2y - 4 = 0$.   *Sol.* $4x - 8y + 1 = 0$.

31. Hallar la ecuación del diámetro de la hipérbola $x^2 - 4y^2 = 9$ que pase por los puntos medios de las cuerdas

   a)   de pendiente 4.   *Sol.* $x - 16y = 0$.

   b)   de dirección $3x - 5y - 2 = 0$.   *Sol.* $5x - 12y = 0$.

   c)   de dirección la tangente en $(5, 2)$.   *Sol.* $2x - 5y = 0$.

   d)   de dirección la asíntota de pendiente positiva.   *Sol.* $x - 2y = 0$.

32. Hallar la ecuación del diámetro conjugado del de ecuación $x - 16y = 0$ en el Problema 31 *a)*.
Sol. $4x - y = 0$.

33. Hallar la ecuación del diámetro de la elipse $9x^2 + 25y^2 = 225$ que pase por los puntos medios de las cuerdas de pendiente 3.   *Sol.* $3x + 25y = 0$.

34. Hallar la ecuación del diámetro de la parábola $y^2 = 8x$ que pase por los puntos medios de las cuerdas de pendiente 2/3.   *Sol.* $y = 6$.

35. Hallar la ecuación del diámetro de la elipse $x^2 + 4y^2 = 4$ conjugado del diámetro de la ecuación $y = 3x$.   *Sol.* $x + 12y = 0$.

36. Hallar la ecuación del diámetro de la cónica $xy + 2y^2 - 4x - 2y + 6 = 0$ que pase por los puntos medios de las cuerdas de pendiente 2/3.   *Sol.* $2x + 11y = 16$.

37. Hallar el diámetro de la cónica $x^2 - 3xy - 2y^2 - x - 2y - 1 = 0$ que pase por los puntos medios de las cuerdas de pendientes 3.   *Sol.* $7x + 15y + 7 = 0$.

38. Hallar la ecuación del diámetro de la elipse $4x^2 + 5y^2 = 20$ que pase por los puntos medios de las cuerdas,

   a)   de pendiente $-2/3$.   *Sol.* $6x - 5y = 0$.

   b)   de dirección $3x - 5y = 6$.   *Sol.* $4x + 3y = 0$.

39. Hallar la ecuación del diámetro de la hipérbola $xy = 16$ que pase por los puntos medios de las cuerdas de dirección $x + y = 1$.   *Sol.* $y = x$.

CAPITULO 11

Curvas planas de orden superior

CURVAS PLANAS DE ORDEN SUPERIOR. Una *curva algebraica* es aquella que se puede representar por medio de un polinomio en x e y igualado a cero. Las curvas que no se pueden representar de esta forma, como, por ejemplo, $y = \text{sen } x$, $y = e^x$, $y = \log x$, se llaman *curvas trascendentes.*

Las curvas algebraicas de grado superior al segundo junto con las trascendentes reciben el nombre de *curvas planas de orden superior.*

Para el estudio de las simetrías, intersecciones con los ejes y campos de variación, véase el Capítulo 2.

PROBLEMAS RESUELTOS

1. Representar la curva $y^2 = (x-1)(x-3)(x-4)$.

Es simétrica con respecto al eje x, ya que la ecuación no varía cuando se sustituye y por $-y$.

Los puntos de intersección con el eje x son 1, 3, 4. Para $x = 0$, $y^2 = -12$; por tanto, la curva no corta al eje y.

Para $x < 1$, todos los factores del segundo miembro son negativos, con lo que y es imaginario. Para $1 \leq x \leq 3$, y es real. Para $3 < x < 4$, y^2 es negativo y, por tanto, y es imaginario.

Para $x \geq 4$, y^2 es positivo, con lo que y es real aumentando indefinidamente de valor numérico a medida que lo hace x.

Formamos un cuadro de valores para determinar puntos de la curva.

$$y = \pm \sqrt{(x-1)(x-3)(x-4)}.$$

x	1	1,5	2	2,5	3	4	4,5	5	5,5	6
y	0	±1,37	±1,41	±1,06	0	0	±1,62	±2,83	±4,11	±5,48

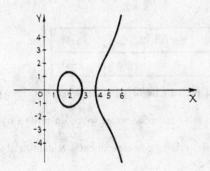

Problema 1

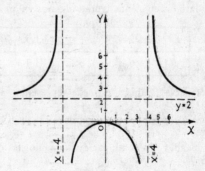

Problema 2

2. Dibujar la curva $x^2 y - 2x^2 - 16y = 0$.

Corte con los ejes. Para $y = 0$, $x = 0$; para $x = 0$, $y = 0$.

Simetrías. La curva es simétrica con respecto al eje y, ya que la ecuación no varía al sustituir x por $-x$. No es simétrica con respecto al eje x ni con respecto al origen.

Despejando x e y se obtiene   (1) $y = \dfrac{2x^2}{x^2 - 16} = \dfrac{2x^2}{(x-4)(x+4)}$

y   (2) $x = \pm 4 \sqrt{\dfrac{y}{y-2}}.$

De (1) se deduce que y se hace infinito cuando x tiende a 4 y a —4, tomando valores mayores y menores que estos. La curva existe para todos los demás valores de x.

De (2) se deduce que no existe curva para $0 < y < 2$. Cuando y tiende a 2, tomando valores mayores que éste, x se hace infinito.

Las rectas $x = \pm 4$ e $y = 2$ son asíntotas.

x	0	± 1	± 2	± 3	± 4	± 5	± 6	± 7	± 8	$\pm \infty$
y	0	—0,13	—0,67	—2,6	$\pm \infty$	5,6	3,6	3,0	2,7	2

3.   Representar la curva $x^3 - x^2 y + y = 0$.

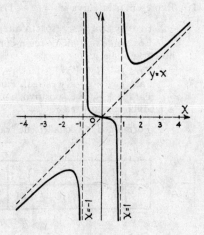

Despejando y, $y = \dfrac{x^3}{x^2 - 1}.$

Para $x = \pm 1$, y se hace infinito; luego $x = 1$ y $x = -1$ son dos asíntotas verticales.

Expresemos $y = \dfrac{x^3}{x^2 - 1}$ por $y = x + \dfrac{x}{x^2 - 1}$. Cuando x aumenta indefinidamente, y también lo hace, y la fracción $\dfrac{x}{x^2 - 1}$ tiende a cero. Por tanto, la recta $y = x$ es una asíntota de la curva. Para $x > 1$, una rama de la curva está situada por encima de la recta $y = x$; para $x < -1$, la otra rama está por debajo de $y = x$.

La curva pasa por el origen y es simétrica con respecto a él. En la tabla siguiente figuran algunos valores de x e y.

x	$\pm 1/2$	0	± 1	$\pm 1,5$	± 2	$\pm 2,5$	± 3	± 4
y	$\mp 1/6$	0	∞	$\pm 2,7$	$\pm 2,67$	$\pm 3,0$	$\pm 3,4$	$\pm 4,3$

Esta curva también se puede representar por el método de la *suma de ordenadas*. Para ello, sean $y_1 = x$ e $y_2 = \dfrac{x}{x^2 - 1}$. Tracemos las gráficas de estas dos ecuaciones sobre un mismo sistema de coordenadas y, a continuación, sumemos las órdenes, y_1 e y_2, correspondientes a idéntica abscisa

4.   Dibujar la elipse $2x^2 + 2xy + y^2 - 1 = 0$ por el método de la suma de ordenadas.

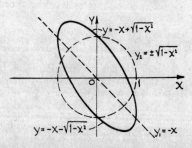

Despejando y, $y = \dfrac{-2x \pm \sqrt{4x^2 - 8x^2 + 4}}{2}$

$= -x \pm \sqrt{1 - x^2}.$

Tracemos la recta $y_1 = -x$ y la circunferencia $y_2 = \pm \sqrt{1 - x^2}$, o bien, $x^2 + y^2 = 1$. La elipse que resulta es simétrica con respecto al origen.

5. *Funciones trigonométricas.* Dibujar la función $y = \text{sen } x$.

El ángulo x ha de expresarse en radianes. (π radianes $= 180°$.)

x	0	$\pm\dfrac{\pi}{6}$	$\pm\dfrac{\pi}{3}$	$\pm\dfrac{\pi}{2}$	$\pm\dfrac{2\pi}{3}$	$\pm\dfrac{5\pi}{6}$	$\pm\pi$	$\pm\dfrac{7\pi}{6}$	$\pm\dfrac{4\pi}{3}$	$\pm\dfrac{3\pi}{2}$	$\pm\dfrac{5\pi}{3}$	$\pm\dfrac{11\pi}{6}$	$\pm2\pi$
$\text{sen } x$	0	$\pm0,5$	$\pm0,87$	±1	$\pm0,87$	$\pm0,5$	0	$\mp0,5$	$\mp0,87$	∓1	$\mp0,87$	$\mp0,5$	0

Como los valores de sen x se repiten periódicamente, la función sen x se llama **periódica**, siendo el periodo igual a 2π; así, pues, la gráfica de $y = \text{sen } x$ se compone de tramos exactamente iguales, uno por cada intervalo de 2π radianes. Como además sen $(-x) = -\text{sen } x$, la curva es simétrica con respecto al origen. Existe para todos los valores de x, y para valores de y comprendidos, únicamente, entre $y = 1$ e $y = -1$.

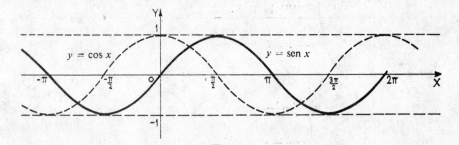

De forma análoga se puede dibujar la gráfica de $y = \cos x$. Véase la línea de trazos de la figura.

x	0	$\pm\dfrac{\pi}{6}$	$\pm\dfrac{\pi}{3}$	$\pm\dfrac{\pi}{2}$	$\pm\dfrac{2\pi}{3}$	$\pm\dfrac{5\pi}{6}$	$\pm\pi$	$\pm\dfrac{7\pi}{6}$	$\pm\dfrac{4\pi}{3}$	$\pm\dfrac{3\pi}{2}$	$\pm\dfrac{5\pi}{3}$	$\pm2\pi$
$\cos x$	1	0,87	0,5	0	$-0,5$	$-0,87$	-1	$-0,87$	$-0,5$	0	0,5	1

Como $\cos x = \text{sen}(x + \pi/2)$, un punto cualquiera de la curva coseno tiene la misma ordenada que otro punto de la curva seno situado $\pi/2$ unidades a la derecha del primero. La curva es simétrica con respecto al eje vertical, ya que $\cos(-x) = \cos x$.

6. Dibujar la curva $y = \text{sen } 3x$.

Cuando x varía de 0 a 2π, la función sen x toma todos los valores de su campo de variación. En general, cuando x varía de 0 a $2\pi/n$, o bien cuando nx lo hace de 0 a 2π, la función sen nx (siendo n una constante cualquiera) toma todos los valores de su campo de variación.

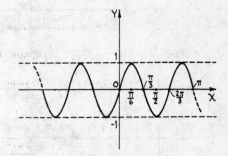

En este problema $n = 3$, por lo que el periodo de sen $3x$ es $2\pi/3$.

La curva es simétrica con respecto al origen.

Existe para todos los valores de x, y para los valores de y comprendidos, únicamente, entre $-1 \leqq y \leqq 1$.

x	0	$\dfrac{\pi}{6}$	$\dfrac{\pi}{3}$	$\dfrac{\pi}{2}$	$\dfrac{2\pi}{3}$	$\dfrac{5\pi}{6}$	π
$\text{sen } 3x$	0	1	0	-1	0	1	0

7. Dibujar la función $y = \operatorname{tg} x$.

La curva es simétrica con respecto al origen, ya que $\operatorname{tg}(-x) = -\operatorname{tg} x$.
El periodo de la función es π.
La función se hace infinito cuando x sea un múltiplo impar de $\pi/2$, y la curva toma todos los valores de y comprendidos entre $x = -\pi/2$ y $\pi/2$. Existe para todos los demás valores de x e y.

x	$-\dfrac{\pi}{2}$	$-\dfrac{\pi}{4}$	$-\dfrac{\pi}{6}$	0	$\dfrac{\pi}{6}$	$\dfrac{\pi}{4}$	$\dfrac{\pi}{3}$	$\dfrac{\pi}{2}$
$\operatorname{tg} x$	∞	-1	$-0{,}58$	0	$0{,}58$	1	$1{,}73$	∞

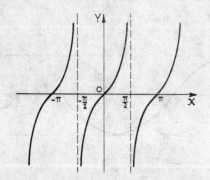

Problema 7   Problema 8

8. Dibujar la función $y = \sec x$.

La curva es simétrica con respecto al eje y, ya que $\sec(-x) = \sec x$.
El periodo de la función es 2π.
Como $\sec x = 1/\cos x$, los valores de $\sec x$ se pueden hallar fácilmente a partir de una tabla de valores de $\cos x$.
Al ser el campo de variación de $\cos x$ de -1 a $+1$, el correspondiente de $\sec x$ es el conjunto de valores de $-\infty$ a -1 y de 1 a $+\infty$.

x	0	$\pm\dfrac{\pi}{3}$	$\pm\dfrac{\pi}{2}$	$\pm\dfrac{2\pi}{3}$	$\pm\pi$
$\sec x$	1	2	∞	-2	-1

9. Dibujar la función $y = \operatorname{sen} x + \operatorname{sen} 3x$ por el método de la suma de ordenadas.

x	0	$\dfrac{\pi}{6}$	$\dfrac{\pi}{3}$	$\dfrac{\pi}{2}$	$\dfrac{2\pi}{3}$	$\dfrac{5\pi}{6}$	π
$\operatorname{sen} x$	0	$0{,}5$	$0{,}87$	1	$0{,}87$	$0{,}5$	0
$\operatorname{sen} 3x$	0	1	0	-1	0	1	0

x	$\dfrac{7\pi}{6}$	$\dfrac{4\pi}{3}$	$\dfrac{3\pi}{2}$	$\dfrac{5\pi}{3}$	$\dfrac{11\pi}{6}$	2π
$\operatorname{sen} x$	$-0{,}5$	$-0{,}87$	-1	$-0{,}87$	$-0{,}5$	0
$\operatorname{sen} 3x$	-1	0	1	0	-1	0

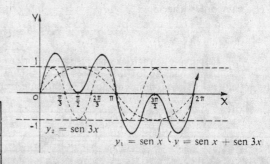

$y_2 = \operatorname{sen} 3x$

$y_1 = \operatorname{sen} x$ $y = \operatorname{sen} x + \operatorname{sen} 3x$

10. *Funciones exponenciales.* Dibujar la función $y = a^x$, siendo a una constante positiva y mayor que la unidad.

Para concretar, supongamos $a = 5$. La ecuación a representar es $y = 5^x$.

Para $x = 0$, $y = 5° = 1$. Cuando x aumenta, y también aumenta. Para valores negativos de x, 5^x es positivo pero disminuye de valor. Luego la curva está situada, toda ella, por encima del eje x.

La curva no es simétrica ni con respecto a los ejes ni con respecto al origen. Para valores negativos de x, al aumentar x en valor absoluto, la curva tiende asintóticamente hacia el eje x.

x	0	1	2	—1	—2	—3	—4
y	1	5	25	0,2	0,04	0,008	0,0016

Problema 10   *Problema 11*

11. Dibujar la función $y = e^x$.

El número $e = 2,718$ es la base del sistema de los logaritmos naturales o neperianos.

x	—3	—2	—1	—0, 5	0	0, 5	1	2
e^x	0,050	0,135	0,368	0,606	1	1,65	2,72	7,39

La gráfica de $y = e^{-x}$ es, como indica la figura, simétrica de la correspondiente a la función $y = e^x$ con respecto al eje y.

12. Representar la función normal de probabilidad $y = e^{-x^2}$.

La curva corta al eje y a una unidad del origen, y no corta al eje x.

Es simétrica con respecto al eje y. El eje x es una asíntota; cuando $x \longrightarrow \pm \infty$, $y \longrightarrow 0$.
La curva está situada, toda ella, por encima del eje x, ya que $e^{-x^2} > 0$ para todos los valores de x.

x	0	$\pm 0,5$	± 1	$\pm 1,5$	± 2
y	1	0,78	0,37	0,11	0,02

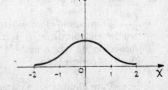

13. *Funciones logarítmicas*

La gráfica de $y = \log_a x$, llamada curva logarítmica, difiere de la correspondiente a la función $y = a^x$ en la posición relativa de los ejes. En efecto, ambas ecuaciones se pueden escribir en la misma forma, exponencial o logarítmica. Sea, por ejemplo, $a = 10$ y dibujemos la función

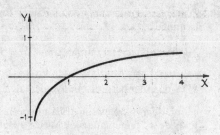

$$y = \log_{10} x, \text{ (o bien, } x = 10^y).$$

Como x no puede tomar valores negativos, toda la curva estará a la derecha del eje y. Para valores positivos de $x < 1$, y es negativa. Para $x = 1$, $y = 0$. Al aumentar x, y también aumenta. La curva no tiene simetrías. El eje y es una asíntota.

x	0,1	0,5	1	2	3	4	5	10
y	—1	—0,30	0	0,30	0,48	0,60	0,70	1

14. Dibujar la función $y = \log_e (x^2 - 9)$.

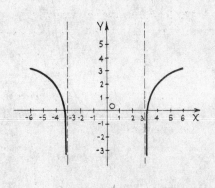

Para $y = 0$, $\log_e (x^2 - 9) = 0$, de donde, $x^2 - 9 = 1$, $x = \pm \sqrt{10}$. La curva no corta al eje y.

Para $|x| < 3$, y es imaginario. Si $|x| > \sqrt{10}$, y es positivo. Para $3 < |x| < \sqrt{10}$, y es negativo. Las rectas $x = \pm 3$ son dos asíntotas.

La curva es simétrica con respecto al eje y.

x	$\pm 3,1$	$\pm 3,2$	$\pm 3,5$	± 4	± 5	± 6
y	—0,49	0,22	1,18	1,95	2,77	3,29

15. *Ecuaciones paramétricas.* Algunas veces conviene expresar x e y en función de una tercera variable o parámetro. Las dos ecuaciones de x e y en función del parámetro se llaman ecuaciones paramétricas. Dando valores al parámetro se obtienen pares de valores correspondientes de x e y. Uniendo los puntos así determinados resulta una curva, que es la representación gráfica de las ecuaciones paramétricas.

Dibujar la curva $x = 2t$, $y = \dfrac{2}{t}$.

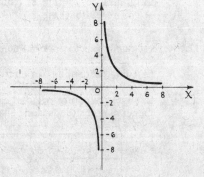

t	$\pm 1/4$	$\pm 1/2$	± 1	± 2	± 3	± 4
x	$\pm 1/2$	± 1	± 2	± 4	± 6	± 8
y	± 8	± 4	± 2	± 1	$\pm 2/3$	$\pm 1/2$

La curva es simétrica con respecto al origen. Los ejes x e y son dos asíntotas.

Eliminando el parámetro t se obtiene la ecuación de la curva en coordenadas rectangulares, $xy = 4$. Esta es la ecuación de una hipérbola equilátera cuyas asíntotas son los ejes coordenados.

Para eliminar el parámetro t, sustituimos $t = \dfrac{x}{2}$ en $y = \dfrac{2}{t}$, es decir, $y = \dfrac{2}{x/2}$, o bien, $xy = 4$.

16. Representar la curva cuyas ecuaciones paramétricas son $x = \frac{1}{2}t^2$, $y = \frac{1}{4}t^3$.

t	—3	—2	—1	0	1	2	3
x	4,5	2	0,5	0	0,5	2	4,5
y	—6,75	—2	—0,25	0	0,25	2	6,75

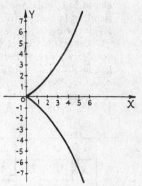

Eliminando t, la ecuación de la curva en coordenadas rectangulares es $2y^2 = x^3$, que es una parábola semicúbica. La curva es simétrica con respecto al eje x.

Eliminemos el parámetro t:

De $x = \frac{1}{2}t^2$ o $2x = t^2$, se obtiene $(2x)^3 = (t^2)^3$.
De $y = \frac{1}{4}t^3$ o $4y = t^3$, se obtiene $(4y)^2 = (t^3)^2$.
Luego $(2x)^3 = t^6 = (4y)^2$, o bien, $x^3 = 2y^2$.

17. Representar la curva cuyas ecuaciones paramétricas son $x = t + 1$, $y = t(t + 4)$.

t	—5	—4	—3	—2	—1	0	1	2
x	—4	—3	—2	—1	0	1	2	3
y	5	0	—3	—4	—3	0	5	12

Eliminando el parámetro t, la ecuación en coordenadas rectangulares es $y = x^2 + 2x - 3$, que es una parábola.

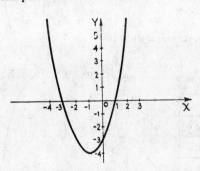

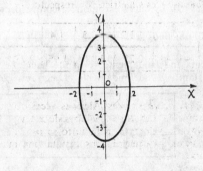

Problema 17   *Problema 18*

18. Representar la curva cuyas ecuaciones paramétricas son $x = 2\cos\theta$, $y = 4\operatorname{sen}\theta$.

θ	0°	30°	60°	90°	120°	150°	180°	210°	240°	270°	300°	330°	360°
x	2	1,7	1	0	—1	—1,7	—2	—1,7	—1	0	1	1,7	2
y	0	2	3,5	4	3,5	2	0	—2	—3,5	—4	—3,5	—2	0

Eliminando el parámetro θ, la ecuación en coordenadas rectangulares es $\dfrac{x^2}{4} + \dfrac{y^2}{16} = 1$, que representa una elipse.

Eliminemos el parámetro θ:

$\cos\theta = \dfrac{x}{2}$ y $\operatorname{sen}\theta = \dfrac{y}{4}$. Luego $\cos^2\theta - \operatorname{sen}^2\theta = 1 = \dfrac{x^2}{4} + \dfrac{y^2}{16}$.

19. La posición, con respecto al tiempo t, de un proyectil lanzado con una velocidad inicial V_0 que forma con la horizontal un ángulo θ viene dada por las ecuaciones $x = (V_0 \cos \theta)t$, $y = (V_0 \operatorname{sen} \theta)t - \frac{1}{2}gt^2$, siendo g la aceleración de la gravedad-igual a 9,8 metros por segundo en cada segundo (m/s²)— y en las que x e y se expresan en metros (m) y t en segundos (s).

Dibujar la trayectoria de un proyectil siendo $\theta = \operatorname{arc} \cos 3/5$ y $V_0 = 40$ metros por segundo (m/s). Para mayor facilidad de cálculo, tómese $g = 10$ m/s².

Como $\operatorname{sen} \theta = \dfrac{4}{5}$ se tiene, $x = 72t$,

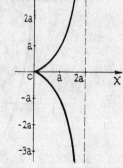

$$y = 96t - 16t^2.$$

t	0	1	2	3	4	5	6
x	0	24	48	72	96	120	144
y	0	27	44	51	48	35	12

Eliminando t, $y = \dfrac{4x}{3} - \dfrac{5x^2}{576}$, que es una parábola

de eje vertical. La ordenada del vértice es 51,2 metros, y el alcance máximo 153,6 metros.

20. Representar la curva cuyas ecuaciones paramétricas son $x = \dfrac{2at^2}{t^2 + 1}$, $y = \dfrac{2at^3}{t^2 + 1}$.

Para $t = 0$, $x = 0$ e $y = 0$. Para todos los valores de t positivos y negativos, x es positivo o cero; y es positivo para $t > 0$ y negativo para $t < 0$. La curva es simétrica con respecto al eje x.

Si ponemos $x = \dfrac{2at^2}{t^2 + 1} = 2a - \dfrac{2a}{t^2 + 1}$, se observa que cuando t

aumenta indefinidamente, x tiende hacia $2a$, y el valor absoluto de y crece también indefinidamente. Luego $x = 2a$ es una asíntota vertical.

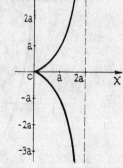

t	0	±1	±2	±3	±4
x	0	a	1,6a	1,8a	1,9a
y	0	±a	±3,2a	±5,4a	±7,5a

Eliminando t, se obtiene la ecuación en coordenadas rectangulares $y^2(2a - x) = x^3$, que representa la *Cisoide de Diocles*.

21. Representar la función

$$x = a \cos^3\theta, \quad y = a \operatorname{sen}^3\theta.$$

Como $\cos(-\theta) = \cos \theta$ y $\operatorname{sen}(-\theta) = -\operatorname{sen} \theta$, esta curva es simétrica con respecto al eje x, y como $\operatorname{sen}(180° - \theta) = \operatorname{sen} \theta$ y $\cos(180° - \theta) = -\cos \theta$, también lo es con respecto al eje y. Teniendo en cuenta que tanto el seno como el coseno son siempre menores que la unidad,

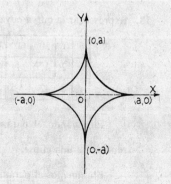

$$-a \leqq x \leqq a, \quad -a \leqq y \leqq a.$$

θ	0°	30°	60°	90°	120°	150°	180°
x	a	0,65a	0,13a	0	—0,13a	—0,65a	—a
y	0	0,13a	0,65a	a	0,65a	0,13a	0

Eliminando θ, la ecuación de esta curva en coordenadas rectangulares es $x^{2/3} + y^{2/3} = a^{2/3}$, que representa una *hipocicloide* de cuatro lóbulos.

Eliminemos el parámetro θ:

$(x/a)^{2/3} + (y/a)^{2/3} = (\cos^3\theta)^{2/3} + (\text{sen}^3\theta)^{2/3} = \cos^2\theta + \text{sen}^2\theta = 1$, o bien, $x^{2/3} + y^{2/3} = a^{2/3}$.

22. Representar la curva

$$x = a(\theta - \text{sen }\theta),$$
$$y = a(1 - \cos \theta).$$

Para $\theta = 0$, $x = 0$, $y = 0$.
Para $\theta = 180°$, $x = \pi a$, $y = 2a$.
Para $\theta = 360°$, $x = 2\pi a$, $y = 0$.

θ	0°	30°	60°	90°	120°	150°	180°	210°	240°	270°	300°	330°	360°
x	0	0,02a	0,18a	0,57a	1,2a	2,1a	πa	4,2a	5,1a	5,7a	6,1a	6,3a	$2\pi a$
y	0	0,13a	0,5a	a	1,5a	1,9a	2a	1,9a	1,5a	a	0,5a	0,13a	0

Eliminando el parámetro θ, la ecuación de esta curva en coordenadas cartesianas es $x = a$ arc

$\cos \dfrac{a - y}{a} - \sqrt{2ay - y^2}$, que representa una *cicloide*.

Eliminemos el parámetro θ:

De $y = a(1 - \cos \theta)$ se obtiene, $\cos \theta = \dfrac{a - y}{a}$, de donde $\theta = \text{arc cos } \dfrac{a - y}{a}$, y sen $\theta = \dfrac{\sqrt{2ay - y^2}}{a}$.

Sustituyendo en $x = a\theta - a$ sen θ se tiene, $x = a \text{ arc cos } \dfrac{a - y}{a} - \sqrt{2ay - y^2}$.

23. Expresar en forma paramétrica la ecuación $x^2 + 3xy + 3y^2 - ax = 0$.

Haciendo $y = tx$, resulta $x^2 + 3x^2t + 3x^2t^2 - ax = 0$.

Dividiendo por x se obtiene, $x + 3xt + 3xt^2 - a = 0$.

Despejando x, $x = \dfrac{a}{3t^2 + 3t + 1}$, $y = tx = \dfrac{at}{3t^2 + 3t + 1}$.

PROBLEMAS PROPUESTOS

Representar las funciones de los Problemas 1-14.

1. $(y^2 - 4)x - 9y = 0$.

2. $y = (x + 1)(x + 2)(x - 2)$.

3. $y^2 = (x + 1)(x + 2)(x - 2)$.

4. $y^2(4 - x) = x^3$.

5. $x^3 - x^2y + 4y = 0$.

6. $x^2y - 3x^2 - 9y = 0$.

7. $x^2y + 4y - 8 = 0$.

8. $x^2 + 2xy - 4 + y^2 = 0$.

9. $y = \dfrac{x^2 - 4}{x^2 - 3x - 4}$.

10. $y^2 = \dfrac{x - 4}{x^2 + 2x - 8}$.

11. $4x^2 - 12x - 4xy + y^2 + 6y - 7 = 0$.

12. $x^3 + 4x^2 + xy^2 - 4y^2 = 0$.

13. $xy^2 - xy - 2x - 4 = 0$.

14. $x^{2/3} + y^{2/3} = a^{2/3}$.

Representar las funciones de los Problemas 15-22.

15. $y = 2 \operatorname{sen} 3x$.

16. $y = 2 \operatorname{sen} x/3$.

17. $y = \operatorname{tg} 2x$.

18. $y = \cos(x - \pi/4)$.

19. $y = 2 \sec x/2$.

20. $y = \cot(x + \pi/3)$.

21. $y = 3 \cos \dfrac{\pi}{2}(x - 1)$.

22. $y = \dfrac{1}{3} \csc 3x$.

Representar las funciones de los Problemas 23-28.

23. $y = \operatorname{arc} \operatorname{sen} x$.

24. $y = 2 \operatorname{arc} \operatorname{tg} 2x$.

25. $y = 3 \operatorname{arc} \cos x/3$.

26. $y = \operatorname{arc} \sec x$.

27. $y = \operatorname{arc} \csc 2x$.

28. $y = \operatorname{arc} \cot x/2$.

Representar las funciones de los Problemas 29-35.

29. $y = 2e^{x/2}$.

30. $y = 4^{-x}$.

31. $y = 10^{x/3}$.

32. $y = \log_e(3 + x)$.

33. $y = \log_{10} \sqrt{x^2 - 16}$.

34. $y = \log_e \sqrt{27 - x^3}$.

35. $y = \dfrac{e^x + e^{-x}}{2}$.

Catenaria.

Representar las funciones dadas en los Problemas 36-49 por el método de la suma de ordenadas.

36. $4x^2 - 4xy + y^2 - x = 0$.

37. $x^2 - 2xy + y^2 + x - 1 = 0$.

38. $3x^2 - 2xy + y^2 - 5x + 4y + 3 = 0$.

39. $x^2 + 2xy + y^2 - 4x - 2y = 0$.

40. $2x^2 + y^2 - 2xy - 4 = 0$.

41. $y = 2 \cos x + \operatorname{sen} 2x$.

42. $y = e^{x/2} + x^2$.

43. $y = x/2 + \cos 2x$.

44. $y = e^{-x} + 2e^{x/2}$.

45. $y = \operatorname{sen} 2x + 2 \cos x$.

46. $y = x \operatorname{sen} x$.

47. $y = e^{-x/2} \cos \dfrac{\pi x}{2}$.

48. $y = xe^{-x^2}$.

49. $y = x - \operatorname{sen} \dfrac{\pi x}{3}$.

Expresar en forma paramétrica las funciones de los Problemas 50-55, teniendo en cuenta el valor que aparece de x o de y.

50. $x - xy = 2$, $y = 1 - t$.

Sol. $x = \dfrac{2}{t}$, $y = 1 - t$.

51. $x^2 - 4y^2 = K^2$, $x = K \sec \theta$.

Sol. $x = K \sec \theta$, $y = \dfrac{K \operatorname{tg} \theta}{2}$.

52. $x^3 + y^3 = 6xy$, $y = tx$.

Sol. $x = \dfrac{6t}{1 + t^3}$, $y = \dfrac{6t^2}{1 + t^3}$.

53. $x^2 - 2xy + 2y^2 = 2a^2$, $x = 2a \cos t$.

Sol. $x = 2a \cos t$, $y = a(\cos t \pm \operatorname{sen} t)$.

54. $x^2y + b^2y - a^2x = 0$, $x = b \cot \dfrac{t}{2}$.

Sol. $x = b \cot \dfrac{t}{2}$, $y = \dfrac{a^2}{2b} \operatorname{sen} t$.

55. $x^{2/3} + y^{2/3} = a^{2/3}$, $y = a \operatorname{sen}^3 \theta$.

Sol. $x = a \cos^3 \theta$, $y = a \operatorname{sen}^3 \theta$.

Eliminar el parámetro de las funciones de los Problemas 56-59 y hallar sus ecuaciones cartesianas.

56. $x = a \sec \theta$, $y = b \operatorname{tg} \theta$.

Sol. $\dfrac{x^2}{a^2} - \dfrac{y^2}{b^2} = 1$

57. $x = 2 \cos \theta - 1$, $y = 3 \operatorname{sen} \theta - 2$.

Sol. $\dfrac{(x + 1)^2}{4} + \dfrac{(y + 2)^2}{9} = 1$.

58. $x = \frac{1}{2} \cos t$, $y = \cos 2t$.

Sol. $y = 8x^2 - 1$.

59. $x = \dfrac{3am}{1 + m^3}$, $y = \dfrac{3am^2}{1 + m^3}$.

Sol. $x^3 + y^3 = 3axy$.

60. Se lanza un proyectil desde un punto A con una velocidad inicial de 1.000 metros por segundo (m/s) formando un ángulo de 35° con la horizontal. Hallar el alcance del proyectil y la duración de la trayectoria.   *Sol.*   95.800 m, 118 s.

61. Hallar el ángulo con el que se debe lanzar un proyectil a una velocidad de 400 metros por segundo (m/s) para que su alcance sea de 12.000 metros (m). Hallar, asimismo, la duración de la trayectoria. *Sol.*   23° 42′; 32,8 s.

62. Se lanza un proyectil con un ángulo de elevación de 60° y una velocidad inicial de 800 metros por segundo (m/s). Hallar el alcance y el vértice de la trayectoria.   *Sol.*   56.500 m, 24.500 m.

Representar las curvas cuyas ecuaciones paramétricas son las indicadas en los Problemas 63-70.

63. $x = 4\cos t$, $y = 4\,\text{sen}\,t$.

67. $x = \dfrac{1}{1+t}$, $y = \dfrac{1}{1+t^2}$.

64. $x = t + \dfrac{1}{t}$, $y = t - \dfrac{1}{t}$.

68. $x = 1 + t^2$, $y = 4t - t^3$.

65. $x = t^2 + 2$, $y = t^3 - 1$.

69. $x = \text{sen}\,t + \cos t$, $y = \cos 2t$.

66. $x = 4\,\text{tg}\,\theta$, $y = 4\sec\theta$.

70. $x = \theta - \text{sen}\,\theta$, $y = 1 - \cos\theta$.

71. Representar la curva cuyas ecuaciones paramétricas son $x = 8\cos^3\theta$, $y = 8\,\text{sen}^3\theta$.

72. Representar la curva cuyas ecuaciones paramétricas son $x = \dfrac{6t}{1+t^3}$, $y = \dfrac{6t^2}{1+t^3}$.

73. Representar la curva cuyas ecuaciones paramétricas son $x = 4\,\text{tg}\,\theta$, $y = 4\cos^2\theta$.

74. Representar la curva cuyas ecuaciones paramétricas son $x = 4\,\text{sen}\,\theta$, $y = 4\,\text{tg}\,\theta\,(1 + \text{sen}\,\theta)$.

CAPITULO 12

Introducción a la geometría analítica en el espacio

COORDENADAS CARTESIANAS. La posición de un punto en un plano se define por medio de las dos distancias de éste a dos ejes que se cortan y que, normalmente, son perpendiculares entre sí (rectangulares). En el espacio, un punto se determina mediante sus distancias a tres planos perpendiculares dos a dos y que se llaman planos coordenados. Las distancias del punto a estos planos se denominan *coordenadas* del punto.

Las rectas de intersección de los planos coordenados son los ejes *OX*, *OY* y *OZ* que se llaman *ejes coordenados* y cuyo sentido positivo se indica mediante flechas. Los planos coordenados dividen al espacio en ocho octantes numerados de la forma siguiente: el octante I está limitado por los semiejes positivos; los octantes II, III y IV son los situados por encima del plano *xy* y numerados en sentido contrario al de las agujas del reloj alrededor del eje *OZ*. Los octantes V, VI, VII y VIII son los situados por debajo del plano *xy*, correspondiéndose el V con I, etc.

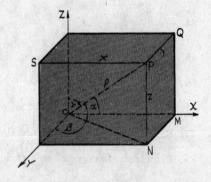

En la figura adjunta, las distancias *SP*, *QP* y *NP* son, respectivamente, las coordenadas *x*, *y* y *z* del punto *P*, y se representan por (x, y, z), o bien, $P(x, y, z)$.

La distancia *OP* del punto *P* al origen *O* es

$$OP = \sqrt{\overline{ON}^2 + \overline{NP}^2} = \sqrt{\overline{OM}^2 + \overline{MN}^2 + \overline{NP}^2} = \sqrt{x^2 + y^2 + z^2}.$$

Luego si $OP = \varrho$, se tiene $\varrho^2 = x^2 + y^2 + z^2$.

ANGULOS DE DIRECCION Y COSENOS DIRECTORES

Sean α, β y γ los ángulos que *OP* forma con los ejes *OX*, *OY* y *OZ*, respectivamente. Se verifica,

$$x = \varrho \cos \alpha, \quad y = \varrho \cos \beta, \quad z = \varrho \cos \gamma.$$

Elevando al cuadrado y sumando miembro a miembro,

$$x^2 + y^2 + z^2 = \varrho^2 = \varrho^2 \cos^2\alpha + \varrho^2 \cos^2\beta + \varrho^2 \cos^2\gamma,$$

o bien, $$1 = \cos^2\alpha + \cos^2\beta + \cos^2\gamma.$$

También se verifican las relaciones $\cos \alpha = \dfrac{x}{\varrho}$, $\quad \cos \beta = \dfrac{y}{\varrho}$, $\quad \cos \gamma = \dfrac{z}{\varrho}$,

o bien, $\quad \cos \alpha = \dfrac{x}{\sqrt{x^2 + y^2 + z^2}}$, $\quad \cos \beta = \dfrac{y}{\sqrt{x^2 + y^2 + z^2}}$, $\quad \cos \gamma = \dfrac{z}{\sqrt{x^2 + y^2 + z^2}}.$

Los ángulos α, β y γ son los *ángulos de la dirección de OP* y sus cosenos se llaman *cosenos directores de OP*.

Si una recta no pasa por el origen O, sus ángulos de dirección α, β y γ son los que forman con los ejes una recta paralela a la dada que pase por O.

COMPONENTES DE UNA RECTA. Tres números cualesquiera, a, b y c, proporcionales a los cosenos directores de una recta se llaman *componentes* de la misma. Para hallar los cosenos directores de una recta cuyas componentes son a, b y c, se dividen estos tres números por $\pm\sqrt{a^2 + b^2 + c^2}$. Se tomará el signo adecuado para que los cosenos directores tengan el que les corresponde.

DISTANCIA ENTRE DOS PUNTOS. La distancia entre dos puntos $P_1(x_1, y_1, z_1)$ y $P_2(x_2, y_2, z_2)$ es

$$d = \sqrt{(x_2 - x_1)^2 + (y_2 - y_1)^2 + (z_2 - z_1)^2}.$$

DIRECCION DE UNA RECTA. Los cosenos directores de $P_1 P_2$ son

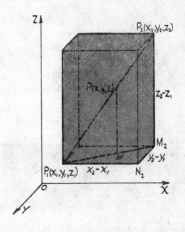

$$\cos \alpha = \frac{x_2 - x_1}{\sqrt{(x_2 - x_1)^2 + (y_2 - y_1)^2 + (z_2 - z_1)^2}}$$

$$\cos \beta = \frac{y_2 - y_1}{\sqrt{(x_2 - x_1)^2 + (y_2 - y_1)^2 + (z_2 - z_1)^2}}$$

$$\cos \gamma = \frac{z_2 - z_1}{\sqrt{(x_2 - x_1)^2 + (y_2 - y_1)^2 + (z_2 - z_1)^2}}.$$

PUNTO DE DIVISION. Si el punto $P(x, y, z)$ divide a la recta que une $P_1(x_1, y_1, z_1)$ con $P_2(x_2, y_2, z_2)$ en la relación $\dfrac{P_1 P}{P P_2} = \dfrac{r}{1}$ se verifica,

$$x = \frac{x_1 + r x_2}{1 + r}, \quad y = \frac{y_1 + r y_2}{1 + r}, \quad z = \frac{z_1 + r z_2}{1 + r}.$$

ANGULO DE DOS RECTAS. El ángulo de dos rectas que no se cortan se define como el ángulo de dos rectas que se corten y sean paralelas a las dadas.

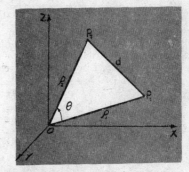

Sean OP_1 y OP_2 dos rectas paralelas a las dadas pero que pasan por el origen, y θ el ángulo que forman. Del triángulo de la figura se deduce,

$$\cos \theta = \frac{\varrho_1^2 + \varrho_2^2 - d^2}{2\varrho_1\varrho_2}$$

Ahora bien, $\varrho_1^2 = x_1^2 + y_1^2 + z_1^2$, $\varrho_2^2 = x_2^2 + y_2^2 + z_2^2$,

y $d^2 = (x_2 - x_1)^2 + (y_2 - y_1)^2 + (z_2 - z_1)^2$. Sustituyendo y simplificando,

$$\cos \theta = \frac{x_1 x_2 + y_1 y_2 + z_1 z_2}{\varrho_1\varrho_2}.$$

Ahora bien, $\dfrac{x_1}{\varrho_1} = \cos \alpha_1$, $\dfrac{x_2}{\varrho_2} = \cos \alpha_2$, etc. Por tanto,

$$\cos \theta = \cos \alpha_1 \cos \alpha_2 + \cos \beta_1 \cos \beta_2 + \cos \gamma_1 \cos \gamma_2.$$

Si las dos rectas son paralelas, $\cos \theta = 1$ y, por consiguiente,

$$\alpha_1 = \alpha_2, \quad \beta_1 = \beta_2, \quad \gamma_1 = \gamma_2.$$

Si las dos rectas son perpendiculares, $\cos \theta = 0$, con lo cual

$$\cos \alpha_1 \cos \alpha_2 + \cos \beta_1 \cos \beta_2 + \cos \gamma_1 \cos \gamma_2 = 0.$$

PROBLEMAS RESUELTOS

1. Representar los puntos siguientes y hallar sus distancias al origen y a los ejes coordenados: $A(6, 2, 3)$, $B(8, -2, 4)$.

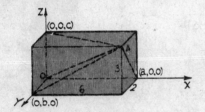 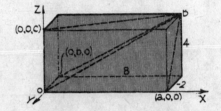

$$OA = \sqrt{6^2 + 2^2 + 3^2} = 7 \qquad\qquad OB = \sqrt{8^2 + (-2)^2 + 4^2} = 2\sqrt{21}$$

$$Aa = \sqrt{3^2 + 2^2} = \sqrt{13} \qquad\qquad Ba = \sqrt{4^2 + (-2)^2} = 2\sqrt{5}$$

$$Ab = \sqrt{6^2 + 3^2} = 3\sqrt{5} \qquad\qquad Bb = \sqrt{8^2 + 4^2} = 4\sqrt{5}$$

$$Ac = \sqrt{6^2 + 2^2} = 2\sqrt{10} \qquad\qquad Bc = \sqrt{8^2 + (-2)^2} = 2\sqrt{17}$$

2. Hallar la distancia entre los puntos $P_1(5, -2, 3)$ y $P_2(-4, 3, 7)$.

$$d = \sqrt{(x_2 - x_1)^2 + (y_2 - y_1)^2 + (z_2 - z_1)^2} = \sqrt{(-4-5)^2 + (3+2)^2 + (7-3)^2} = \sqrt{122}$$

3. Hallar los cosenos directores y los ángulos de dirección de la recta que une el origen con el punto $(-6, 2, 3)$.

$$\cos \alpha = \frac{x_2 - x_1}{\sqrt{(x_2 - x_1)^2 + (y_2 - y_1)^2 + (z_2 - z_1)^2}}$$

$$= \frac{-6 - 0}{\sqrt{(-6-0)^2 + (2-0)^2 + (3-0)^2}} = \frac{-6}{7},$$

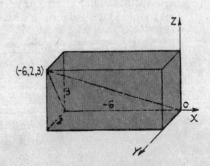

con lo que $\alpha = 149°$.

$$\cos \beta = \frac{y_2 - y_1}{7} = \frac{2 - 0}{7} = \frac{2}{7}, \text{ con lo que } \beta = 73°24'.$$

$$\cos \gamma = \frac{z_2 - z_1}{7} = \frac{3 - 0}{7} = \frac{3}{7}, \text{ con lo que } \gamma = 64°37'.$$

4. Demostrar que las coordenadas del centro geométrico (baricentro o centro del área), es decir, el punto de intersección de las medianas, del triángulo de vértices $A(x_1, y_1, z_1)$, $B(x_2, y_2, z_2)$ $C(x_3, y_3, z_3)$ son

$$\left(\frac{x_1 + x_2 + x_3}{3}, \frac{y_1 + y_2 + y_3}{3}, \frac{z_1 + z_2 + z_3}{3} \right).$$

Las medianas del triángulo ABC se cortan en un punto $P(x,y,z)$ de forma que $\dfrac{AP}{PD} = \dfrac{BP}{PF} = \dfrac{CP}{PE} = \dfrac{2}{1} = r$.

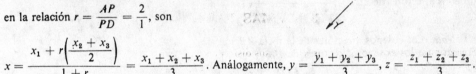

Las coordenadas del punto D son

$$\left(\frac{x_2 + x_3}{2}, \frac{y_2 + y_3}{2}, \frac{z_2 + z_3}{2} \right)$$

Luego las coordenadas del punto P, que divide a AD en la relación $r = \dfrac{AP}{PD} = \dfrac{2}{1}$, son

$$x = \frac{x_1 + r\left(\dfrac{x_2 + x_3}{2} \right)}{1 + r} = \frac{x_1 + x_2 + x_3}{3}. \text{ Análogamente, } y = \frac{y_1 + y_2 + y_3}{3}, \ z = \frac{z_1 + z_2 + z_3}{3}.$$

5. Hallar los cosenos directores y los ángulos de dirección de una recta cuyas componentes son 2, —3, 6.

$\cos \alpha = \dfrac{2}{\sqrt{4 + 9 + 36}} = \dfrac{2}{7}, \alpha = 73°24'.$ $\cos \beta = \dfrac{-3}{7}, \beta = 115°23'.$ $\cos \gamma = \dfrac{6}{7}, \gamma = 31°.$

6. Demostrar que la recta determinada por los puntos $A(5, 2, —3)$ y $B(6, 1, 4)$ es paralela a la que une $C(—3, —2, —1)$ y $D(—1, —4, 13)$.

Las componentes de AB son $6 — 5, 1 — 2, 4 + 3$, o sea, 1, —1, 7.
Las componentes de CD son $—1 + 3, —4 + 2, 13 + 1$, o sea, 2, —2, 14.

Si dos rectas cuyas componentes son a, b, c y $a'\, b'\, c'$ son paralelas, $\dfrac{a}{a'} = \dfrac{b}{b'} = \dfrac{c}{c'}.$

Por tanto, como $\dfrac{2}{1} = \dfrac{-2}{-1} = \dfrac{14}{7}$, ambas rectas son paralelas.

7. · Dados los puntos $A(—11, 8, 4)$, $B(—1, —7, —1)$ y $C(9, —2, 4)$, demostrar que las rectas AB y BC son perpendiculares.

Las componentes de AB son $—1 + 11, —7 — 8, —1 — 4$, es decir, 10, —15, —5, o bien, 2, —3, —1.
Las componentes de BC son $9 + 1, —2 + 7, 4 + 1$, es decir, 10, 5, 5, o bien, 2, 1, 1.

Si dos rectas, de componentes a, b, c y a', b', c', son perpendiculares se verifica, $aa' + bb' + cc' = 0$. Sustituyendo, $(2)(2) + (—3)(1) + (—1)(1) = 0$. Por tanto, las rectas AB y BC son perpendiculares.

8. Hallar el ángulo θ formado por las rectas AB y CD siendo $A(—3, 2, 4)$, $B(2, 5, —2)$, $C(1, —2, 2)$ y $D(4, 2, 3)$.

Las componentes de AB son $2 + 3, 5 — 2, —2 — 4$, o bien 5, 3, —6.
Las componentes de CD son $4 — 1, 2 + 2, 3 — 2$, o bien, 3, 4, 1.

Los cosenos directores de AB son $\cos \alpha = \dfrac{5}{\sqrt{25 + 9 + 36}} = \dfrac{5}{\sqrt{70}}, \cos \beta = \dfrac{3}{\sqrt{70}}, \cos \gamma = \dfrac{-6}{\sqrt{70}}$

Los cosenos directores de CD son $\cos \alpha_1 = \dfrac{3}{\sqrt{9 + 16 + 1}} = \dfrac{3}{\sqrt{26}}, \cos \beta_1 = \dfrac{4}{\sqrt{26}}, \cos \gamma_1 = \dfrac{1}{\sqrt{26}}.$

Por tanto, $\cos \theta = \cos \alpha \cos \alpha_1 + \cos \beta \cos \beta_1 + \cos \gamma \cos \gamma_1$

$$= \frac{5}{\sqrt{70}} \cdot \frac{3}{\sqrt{26}} + \frac{3}{\sqrt{70}} \cdot \frac{4}{\sqrt{26}} - \frac{6}{\sqrt{70}} \cdot \frac{1}{\sqrt{26}} = 0{,}49225, \text{ de donde } \theta = 60°30{,}7'.$$

9. Hallar los ángulos interiores del triángulo cuyos vértices son $A(3, -1, 4)$, $B(1, 2, -4)$, $C(-3, 2, 1)$.

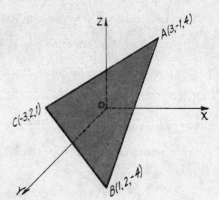

Cosenos directores de $AB = \left(\dfrac{-2}{\sqrt{77}}, \dfrac{3}{\sqrt{77}}, \dfrac{-8}{\sqrt{77}}\right)$.

Cosenos directores de $BC = \left(\dfrac{-4}{\sqrt{41}}, 0, \dfrac{5}{\sqrt{41}}\right)$.

Cosenos directores de $AC = \left(\dfrac{-2}{\sqrt{6}}, \dfrac{1}{\sqrt{6}}, \dfrac{-1}{\sqrt{6}}\right)$.

Nota. Los cosenos directores de la recta AB son opuestos de los cosenos directores de BA.

$$\cos A = \frac{-2}{\sqrt{77}} \cdot \frac{-2}{\sqrt{6}} + \frac{3}{\sqrt{77}} \cdot \frac{1}{\sqrt{6}} + \frac{-8}{\sqrt{77}} \cdot \frac{-1}{\sqrt{6}} = \frac{15}{\sqrt{462}}. \qquad A = 45°44, 7'.$$

$$\cos B = \frac{2}{\sqrt{77}} \cdot \frac{-4}{\sqrt{41}} + \frac{-3}{\sqrt{77}} \cdot 0 + \frac{8}{\sqrt{77}} \cdot \frac{5}{\sqrt{41}} = \frac{32}{\sqrt{3157}}. \qquad B = 55°16, 9'.$$

$$\cos C = \frac{4}{\sqrt{41}} \cdot \frac{2}{\sqrt{6}} + 0 + \frac{-5}{\sqrt{41}} \cdot \frac{1}{\sqrt{6}} = \frac{3}{\sqrt{246}}. \qquad C = 78°58, 4'. \qquad A + B + C = 180°.$$

10. Hallar el área del triángulo del Problema 9.

El área de un triángulo conocidos dos de sus lados, b y c, y el ángulo que forman, A, es igual a $\frac{1}{2}bc$ sen A.

Longitud de AB, $c = \sqrt{77}$, longitud de AC, $b = 3\sqrt{6}$.

Por tanto, área $= \frac{1}{2}(3\sqrt{6})(\sqrt{77})$ sen $45° 44{,}7' = 23{,}1$ unidades de superficie.

11. Hallar el lugar geométrico de los puntos que disten r unidades del punto fijo (x_0, y_0, z_0).

$\sqrt{(x - x_0)^2 + (y - y_0)^2 + (z - z_0)^2} = r$, o bien, $(x - x_0)^2 + (y - y_0)^2 + (z - z_0)^2 = r^2$, ecuación de una esfera de centro en (x_0, y_0, z_0) y radio r.

La forma general de la ecuación de una esfera es $x^2 + y^2 + z^2 + dx + ey + fz + g = 0$.

12. Hallar la ecuación de la esfera de centro $(2, -2, 3)$ tangente al plano XY.

Como la esfera es tangente al plano XY su radio es 3. Luego,

$\sqrt{(x - 2)^2 + (y + 2)^2 + (z - 3)^2} = 3$. Elevando al cuadrado y simplificando, $x^2 + y^2 + z^2 - 4x + 4y - 6z + 8 = 0$.

13. Hallar las coordenadas del centro y el radio de la esfera $x^2 + y^2 + z^2 - 6x + 4y - 8z = 7$.

Completando cuadrados, $x^2 - 6x + 9 + y^2 + 4y + 4 + z^2 - 8z + 16 = 36$

o bien, $(x - 3)^2 + (y + 2)^2 + (z - 4)^2 = 36$.

Comparando con la expresión $(x — x_0)^2 + (y — y_0)^2 + (z — z_0)^2 = r^2$ se deduce que el centro tiene de coordenadas $(3, —2, 4)$ y el radio de la esfera en cuestión es 6.

14. Hallar el lugar geométrico de los puntos cuyas distancias al punto fijo $(2, —3, 4)$ son el doble de la correspondiente al $(—1, 2, —2)$.

Sea $P(x, y, z)$ un punto genérico cualquiera del lugar. Entonces,

$$\sqrt{(x — 2)^2 + (y + 3)^2 + (z — 4)^2} = 2\sqrt{(x + 1)^2 + (y — 2)^2 + (z + 2)^2}.$$

Elevando al cuadrado y simplificando, $3x^2 + 3y^2 + 3z^2 + 12x — 22y + 24z + 7 = 0$, que es una esfera de centro $\left(—2, \dfrac{11}{3}, —4\right)$ y radio $r = \dfrac{2}{3}\sqrt{70}$.

15. Hallar la ecuación del plano perpendicular a la recta que une los puntos $(2, —1, 3)$ y $(—4, 2, 2)$ en su punto medio.

Sea $P(x, y, z)$ un punto genérico cualquiera del plano. Entonces,

$$\sqrt{(x + 4)^2 + (y — 2)^2 + (z — 2)^2} = \sqrt{(x — 2)^2 + (y + 1)^2 + (z — 3)^2}.$$

Elevando al cuadrado y simplificando, $6x — 3y + z + 5 = 0$. Esta es la ecuación del plano cuyos puntos equidistan de los dos dados. El plano corta a los ejes en los puntos $(—5/6, 0, 0)$, $(0, 5/3, 0)$ y $(0, 0, —5)$, y a la recta dada en $(—1, 1/2, 5/2)$.

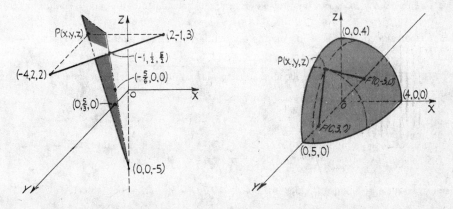

Problema 15   Problema 16

16. Hallar el lugar geométrico de los puntos cuya suma de distancias a los dos puntos fijos $(0, 3, 0)$ y $(0, —3, 0)$ sea igual a 10.

Sea $P(x, y, z)$ un punto genérico cualquiera del lugar. Entonces, $FP + PF' = 10$, o sea,

$$\sqrt{(x — 0)^2 + (y — 3)^2 + (z — 0)^2} + \sqrt{(x — 0)^2 + (y + 3)^2 + (z — 0)^2} = 10.$$

Pasando uno de los radicales al otro miembro y elevando al cuadrado se obtiene, después de reducir términos, $3y + 25 = 5\sqrt{x^2 + y^2 + 6y + 9 + z^2}$.

Elevando al cuadrado y simplificando, $25x^2 + 16y^2 + 25z^2 = 400$, que representa un elipsoide de centro el origen.

17. Hallar el lugar geométrico de los puntos cuya diferencia de distancia a los dos puntos fijos $(4, 0, 0)$ y $(—4, 0, 0)$ sea igual a 6.

Sea (x, y, z) un punto genérico cualquiera del lugar. Entonces,

$$\sqrt{(x-4)^2 + (y-0)^2 + (z-0)^2} - \sqrt{(x-4)^2 + (y-0)^2 + (z-0)^2} = 6,$$

o bien, $\sqrt{(x^2 - 8x + 16 + y^2 + z^2)} = 6 + \sqrt{x^2 + 8x + 16 + y^2 + z^2}.$

Elevando al cuadrado de nuevo y simplificando, $7x^2 - 9y^2 - 9z^2 = 63$, que representa un hiperboloide de revolución alrededor del eje x.

18. Hallar el lugar geométrico de los puntos cuya distancia al eje z sean tres veces la correspondiente al punto $(-1, 2, -3)$.

Distancia al eje z = distancia al punto $(-1, 2, -3)$.

Es decir, $\sqrt{x^2 + y^2} = 3\sqrt{(x+1)^2 + (y-2)^2 + (z+3)^2}.$

Elevando al cuadrado y simplificando, $8x^2 + 8y^2 + 9z^2 + 18x - 36y + 54z + 126 = 0$, que es un elipsoide.

19. Demostrar que los puntos $A(-2, 0, 3)$, $B(3, 10, -7)$, $C(1, 6, -3)$ están en línea recta.

Componentes de $AB = 5, 10, -10$, o bien, $1, 2, -2$; componentes de $BC = -2, -4, 4$, o bien, $-1, -2, 2$.

Como las componentes son proporcionales, las rectas son paralelas. Ahora bien, como B pertenece a ambas, AB y BC serán una misma recta y, por consiguiente, los puntos dados son colineales.

20. Hallar el lugar geométrico de los puntos que equidisten de los puntos fijos $(1, 3, 8)$, $(-6, -4, 2)$, $(3, 2, 1)$.

Sea (x, y, z) un punto genérico que satisfaga las condiciones del problema.

Entonces   (1) $(x-1)^2 + (y-3)^2 + (z-8)^2 = (x+6)^2 + (y+4)^2 + (z-2)^2$,

y   (2) $(x-1)^2 + (y-3)^2 + (z-8)^2 = (x-3)^2 + (y-2)^2 + (z-1)^2$.

Desarrollando y simplificando, se obtiene, (1) $7x + 7y + 6z - 9 = 0$ y (2) $2x - y - 7z + 30 = 0$.
Solución: $7x + 7y + 6z - 9 = 0$ y $2x - y - 7z + 30 = 0$.

21. Demostrar que el triángulo $A(3, 5, -4)$, $B(-1, 1, 2)$, $C(-5, -5, -2)$ es isósceles.

Longitud de $AB = \sqrt{(3+1)^2 + (5-1)^2 + (-4-2)^2} = 2\sqrt{17}.$

Longitud de $BC = \sqrt{(-5+1)^2 + (-5-1)^2 + (-2-2)^2} = 2\sqrt{17}.$

Longitud de $AC = \sqrt{(-5-3)^2 + (-5-5)^2 + (-2+4)^2} = 2\sqrt{42}.$

Como $AB = BC = 2\sqrt{17}$, el triángulo es isósceles.

22. Demostrar, por dos métodos diferentes, que los puntos $A(5, 1, 5)$, $B(4, 3, 2)$, y $C(-3, -2, 1)$, son los vértices de un triángulo rectángulo.

1.   Aplicando el teorema de Pitágoras, $AB = \sqrt{(5-4)^2 + (1-3)^2 + (5-2)^2} = \sqrt{14}.$

$$BC = \sqrt{(4+3)^2 + (3+2)^2 + (2-1)^2} = \sqrt{75}.$$

$$CA = \sqrt{(-3-5)^2 + (-2-1)^2 + (1-5)^2} = \sqrt{89}.$$

$$(AB)^2 + (BC)^2 = (CA)^2, \text{ o } 14 + 75 = 89.$$

2. Demostrando que AB y BC son perpendiculares.

Cosenos directores de AB, $\dfrac{1}{\sqrt{14}}, \dfrac{-2}{\sqrt{14}}, \dfrac{3}{\sqrt{14}}$.   Cosenos directores de BC, $\dfrac{7}{5\sqrt{3}}, \dfrac{5}{5\sqrt{3}}, \dfrac{1}{5\sqrt{3}}$

$$\cos B = \frac{1}{\sqrt{14}} \cdot \frac{7}{5\sqrt{3}} - \frac{2}{\sqrt{14}} \cdot \frac{5}{5\sqrt{3}} + \frac{3}{\sqrt{14}} \cdot \frac{1}{5\sqrt{3}} = \frac{7 - 10 + 3}{5\sqrt{42}} = 0.$$

De otra forma: La suma de los productos de las componentes de las dos rectas es igual a cero. $7(1) + 5(-2) + 1(3) = 0$.

PROBLEMAS PROPUESTOS

1. Representar los puntos $(2, 2, 3), (4, -1, 2), (-3, 2, 4), (3, 4, -5), (-4, -3, -2), (0, 4, -4), (4, 0, -2),$ $(0, 0, -3), (-4, 0, -2), (3, 4, 0)$.

2. Hallar la distancia del origen a los puntos del Problema 1.
Sol. $\sqrt{17},\ \sqrt{21},\ \sqrt{29},\ 5\sqrt{2},\ \sqrt{29},\ 4\sqrt{2},\ 2\sqrt{5},\ 3,\ 2\sqrt{5},\ 5$.

3. Hallar la distancia entre los pares de puntos siguientes:

(a) $(2, 5, 3)$ y $(-3, 2, 1)$.   *Sol.* $\sqrt{38}$.

(b) $(0, 3, 0)$ y $(6, 0, 2)$.   *Sol.* 7.

c) $(-4, -2, 3)$ y $(3, 3, 5)$.   *Sol.* $\sqrt{78}$.

4. Hallar el perímetro de los triángulos siguientes:

a) $(4, 6, 1), (6, 4, 0), (-2, 3, 3)$.   *Sol.* $10 + \sqrt{74}$.

b) $(-3, 1, -2), (5, 5, -3), (-4, -1, -1)$.   *Sol.* $20 + \sqrt{6}$.

c) $(8, 4, 1), (6, 3, 3), (-3, 9, 5)$.   *Sol.* $14 + 9\sqrt{2}$.

5. Representar los puntos siguientes y hallar la distancia de cada uno de ellos al origen así como los cosenos de la dirección que con él definen.

a) $(-6, 2, 3)$.   *Sol.* 7, $\cos \alpha = -6/7$, $\cos \beta = 2/7$, $\cos \gamma - 3/7$.

b) $(6, -2, 9)$.   *Sol.* 11, $\cos \alpha = 6/11$, $\cos \beta = -2/11$, $\cos \gamma = 9/11$.

c) $(-8, 4, 8)$.   *Sol.* 12, $\cos \alpha = -2/3$, $\cos \beta = 1/3$, $\cos \gamma = 2/3$.

d) $(3, 4, 0)$.   *Sol.* 5, $\cos \alpha = 3/5$, $\cos \beta = 4/5$, $\cos \gamma = 0$.

e) $(4, 4, 4)$.   *Sol.* $4\sqrt{3}$, $\cos \alpha = 1/\sqrt{3}$, $\cos \beta = 1/\sqrt{3}$, $\cos \gamma = 1/\sqrt{3}$.

6. Hallar los ángulos de dirección de las rectas que unen el origen con los puntos del Problema 5 a), d) y e).
Sol. a) $\alpha = 148°59{,}8'$, $\beta = 73°23{,}9'$, $\gamma = 64°37{,}4'$.
         d) $\alpha = 53°7{,}8'$, $\beta = 36°52{,}2'$, $\gamma = 90°$.
         e) $\alpha = \beta = \gamma = 54°44{,}1'$.

7. Hallar las longitudes de las medianas de los triángulos cuyos vértices son los que se indican. Dar el resultado de las medianas correspondientes a los vértices A, B, C, por este orden.

a) $A(2, -3, 1), B(-6, 5, 3), C(8, 7, -7)$.   *Sol.* $\sqrt{91},\ \sqrt{166},\ \sqrt{217}$.

b) $A(7, 5, -4), B(3, -9, -2), C(-5, 3, 6)$.   *Sol.* $2\sqrt{41},\ \sqrt{182},\ \sqrt{206}$.

c) $A(-7, 4, 6), B(3, 6, -2), C(1, -8, 8)$.   *Sol.* $\sqrt{115},\ \sqrt{181},\ \sqrt{214}$.

8. Hallar los cosenos directores de las rectas que unen el primero con el segundo de los puntos que se indican.

a) $(-4, 1, 7), (2, -3, 2)$.   c) $(-6, 5, -4), (-5, -2, -4)$.   e) $(3, -5, 4), (-6, 1, 2)$.

b) $(7, 1, -4), (5, -2, -3)$.   d) $(5, -2, 3), (-2, 3, 7)$.

Sol. a) $\dfrac{6\sqrt{77}}{77}, -\dfrac{4\sqrt{77}}{77}, -\dfrac{5\sqrt{77}}{77}$.   d) $-\dfrac{7\sqrt{10}}{30}, \dfrac{\sqrt{10}}{6}, \dfrac{2\sqrt{10}}{15}$.

         b) $-\dfrac{\sqrt{14}}{7}, -\dfrac{3\sqrt{14}}{14}, \dfrac{\sqrt{14}}{14}$.   e) $-\dfrac{9}{11}, \dfrac{6}{11}, -\dfrac{2}{11}$.

         c) $\dfrac{\sqrt{2}}{10}, -\dfrac{7\sqrt{2}}{10}, 0$.

9. Hallar las componentes de las rectas que pasan por los puntos que se indican.
    a) (4, 7, 3), (—5, —2, 6).   *Sol.*   3, 3, —1.
    b) (—2, 3, —4), (1, 3, 2).   *Sol.*   —3, 0, —6.
    c) (11, 2, —3), (4, —5, 4).   *Sol.*   1, 1, —1.

10. Hallar el menor de los ángulos que forman las rectas que pasan por los puntos que se indican.
    a) (8, 2, 0), (4, 6, —7); (—3, 1, 2), (—9, —2, 4).   *Sol.*   88°10,8′.
    b) (4, —2, 3), (6, 1, 7); (4, —2, 3), (5, 4, —2).   *Sol.*   90°.
    c) De (6, —2, 0) a (5, 4, 2$\sqrt{3}$) y de (5, 3, 1) a (7, —1, 5).   *Sol.*   73°11,6′.

11. Hallar los ángulos interiores del triángulo cuyos vértices son (—1, —3, —4), (4, —2, —7) y (2, 3, —8).
    Sol.   86°27,7′,   44°25,4′,   49°6,9′.

12. Hallar el área del triángulo del Problema 11.   *Sol.*   16, 17 unidades de superficie.

13. Hallar los puntos de intersección de las medianas de los triángulos siguientes:
    a) (—1, —3, —4), (4, —2, —7), (2, 3, —8).   *Sol.*   (5/3, —2/3, —19/3).
    b) (2, 1, 4), (3, —1, 2), (5, 0, 6).   *Sol.*   (10/3, 0, 4).
    c) (4, 3, —2), (7, —1, 4), (—2, 1, —4).   *Sol.*   (3, 1, —2/3).

14. Demostrar que el triángulo de vértices (6, 10, 10), (1, 0, —5), (6, —10, 0) es rectángulo; hallar su área.
    Sol.   Area = 25$\sqrt{21}$ unidades de superficie.

15. Demostrar que el triángulo de vértices (4, 2, 6), (10, —2, 4), (—2, 0, 2) es isósceles; hallar su área.
    Sol.   Area = 6$\sqrt{19}$ unidades de superficie.

16. Demostrar, por dos métodos distintos, que los puntos (—11, 8, 4), (—1, —7, —1), (9, —2, 4) son los vértices de un triángulo rectángulo.

17. Demostrar que los puntos (2, —1, 0), (0, —1, —1), (1, 1, —3), (3, 1, —2) son los vértices de un rectángulo.

18. Demostrar que los puntos (4, 2, 4), (10, 2, —2) y (2, 0, —4) son los vértices de un triángulo equilátero.

19. Demostrar, por dos métodos diferentes, que los puntos (1, —1, 3), (2, —4, 5) y (5, —13, 11) son colineales.

20. Hallar la ecuación del lugar geométrico de los puntos que equidisten de los puntos fijos (1, —2, 3) y (—3, 4, 2).   *Sol.* $8x — 12y + 2z + 15 = 0$.

21. Hallar la ecuación del lugar geométrico de los puntos cuya distancia al punto fijo (—2, 3, 4) sea el doble de la correspondiente al (3, —1, —2).
    Sol. $3x^2 + 3y^2 + 3z^2 — 28x + 14y + 24z + 27 = 0$; una esfera.

22. Hallar la ecuación de la esfera de radio 5 y centro (—2, 3, 5).
    Sol. $x^2 + y^2 + z^2 + 4x — 6y — 10z + 13 = 0$.

23. Las componentes de dos rectas son 2, —1, 4 y —3, 2, 2. Demostrar que son perpendiculares.

24. Hallar el valor de k de forma que la recta que une los puntos $P_1(k, 1, —1)$ y $P_2(2k, 0, 2)$ sea perpendicular a la que une P_2 y $P_3(2 + 2k, k, 1)$.   *Sol.* $k = 3$.

25. Las componentes de una recta perpendicular a otras dos, de componentes a_1, b_1, c_1 y a_2, b_2, c_2, vienen dadas por los tres determinantes siguientes:
$$\begin{vmatrix} b_1 & c_1 \\ b_2 & c_2 \end{vmatrix}, \quad \begin{vmatrix} c_1 & a_1 \\ c_2 & a_2 \end{vmatrix}, \quad \begin{vmatrix} a_1 & b_1 \\ a_2 & b_2 \end{vmatrix}.$$
    Hallar las componentes de una recta perpendicular a otras dos de componentes
    a) 1, 3, —2 y —2, 2, 4.   *Sol.*   16, 0, 8, o bien, 2, 0, 1.
    b) —3, 4, 1 y 2, —6, 5.   *Sol.*   26, 17, 10.
    c) 0, —2, 1 y 4, 0, —3.   *Sol.*   3, 2, 4.
    d) 5, 3, —3 y —1, 1, —2.   *Sol.*   —3, 13, 8.

26. Hallar las componentes de una recta perpendicular a las dos rectas determinadas por los pares de puntos de coordenadas $(2, 3, -4)$, $(-3, 3, -2)$ y $(-1, 4, 2)$, $(3, 5, 1)$.   *Sol.* $-2, 3, -5$.

27. Hallar los cosenos directores de una recta perpendicular a otras dos cuyas componentes son 3, 4, 1 y 6, 2, -1.   *Sol.* $2/7$, $-3/7$, $6/7$.

28. Hallar x sabiendo que el ángulo que forma la recta L_1 —de componentes x, 3, 5— y L_2 —de componentes 2, -1, 2— es 45°.   *Sol.* 4, 52.

29. Hallar x para que la recta que pasa por los puntos $(4, 1, 2)$ y $(5, x, 0)$ sea paralela a la que une $(2, 1, 1)$ y $(3, 3, -1)$.   *Sol.* $x = 3$.

30. Hallar x para que las rectas del Problema 29 sean perpendiculares.   *Sol.* $x = -3/2$.

31. Demostrar que los puntos $(3, 3, 3)$, $(1, 2, -1)$, $(4, 1, 1)$, $(6, 2, 5)$ son los vértices de un paralelogramo.

32. Demostrar que los puntos $(4, 2, -6)$, $(5, -3, 1)$, $(12, 4, 5)$, $(11, 9, -2)$ son los vértices de un rectángulo.

33. Demostrar que la recta que pasa por los puntos $(5, 1, -2)$ y $(-4, -5, 13)$ es la mediatriz del segmento determinado por $(-5, 2, 0)$ y $(9, -4, 6)$.

34. Hallar el ángulo formado por las rectas que pasan por los puntos $(3, 1, -2)$, $(4, 0, -4)$ y $(4, -3, 3)$, $(6, -2, 2)$.   *Sol.* $\pi/3$ radianes.

35. Hallar el valor de k para que las rectas de componentes 3, -2, k y -2, k, 4 sean perpendiculares. *Sol.* $k = 3$.

36. Hallar el lugar geométrico de los puntos que equidistan del eje y y del punto $(2, 1, -1)$.
Sol. $y^2 - 2y - 4x + 2z + 6 = 0$.

37. Hallar el lugar geométrico de los puntos que equidistan del plano xy y del punto $(-1, 2, -3)$.
Sol. $x^2 + y^2 + 2x - 4y + 6z + 14 = 0$.

38. Hallar el lugar geométrico de los puntos cuya diferencia de cuadrados de sus distancias a los ejes x e y sea constante.   *Sol.* $y^2 - x^2 = a$.

39. Hallar el lugar geométrico de los puntos que equidistan del eje z y del plano xy.
Sol. $x^2 + y^2 - z^2 = 0$, un cono.

40. Hallar la ecuación de una esfera de centro el punto $(3, -1, 2)$ y que sea tangente al plano yz.
Sol. $x^2 + y^2 + z^2 - 6x + 2y - 4z + 5 = 0$.

41. Hallar la ecuación de una esfera de radio a y que sea tangente a los tres planos coordenados sabiendo que su centro se encuentra en el primer octante.
Sol. $x^2 + y^2 + z^2 - 2ax - 2ay - 2az + 2a^2 = 0$.

42. Hallar la ecuación de la esfera de centro $(2, -2, 3)$ y que pase por el punto $(7, -3, 5)$.
Sol. $x^2 + y^2 + z^2 - 4x + 4y - 6z - 13 = 0$.

43. Hallar el lugar geométrico de los puntos que equidistan de $(-2, 1, -2)$ y $(2, -2, 3)$.
Sol. $4x - 3y + 5z - 4 = 0$.

44. Hallar la ecuación del plano perpendicular al segmento determinado por $(-2, 3, 2)$ y $(6, 5, -6)$ en su punto medio.   *Sol.* $4x + y - 4z - 20 = 0$.

45. Dados $A(3, 2, 0)$ y $B(2, 1, -5)$, hallar el lugar geométrico de los puntos $P(x, y, z)$ de manera que P sea perpendicular a PB.   *Sol.* $x^2 + y^2 + z^2 - 5x - 3y + 5z + 8 = 0$.

46. Hallar el lugar geométrico de los puntos (x, y, z) cuya distancia al punto fijo $(2, -1, 3)$ sea igual a 4.
Sol. $x^2 + y^2 + z^2 - 4x + 2y - 6z - 2 = 0$.

47. Hallar el lugar geométrico de los puntos (x, y, z) cuya distancia al punto fijo $(1, 3, 2)$ sea tres veces su distancia al plano xz.   *Sol.* $x^2 - 8y^2 + z^2 - 2x - 6y - 4z + 14 = 0$.

48. Hallar el centro y el radio de la esfera $x^2 + y^2 + z^2 - 2x + 6y + 2z - 14 = 0$.
Sol. Centro $(1, -3, -1)$, radio 5.

49. Hallar las coordenadas del centro y el radio de la esfera.

a) $16x^2 + 16y^2 + 16z^2 - 24x + 48y - 5 = 0$.   *Sol.* Centro $\left(\dfrac{3}{4}, -\dfrac{3}{2}, 0\right); r = \dfrac{5\sqrt{2}}{4}$.

b) $x^2 + y^2 + z^2 - 2x - 6y + 4z + 14 = 0$.   *Sol.* Centro $(1, 3, -2); r = 0$.

c) $x^2 + y^2 + z^2 + 4x - 2y - 6z = 0$.   *Sol.* Centro $(-2, 1, 3), r = \sqrt{14}$.

50. Hallar la ecuación de la esfera de centro $(4, -3, 2)$ y que sea tangente al plano $x + 2 = 0$.
Sol. $x^2 + y^2 + z^2 - 8x + 6y - 4z - 7 = 0$.

51. Hallar el lugar geométrico de los puntos situados

a) 4 unidades delante del plano xz.   *Sol.* $y = 4$.
b) 6 unidades detrás del plano yz.   *Sol.* $x = -6$.
c) 3 unidades detrás del plano $y - 1 = 0$.   *Sol.* $y + 2 = 0$.
d) 3 unidades delante del eje z.   *Sol.* $x^2 + y^2 = 9$.

52. Hallar el lugar geométrico de los puntos cuya suma de distancias a los dos puntos fijos $(3, 0, 0)$ y $(-3, 0, 0)$ sea igual a 8.   *Sol.* $7x^2 + 16y^2 + 16z^2 = 112$, elipsoide.

53. Hallar el lugar geométrico de los puntos que equidistan del punto $(-1, 2, -2)$ y del eje z.
Sol. $z^2 + 4z + 2x - 4y + 9 = 0$, paraboloide.

54. Hallar el lugar geométrico de los puntos que distan tres veces más del punto $(3, -2, 1)$ que del plano xy.   *Sol.* $x^2 + y^2 - 8z^2 - 6x + 4y - 2z + 14 = 0$, hiperboloide.

55. Hallar el lugar geométrico de los puntos cuya diferencia de distancias a los dos puntos fijos $(0, 0, -4)$ y $(0, 0, 4)$ sea igual a 6.   *Sol.* $9x^2 + 9y^2 - 7z^2 + 63 = 0$, hiperboloide.

56. Hallar el lugar geométrico de los puntos cuya distancia del plano yz sea el doble de la correspondiente al punto $(4, -2, 1)$.   *Sol.* $3x^2 + 4y^2 + 4z^2 - 32x + 16y - 8z + 84 = 0$, elipsoide.

57. Hallar el lugar geométrico de los puntos que distan tres veces más del plano $z + 18 = 0$ que del punto $(0, 0, -2)$.   *Sol.* $9x^2 + 9y^2 + 8z^2 - 288 = 0$, elipsoide.

58. Hallar el lugar geométrico de los puntos que equidistan del plano $z = 5$ y del punto $(0, 0, 3)$.
Sol. $x^2 + y^2 + 4z - 16 = 0$, paraboloide.

CAPITULO 13

El plano

UN PLANO se representa por una ecuación lineal o de primer grado en las variables x, y, z. El recíproco también es cierto, es decir, toda ecuación lineal en x, y, z representa un plano.

La ecuación general de un plano es, por consiguiente, $Ax + By + Cz + D = 0$, siempre que A, B y C no sean nulos simultáneamente.

La ecuación de la familia de planos que pasan por el punto (x_0, y_0, z_0) es

$$A(x - x_0) + B(y - y_0) + C(z - z_0) = 0.$$

RECTA PERPENDICULAR A UN PLANO. Sean a, b, c las componentes de la recta; para que ésta sea perpendicular al plano de ecuación $Ax + By + Cz + D = 0$ se ha de verificar que dichas componentes sean proporcionales a los coeficientes de x, y, z de la ecuación del plano. Siempre que a, b, c, A, B, C sean todos distintos de cero y $\dfrac{a}{A} = \dfrac{b}{B} = \dfrac{c}{C}$, la recta y el plano son perpendiculares.

PLANOS PARALELOS Y PERPENDICULARES

Dos planos, $A_1x + B_1y + C_1z + D_1 = 0$ y $A_2x + B_2y + C_2z + D_2 = 0$, son *paralelos* si los coeficientes de x, y, z en sus ecuaciones son proporcionales, es decir, si se verifica $\dfrac{A_1}{A_2} = \dfrac{B_1}{B_2} = \dfrac{C_1}{C_2}$.

Dos planos, $A_1x + B_1y + C_1z + D_1 = 0$ y $A_2x + B_2y + C_2z + D_2 = 0$, son *perpendiculares*, cuando se verifica la relación entre coeficientes $A_1A_2 + B_1B_2 + C_1C_2 = 0$.

FORMA NORMAL. La forma normal de la ecuación de un plano es

$$x \cos \alpha + y \cos \beta + z \cos \gamma - p = 0,$$

siendo p la distancia del origen al plano, y α, β, γ, los ángulos de la dirección de la perpendicular al plano por el origen.

La forma normal de la ecuación del plano $Ax + By + Cz + D = 0$ es

$$\frac{Ax + By + Cz + D}{\pm \sqrt{A^2 + B^2 + C^2}} = 0,$$

en donde el signo del radical se considera opuesto al de D para que la distancia p sea siempre positiva.

ECUACION DEL PLANO EN FUNCION DE LOS SEGMENTOS QUE INTERCEPTA EN LOS EJES. La ecuación del plano que corta a los ejes x, y, z en los puntos a, b, c, respectivamente, viene dada por $\dfrac{x}{a} + \dfrac{y}{b} + \dfrac{z}{c} = 1$.

DISTANCIA DE UN PUNTO A UN PLANO. La distancia del punto (x_1, y_1, z_1) al plano

$$Ax + By + Cz + D = 0 \text{ es } d = \left| \frac{Ax_1 + By_1 + Cz_1 + D}{\sqrt{A^2 + B^2 + C^2}} \right|.$$

ANGULO DE DOS PLANOS. El ángulo agudo θ que forman dos planos, $A_1x + B_1y + C_1z + D_1 = 0$ y $A_2x + B_2y + C_2z + D_2 = 0$, viene definido por

$$\cos \theta = \left| \frac{A_1A_2 + B_1B_2 + C_1C_2}{\sqrt{A_1^2 + B_1^2 + C_1^2} \; \sqrt{A_2^2 + B_2^2 + C_2^2}} \right|$$

CASOS PARTICULARES. Los planos $Ax + By + D = 0$,

$$By + Cz + D = 0,$$

$$Ax + Cz + D = 0, \text{ representan planos perpendiculares,}$$

respectivamente, a los planos xy, yz y xz.

Los planos $Ax + D = 0$, $By + D = 0$, $Cz + D = 0$ representan planos, respectivamente, perpendiculares a los ejes x, y y z.

PROBLEMAS RESUELTOS

1. Hallar la ecuación del plano que pasa por el punto $(4, -2, 1)$ y es perpendicular a la recta de componentes $7, 2, -3$.

Apliquemos la ecuación del plano en la forma $A(x - x_0) + B(y - y_0) + C(z - z_0) = 0$ y la condición de que los coeficientes sean proporcionales a las componentes dadas.

Entonces, $7(x - 4) + 2(y + 2) - 3(z - 1) = 0$, o bien, $7x + 2y - 3z - 21 = 0$.

2. Hallar la ecuación del plano perpendicular, en el punto medio, al segmento definido por los puntos $(-3, 2, 1)$ y $(9, 4, 3)$.

Las componentes del segmento son $12, 2, 2$, o bien, $6, 1, 1$. El punto medio del segmento tiene de coordenadas $(3, 3, 2)$. Luego la ecuación del plano es

$$6(x - 3) + (y - 3) + (z - 2) = 0, \text{ o bien, } 6x + y + z - 23 = 0.$$

3. Hallar la ecuación del plano que pasa por el punto $(1, -2, 3)$ y es paralelo al plano

$$x - 3y + 2z = 0.$$

La ecuación del plano pedido es de la forma $x - 3y + 2z = k$. Para hallar k, se sustituyen las coordenadas $(1, -2, 3)$, en esta ecuación, ya que este punto pertenece al plano en cuestión.

Entonces, $1 - 3(-2) + 2(3) = k$, de donde $k = 13$. La ecuación pedida es $x - 3y + 2z = 13$.

4. Hallar la ecuación del plano que pasa por el punto $(1, 0, -2)$ y es perpendicular a los planos

$$2x + y - z = 2 \text{ y}$$

$$x - y - z = 3.$$

La familia de planos que pasan por el punto $(1, 0, -2)$ es $A(x - 1) + B(y - 0) + C(z + 2) = 0$. Para que uno de estos planos sea perpendicular a los dos dados,

$$2A + B - C = 0 \text{ y}$$

$$A - B - C = 0.$$

Resolviendo el sistema, $A = -2B$ y $C = -3B$.

La ecuación pedida es $-2B(x - 1) + B(y - 0) - 3B(z + 2) = 0$, o bien, $2x - y + 3z + 4 = 0$.

5. Hallar la ecuación del plano que pasa por los puntos $(1, 1, -1)$, $(-2, -2, 2)$, $(1, -1, 2)$.

Sustituyendo las coordenadas de estos puntos en la ecuación $Ax + By + Cz + D = 0$ se obtiene el sistema

$$A + B - C + D = 0,$$

$$-2A - 2B + 2C + D = 0,$$

$$A - B + 2C + D = 0.$$

Despejando A, B, C y D resultan, $D = 0$, $A = -C/2$, $B = 3C/2$, $C = C$. Sustituyendo estos valores y dividiendo por C resulta la ecuación

$$x - 3y - 2z = 0.$$

Otro método. La ecuación del plano que pasa por los puntos (x_1, y_1, z_1). (x_2, y_2, z_2) y (x_3, y_3, z_3) es el desarrollo del determinante igualado a cero siguiente:

$$\begin{vmatrix} x & y & z & 1 \\ x_1 & y_1 & z_1 & 1 \\ x_2 & y_2 & z_2 & 1 \\ x_3 & y_3 & z_3 & 1 \end{vmatrix} = 0.$$

6. Estudiar la ecuación $2x + 3y + 6z = 12$.

Como la ecuación es lineal o de primer grado, representa un plano.

Las componentes de la normal son 2, 3, 6. Los cosenos directores de esta normal son $\cos \alpha = \dfrac{2}{7}$, $\cos \beta = \dfrac{3}{7}$,

$\cos \gamma = \dfrac{6}{7}$.

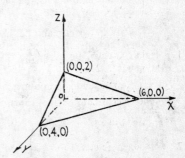

Los puntos de intersección con los ejes tienen de coordenadas $(6, 0, 0)$, $(0, 4, 0)$ y $(0, 0, 2)$.

Las rectas de intersección de un plano con los planos coordenados se llaman *trazas* del **plano**. Para hallar las ecuaciones de las trazas: en el plano xy, $z = 0$; luego la ecuación de la traza es $2x + 3y = 12$. Análogamente, para hallar la traza con el plano xz se hace $y = 0$ y resulta $2x + 6z = 12$ o bien, $x + 3z = 6$, y la ecuación de la traza con el plano yz es $3y + 6z = 12$, o bien, $y + 2z = 4$. En la figura se representan los puntos de intersección con los ejes y las trazas del plano.

Para hallar la longitud de la normal, es decir, la distancia del origen al plano:

$$d = \frac{Ax_1 + By_1 + Cz_1 + D}{\pm\sqrt{A^2 + B^2 + C^2}}. \qquad |d| = \left| \frac{2(0) + 3(0) + 6(0) - 12}{7} \right| = \frac{12}{7}.$$

7. Hallar la distancia del punto $(-2, 2, 3)$ al plano de ecuación $8x - 4y - z - 8 = 0$.

La ecuación en forma normal es $\dfrac{8x - 4y - z - 8}{\sqrt{64 + 16 + 1}} = \dfrac{8x - 4y - z - 8}{9} = 0$.

Sustituyendo las coordenadas del punto, $d = \dfrac{8(-2) - 4(2) - 1(3) - 8}{9} = -\dfrac{35}{9}$.

El signo negativo indica que el punto y el origen están al mismo lado del plano.

8. Hallar el menor ángulo formado por los planos $\quad$ (1) $\quad 3x + 2y - 5z - 4 = 0$
$$\text{y} \quad (2) \quad 2x - 3y + 5z - 8 = 0.$$

Los cosenos directores de las normales a los dos planos son:

$$\cos \alpha_1 = \frac{3}{\sqrt{38}}, \quad \cos \beta_1 = \frac{2}{\sqrt{38}}, \quad \cos \gamma_1 = \frac{5}{\sqrt{38}},$$

$$\cos \alpha_2 = \frac{2}{\sqrt{38}}, \quad \cos \beta_2 = \frac{-3}{\sqrt{38}}, \quad \cos \gamma_2 = \frac{5}{\sqrt{38}}.$$

Sea θ el ángulo formado por las dos normales.

Entonces, $\cos\theta = \left|\dfrac{3}{\sqrt{38}}\cdot\dfrac{2}{\sqrt{38}} - \dfrac{2}{\sqrt{38}}\cdot\dfrac{3}{\sqrt{38}} - \dfrac{5}{\sqrt{38}}\cdot\dfrac{5}{\sqrt{38}}\right| = \dfrac{25}{38}$, de donde $\theta = 48°51,6'$.

9. Hallar el punto de intersección de los planos: $x + 2y - z = 6,$
$$2x - y + 3z = -13,$$
$$3x - 2y + 3z = -16.$$

Tenemos tres ecuaciones lineales. La solución de este sistema nos da las coordenadas del punto de intersección de los tres planos.
Dicho punto es $(-1, 2, -3)$.

10. Hallar la ecuación del plano que pasa por la recta de intersección de los planos $3x + y - 5z + 7 = 0$ y $x - 2y + 4z - 3 = 0$ y por el punto $(-3, 2, -4)$.
La ecuación del haz de planos que pasa por la recta de intersección de otros dos dados es de la forma, $3x + y - 5z + 7 + k(x - 2y + 4z - 3) = 0$.

Para hallar el plano del haz que pasa por el punto $(-3, 2, -4)$, se sustituyen los valores $-3, 2,$ -4 en lugar de x, y, z, respectivamente, con lo que

$$-9 + 2 + 20 + 7 + k(-3 - 4 - 16 - 3) = 0, \text{ de donde } k = 10/13.$$

Sustituyendo y simplificando se obtiene $49x - 7y - 25z + 61 = 0$.

11. Hallar las ecuaciones de los planos bisectores del diedro formado por los planos

$$6x - 6y + 7z + 21 = 0 \text{ y}$$
$$2x + 3y - 6z - 12 = 0.$$

Sea (x_1, y_1, z_1) un punto genérico cualquiera del plano bisector. Las distancias de (x_1, y_1, z_1) a los dos planos deben ser iguales. Luego,

$$\frac{6x_1 - 6y_1 + 7z_1 + 21}{-11} = \pm\frac{2x_1 + 3y_1 - 6z_1 - 12}{7}.$$

Quitando denominadores y simplificando se obtiene: $64x - 9y - 17z + 15 = 0$
y $20x - 75y + 115z + 279 = 0$.

12. Hallar la ecuación del plano que pasa por los puntos $(1, -2, 2)$, $(-3, 1, -2)$ y es perpendicular al plano de ecuación $2x + y - z + 6 = 0$.

Sea $Ax + By + Cz + D = 0$ la ecuación del plano buscado.
Como los dos puntos dados pertenecen a él, sustituyendo valores,

$$A - 2B + 2C + D = 0 \text{ y}$$
$$-3A + B - 2C + D = 0.$$

Por otra parte, el plano pedido debe ser perpendicular al plano $2x + y - z + 6 = 0$; por tanto,

$$2A + B - C = 0.$$

Despejando A, B, D en función de C, $A = -\dfrac{C}{10}, B = \dfrac{6C}{5}, D = \dfrac{5C}{10}$.

Sustituyendo estos valores y dividiendo por C se obtiene la ecuación pedida,

$$x - 12y - 10z - 5 = 0.$$

13. Hallar el lugar geométrico de los puntos que equidistan del plano $2x - 2y + z - 6 = 0$ y del punto $(2, -1, 3)$.

Sea (x, y, z) un punto genérico del lugar. Entonces,
$$\sqrt{(x - 2)^2 + (y + 1)^2 + (z - 3)^2} = \frac{2x - 2y + z - 6}{3}.$$

Elevando al cuadrado y simplificando, $5x^2 + 5y^2 + 8z^2 + 8xy - 4xz + 4yz - 12x - 6y - 42z + 90 = 0$.

14. Hallar las ecuaciones de los planos paralelos al de ecuación $2x - 3y - 6z - 14 = 0$ y que disten 5 unidades del origen.

La ecuación de la familia de planos paralelos al dado es de la forma $2x - 3y - 6z - k = 0$.

La distancia de un punto cualquiera (x_1, y_1, z_1) al plano $2x - 3y - 6z - k = 0$ es

$$d = \frac{2x_1 - 3y_1 - 6z_1 - k}{7}.$$

Como $d = \pm 5$ desde $(0, 0, 0)$, se tiene, $\pm 5 = \dfrac{2(0) - 3(0) - 6(0) - k}{7}$, de donde $k = \pm 35$.

Luego la ecuación pedida es $2x - 3y - 6z \pm 35 = 0$.

En la figura se representan el plano I, que es el dado, y los planos II y III, que son los que se piden.

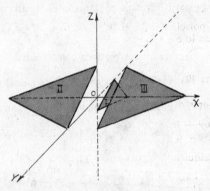
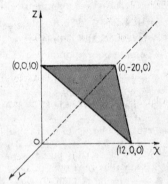

Problema 14   *Problema 15*

15. Hallar la ecuación del plano $5x - 3y + 6z = 60$ en función de los segmentos que intercepta sobre los ejes de coordenadas.

Dividiendo por 60 resulta la ecuación, $\dfrac{x}{12} - \dfrac{y}{20} + \dfrac{z}{10} = 1$.

Los puntos de intersección con los ejes son 12, —20, 10.

16. Demostrar que los planos $7x + 4y - 4z + 30 = 0$,
$36x - 51y + 12z + 17 = 0$,
$14x + 8y - 8z - 12 = 0$, y
$12x - 17y + 4z - 3 = 0$

son las cuatro caras de un paralelepípedo rectángulo.

Los planos primero y tercero son paralelos, ya que $\dfrac{7}{14} = \dfrac{4}{8} = \dfrac{-4}{-8}$.

Los planos segundo y cuarto son también paralelos, pues $\dfrac{36}{12} = \dfrac{-51}{-17} = \dfrac{12}{4}$.

Además, los planos primero y segundo son perpendiculares, **porque**

$$7(36) + 4(-51) - 4(12) = 252 - 204 - 48 = 0.$$

17. Hallar el lugar geométrico representado por la ecuación $x^2 + y^2 - 2xy - 4z^2 = 0$.

Escribamos esta ecuación en la forma $x^2 - 2xy + y^2 - 4z^2 = (x - y - 2z)(x - y + 2z) = 0$.

El lugar está constituido por los dos planos, que pasan por el origen,

$$x - y - 2z = 0 \quad \text{y}$$
$$x - y + 2z = 0.$$

PROBLEMAS PROPUESTOS

1. Hallar la ecuación del plano:
   a) Paralelo al plano xy y situado 3 unidades por debajo de él.   *Sol.* $z = -3$.
   b) Paralelo al plano yz y que corta al eje x en el punto de abscisa 4.   *Sol.* $x = 4$.
   c) Perpendicular al eje z en el punto $(0, 0, 6)$.   *Sol.* $z = 6$.
   d) Paralelo al plano xz y a 6 unidades detrás de él.   *Sol.* $y = -6$, o bien, $y + 6 = 0$.

2. Hallar la ecuación del plano horizontal que pasa por el punto $(3, -2, -4)$.
   Sol. $z = -4$, o bien, $z + 4 = 0$.

3. Hallar la ecuación del plano paralelo al eje z y que corta a los ejes x e y en los puntos 2 y -3, respectivamente.   *Sol.* $3x - 2y - 6 = 0$.

4. Hallar la ecuación del plano paralelo al eje z y cuya traza con el plano xy es la recta $x + y - 2 = 0$.
   Sol. $x + y - 2 = 0$.

5. Hallar las ecuaciones del plano:
   a) Que pasa por el punto $(3, -2, 4)$ y es perpendicular a la recta de componentes 2, 2, -3.
      Sol. $2x + 2y - 3z + 10 = 0$.
   b) Que pasa por el punto $(-1, 2, -3)$ y es perpendicular al segmento determinado por $(-3, 2, 4)$ y $(5, 4, 1)$.   *Sol.* $8x + 2y - 3z - 5 = 0$.
   c) Que pasa por el punto $(2, -3, 4)$ y es perpendicular a la recta que une dicho punto con $(4, 4, -1)$.
      Sol. $2x + 7y - 5z + 37 = 0$.
   d) Perpendicular, en el punto medio, al segmento que une los puntos $(-2, 2, -3)$ y $(6, 4, 5)$.
      Sol. $4x + y + 4z - 15 = 0$.

6. Hallar la ecuación del plano:
   a) Que pasa por el punto $(-1, 2, 4)$ y es paralelo al plano $2x - 3y - 5z + 6 = 0$.
      Sol. $2x - 3y - 5z + 28 = 0$.
   b) Que pasa por el punto $(2, -3, 6)$ y es paralelo al plano $2x - 5y + 7 = 0$.
      Sol. $2x - 5y - 19 = 0$.
   c) Que pasa por el origen y es paralelo al plano $3x + 7y - 6z + 3 = 0$.
      Sol. $3x + 7y - 6z = 0$.
   d) Paralelo al plano $6x + 3y - 2z - 14 = 0$ y equidistante de él y del origen.
      Sol. $6x + 3y - 2z \pm 7 = 0$.
   e) Paralelo al plano $3x - 6y - 2z - 4 = 0$ y a 3 unidades del origen.
      Sol. $3x - 6y - 2z \pm 21 = 0$.

7. Hallar la ecuación del plano:
   a) Paralelo al plano $6x - 6y + 7z - 44 = 0$ y a 2 unidades del origen.
      Sol. $6x - 6y + 7z \pm 66 = 0$.
   b) Paralelo al plano $4x - 4y + 7z - 3 = 0$ y distante 4 unidades del punto $(4, 1, -2)$.
      Sol. $4x - 4y + 7z + 38 = 0$, $4x - 4y + 7z - 34 = 0$.
   c) Paralelo al plano $2x - 3y - 5z + 1 = 0$ y distante 3 unidades del punto $(-1, 3, 1)$.
      Sol. $2x - 3y - 5z + 16 \pm 3\sqrt{38} = 0$.

8. Hallar la ecuación del plano que pasa por el punto $(3, -2, 4)$ y es perpendicular a los planos $7x - 3y + z - 5 = 0$ y $4x - y - z + 9 = 0$.   *Sol.* $4x + 11y + 5z - 10 = 0$.

9. Hallar la ecuación del plano que pasa por el punto $(4, -3, 2)$ y es perpendicular a la recta de intersección de los planos $x - y + 2z - 3 = 0$ y $2x - y - 3z = 0$.
   Sol. $5x + 7y + z - 1 = 0$.

10. Hallar la ecuación del plano que pasa por el punto $(1, -4, 2)$ y es perpendicular a los planos $2x + 5y - z - 12 = 0$ y $4x - 7y + 3z + 8 = 0$.
    Sol. $4x - 5y - 17z + 10 = 0$.

11. Hallar la ecuación del plano que pasa por el punto $(7, 0, 3)$ y es perpendicular a los planos $2x - 4y + 3z = 0$ y $7x + 2y + z - 14 = 0$.   *Sol.* $10x - 19y - 32z + 26 = 0$.

12. Hallar la ecuación del plano que pasa por el punto $(4, 1, 0)$ y es perpendicular a los planos $2x - y - 4z - 6 = 0$ y $x + y + 2z - 3 = 0$. *Sol.* $2x - 8y + 3z = 0$.

13. Hallar la ecuación del plano que pasa por el punto $(1, 1, 2)$ y es perpendicular a los planos $2x - 2y - 4z - 6 = 0$ y $3x + y + 6z - 4 = 0$. *Sol.* $x + 3y - z - 2 = 0$.

14. Hallar la ecuación del plano perpendicular a los planos $3x - y + z = 0$ y $x + 5y + 3z = 0$ y que diste $\sqrt{6}$ unidades del origen. *Sol.* $x + y - 2z \pm 6 = 0$.

15. Hallar la ecuación del plano perpendicular a los planos $x - 4y + z = 0$ y $3x + 4y + z - 2 = 0$ y que diste una unidad del origen. *Sol.* $4x - y - 8z \pm 9 = 0$.

16. Hallar la ecuación del plano que pasa por los puntos $(2, 2, 2)$ y $(0, -2, 0)$ y es perpendicular al plano $x - 2y + 3z - 7 = 0$. *Sol.* $4x - y - 2z - 2 = 0$.

17. Hallar la ecuación del plano que pasa por los puntos $(2, 1, 1)$ y $(3, 2, 2)$ y es perpendicular al plano $x + 2y - 5z - 3 = 0$. *Sol.* $7x - 6y - z - 7 = 0$.

18. Hallar la ecuación del plano que pasa por los puntos $(2, -1, 6)$ y $(1, -2, 4)$ y es perpendicular al plano $x - 2y - 2z + 9 = 0$. *Sol.* $2x + 4y - 3z + 18 = 0$.

19. Hallar la ecuación del plano que pasa por los puntos $(1, 2, -2)$ y $(2, 0, -2)$ y es perpendicular al plano $3x + y + 2z = 0$. *Sol.* $4x + 2y - 7z - 22 = 0$.

20. Hallar la ecuación del plano que pasa por los puntos $(1, 3, -2)$ y $(3, 4, 3)$ y es perpendicular al plano $7x - 3y + 5z - 4 = 0$. *Sol.* $20x + 25y - 13z - 121 = 0$.

21. Hallar la ecuación del plano que pasa por los puntos
  a) $(3, 4, 1)$, $(-1, -2, 5)$, $(1, 7, 1)$. *Sol.* $3x + 2y + 6z - 23 = 0$.
  b) $(3, 1, 4)$, $(2, 1, 6)$, $(3, 2, 4)$. *Sol.* $2x + z - 10 = 0$.
  c) $(2, 1, 3)$, $(-1, -2, 4)$, $(4, 2, 1)$. *Sol.* $5x - 4y + 3z - 15 = 0$.
  d) $(3, 2, 1)$, $(1, 3, 2)$, $(1, -2, 3)$. *Sol.* $3x + y + 5z - 16 = 0$.
  e) $(4, 2, 1)$, $(-1, -2, 2)$, $(0, 4, 5)$. *Sol.* $11x - 17y - 13z + 3 = 0$.

22. Representar los planos siguientes, hallando los puntos de intersección con los ejes y las trazas con los planos coordenados.
  a) $2x + 4y + 3z - 12 = 0$. c) $x + y = 6$. e) $2x - z = 0$.
  b) $3x - 5y + 2z - 30 = 0$. d) $2y - 3z = 6$. f) $x - 6 = 0$.

23. Hallar la ecuación de los planos definidos por:
  a) $\alpha = 120°$, $\beta = 45°$, $\gamma = 120°$, $p = 5$. *Sol.* $x - \sqrt{2}\,y + z + 10 = 0$.
  b) $\alpha = 90°$, $\beta = 135°$, $\gamma = 45°$, $p = 4$. *Sol.* $y - z + 4\sqrt{2} = 0$.
  c) el pie de la normal al plano por el origen es el punto $(2, 3, 1)$. *Sol.* $2x + 3y + z - 14 = 0$.
  d) $\alpha = 120°$, $\beta = 60°$, $\gamma = 135°$, $p = 2$. *Sol.* $x - y + \sqrt{2}\,z + 4 = 0$.
  e) $p = 2$, $\dfrac{\cos\alpha}{-1} = \dfrac{\cos\beta}{4} = \dfrac{\cos\gamma}{8}$. *Sol.* $x - 4y - 8z \pm 18 = 0$.

24. Reducir las ecuaciones siguientes a su forma normal y, a continuación, determinar los cosenos directores y la longitud de la normal.
  a) $2x - 2y + z - 12 = 0$. *Sol.* $\cos\alpha = 2/3$, $\cos\beta = -2/3$, $\cos\gamma = 1/3$, $p = 4$.
  b) $9x + 6y - 2z + 7 = 0$. *Sol.* $\cos\alpha = -9/11$, $\cos\beta = -6/11$, $\cos\gamma = 2/11$, $p = 7/11$.
  c) $x - 4y + 8z - 27 = 0$. *Sol.* $\cos\alpha = 1/9$, $\cos\beta = -4/9$, $\cos\gamma = 8/9$, $p = 3$.

25. Hallar la distancia del punto al plano indicados.
  a) Punto $(-2, 2, 3)$, plano $2x + y - 2z - 12 = 0$. *Sol.* $-20/3$. Interprétese el signo.
  b) Punto $(7, 3, 4)$, plano $6x - 3y + 2z - 13 = 0$. *Sol.* 4.
  c) Punto $(0, 2, 3)$, plano $6x - 7y - 6z + 22 = 0$. *Sol.* $10/11$.
  d) Punto $(1, -2, 3)$, plano $2x - 3y + 2z - 14 = 0$. *Sol.* 0.

26. Hallar el ángulo agudo que forman los planos
  a) $2x - y + z = 7$, $x + y + 2z - 11 = 0$. *Sol.* $60°$.
  b) $x + 2y - z = 12$, $x - 2y - 2z - 7 = 0$. *Sol.* $82°10,7'$.

c) $2x - 5y + 14z = 60$, $2x + y - 2z - 18 = 0$. *Sol.* 49°52,6'.
d) $2x + y - 2z = 18$, $4x - 3y - 100 = 0$. *Sol.* 70°31,7'.

27. Hallar el punto de intersección de los planos $2x - y - 2z = 5$, $4x + y + 3z = 1$, $8x - y + z = 5$.
Sol. $(3/2, 4, -3)$.

28. Hallar el punto de intersección de los planos:
a) $2x + y - z - 1 = 0$, $3x - y - z + 2 = 0$, $4x - 2y + z - 3 = 0$. *Sol.* $(1, 2, 3)$.
b) $2x + 3y + 3 = 0$, $3x + 2y - 5z + 2 = 0$, $3y - 4z + 8 = 0$. *Sol.* $(3/2, -2, 1/2)$.
c) $x + 2y + 4z = 2$, $2x + 3y - 2z + 3 = 0$, $2x - y + 4z + 8 = 0$. *Sol.* $(-4, 2, 1/2)$.

29. Hallar la ecuación del plano que pasa por la recta de intersección de los planos $2x - 7y + 4z - 3 = 0$, $3x - 5y + 4z + 11 = 0$, y el punto $(-2, 1, 3)$. *Sol.* $15x - 47y + 28z - 7 = 0$.

30. Hallar la ecuación del plano que pasa por la recta de intersección de los planos $3x - 4y + 2z - 6 = 0$, $2x + 4y - 2z + 7 = 0$, y por el punto $(1, 2, 3)$. *Sol.* $43x - 24y + 12z - 31 = 0$.

31. Hallar la ecuación del plano que pasa por la recta de intersección de los planos $2x - y + 2z - 6 = 0$, $3x - 6y + 2z - 12 = 0$, y que corta al eje x en el punto $(6, 0, 0)$. *Sol.* $x - 5y - 6 = 0$.

32. Hallar las ecuaciones de los planos bisectores del diedro formado por los planos $2x - y - 2z - 6 = 0$ y $3x + 2y - 6z = 12$. *Sol.* $5x - 13y + 4z - 6 = 0$, $23x - y - 32z - 78 = 0$.

33. Hallar las ecuaciones de los planos bisectores del diedro formado por los planos $6x - 9y + 2z + 18 = 0$ y $x - 8y + 4z = 20$. *Sol.* $65x - 169y + 62z - 58 = 0$, $43x + 7y - 26z + 382 = 0$.

34. Hallar las ecuaciones de los planos bisectores del diedro formado por los planos $3x + 4y - 6 = 0$ y $6x - 6y + 7z + 16 = 0$. *Sol.* $9x + 2y + 5z + 2 = 0$, $3x + 74y - 35z - 146 = 0$.

35. Hallar la ecuación de los planos siguientes en función de los segmentos de intersección con los ejes.
a) $2x - 3y + 4z = 12$.   b) $3x + 2y - 5z = 15$.   c) $x + 3y + 4z = 12$.
Sol. a) $\dfrac{x}{6} - \dfrac{y}{4} + \dfrac{2}{3} = 1$.   b) $\dfrac{x}{5} + \dfrac{y}{7,5} - \dfrac{2}{3} = 1$.   c) $\dfrac{x}{12} + \dfrac{y}{4} + \dfrac{z}{3} = 1$.

36. Hallar las ecuaciones de los planos que cortan a los ejes en los puntos:

a) $(-2, 0, 0)$, $(0, 3, 0)$, $(0, 0, 5)$.   *Sol.* $\dfrac{x}{-2} + \dfrac{y}{3} + \dfrac{2}{5} = 1$.

b) $(3, 0, 0)$, $(0, -2, 0)$.   *Sol.* $\dfrac{x}{3} - \dfrac{y}{2} = 1$. (Paralela al eje z.)

c) $(4, 0, 0)$.   *Sol.* $x = 4$. (Paralelo al plano yz.)

37. Demostrar que los planos siguientes son las caras de un paralelepípedo: $3x - y + 4z - 7 = 0$, $x + 2y - z + 5 = 0$, $6x - 2y + 8z + 10 = 0$, $3x + 6y - 3z - 7 = 0$.

38. Hallar el lugar geométrico de los puntos que disten del plano $3x - 2y - 6z = 12$ el doble que del plano $x - 2y + 2z + 4 = 0$.
Sol. $23x - 34y + 10z + 20 = 0$, $5x - 22y + 46z + 92 = 0$.

39. Hallar la distancia entre los planos paralelos $2x - 3y - 6z - 14 = 0$ y $2x - 3y - 6z + 7 = 0$. Hacer la figura.   *Sol.* 3.

40. Hallar la distancia entre los planos $3x + 6y + 2z = 22$ y $3x + 6y + 2z = 27$. Hacer la figura.
Sol. $5/7$.

41. Hallar la figura representada por $x^2 + 4y^2 - z^2 + 4xy = 0$.
Sol. Dos planos que se cortan: $x + 2y + z = 0$, $x + 2y - z = 0$.

42. Hallar la figura representada por $x^2 + y^2 + z^2 + 2xy - 2xz - 2yz - 4 = 0$.
Sol. Dos planos paralelos: $x + y - z + 2 = 0$, $x + y - z - 2 = 0$.

43. Hallar el lugar geométrico de los puntos que equidistan del plano $6x - 2y + 3z + 4 = 0$ y del punto $(-1, 1, 2)$.
Sol. $13x^2 + 45y^2 + 40z^2 + 24xy - 36xz + 12yz + 50x - 82y - 220z + 278 = 0$.

CAPITULO 14

La recta en el espacio

RECTA EN EL ESPACIO. Una recta en el espacio viene definida por la intersección de dos planos,

$$A_1 x + B_1 y + C_1 z + D_1 = 0$$
$$A_2 x + B_2 y + C_2 z + D_2 = 0$$

excepto cuando estos sean paralelos.

FORMA PARAMETRICA. Sean a, β, γ, los ángulos de la dirección de la recta L y $P_1(x_1, y_1, z_1)$ un punto genérico de ella. La recta L es el lugar geométrico de los puntos $P(x, y, z)$ tales que $x - x_1 = t \cos a$, $y - y_1 = t \cos \beta$, $z - z_1 = t \cos \gamma$, o bien, $x = x_1 + t \cos a$, $y = y_1 + t \cos \beta$, $z = z_1 + t \cos \gamma$, en las que el parámetro t representa la longitud variable $P_1 P$.

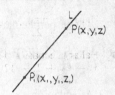

Llamando a, b, c, a las componentes de L, estas ecuaciones se pueden escribir en la forma

$$x = x_1 + at, \ y = y_1 + bt, \ z = z_1 + ct.$$

FORMA CONTINUA. Las ecuaciones de la recta que pasa por un punto $P_1(x_1, y_1, z_1)$ y cuyos ángulos de dirección son a, β, γ, vienen dadas por

$$\frac{x - x_1}{\cos a} = \frac{y - y_1}{\cos \beta} = \frac{z - z_1}{\cos \gamma}.$$

Llamando a, b, c, a las componentes de la recta, la ecuación en forma continua es

$$\frac{x - x_1}{a} = \frac{y - y_1}{b} = \frac{z - z_1}{c}.$$

Si L es perpendicular a uno de los ejes de coordenadas, la ecuación toma una de las formas siguientes:

$$x = x_1, \ \frac{y - y_1}{b} = \frac{z - z_1}{c} \quad \text{(perpendicular al eje } x\text{)}.$$

$$y = y_1, \ \frac{x - x_1}{a} = \frac{z - z_1}{c} \quad \text{(perpendicular al eje } y\text{)}.$$

$$z = z_1, \ \frac{x - x_1}{a} = \frac{y - y_1}{b} \quad \text{(perpendicular al eje } z\text{)}.$$

Si L es perpendicular a dos ejes, la recta queda determinada por las dos ecuaciones siguientes:

$$x = x_1, \ y = y_1 \text{ (perpendicular a los ejes } x \text{ e } y\text{)}.$$
$$x = x_1, \ z = z_1 \text{ (perpendicular a los ejes } x \text{ y } z\text{)}.$$
$$y = y_1, \ z = z_1 \text{ (perpendicular a los ejes } y \text{ y } z\text{)}.$$

RECTA QUE PASA POR DOS PUNTOS. Las ecuaciones de la recta que pasa por los puntos $P_1(x_1, y_1, z_1)$ y $P_2(x_2, y_2, z_2)$ son

$$\frac{x - x_1}{x_2 - x_1} = \frac{y - y_1}{y_2 - y_1} = \frac{z - z_1}{z_2 - z_1}.$$

PLANOS PROYECTANTES. Cada una de las ecuaciones

$$\frac{x - x_1}{a} = \frac{y - y_1}{b}, \quad \frac{x - x_1}{a} = \frac{z - z_1}{c}, \quad \frac{y - y_1}{b} = \frac{z - z_1}{c}$$

son la de un plano que contiene a la recta. Como cada uno de estos planos es perpendicular a uno de los planos coordenados, reciben el nombre de planos proyectantes de la recta; sus trazas con aquellos son las proyecciones de la recta sobre dichos planos de coordenadas.

PARALELISMO Y PERPENDICULARIDAD ENTRE RECTAS Y PLANOS. Una recta de componentes a, b, c, y un plano $Ax + By + Cz + D = 0$ son

(1) paralelos si se verifica la relación $Aa + Bb + Cc = 0$, y recíprocamente,

(2) perpendiculares si se verifican las relaciones $\dfrac{A}{a} = \dfrac{B}{b} = \dfrac{C}{c}$, y recíprocamente.

PLANOS QUE PASAN POR UNA RECTA. Dadas las ecuaciones

$$A_1x + B_1y + C_1z + D_1 = 0$$
$$A_2x + B_2y + C_2z + D_2 = 0,$$

la ecuación

$$A_1x + B_1y + C_1z + D_1 + K(A_2x + B_2y + C_2z + D_2) = 0,$$

siendo K un parámetro, representa el haz de planos que pasan por la recta de intersección de los dos dados, es decir la de todos los planos que pasan por dicha recta.

PROBLEMAS RESUELTOS

1. Dadas las ecuaciones $2x - y + z = 6$, $x + 4y - 2z = 8$, hallar,
   a) el punto de la recta para $z = 1$,
   b) los puntos de intersección de la recta con los planos coordenados,
   c) las componentes de la recta,
   d) los cosenos directores de la recta.

   a) Sustituyendo $z = 1$ en las dos ecuaciones resultan, $2x - y = 5$, $x + 4y = 10$.

   Resolviendo el sistema, $x = \dfrac{10}{3}$, $y = \dfrac{5}{3}$. Luego el punto pedido tiene de coordenadas $\left(\dfrac{10}{3}, \dfrac{5}{3}, 1\right)$

   b) Como $z = 0$ en el plano xy, procediendo como en a) se obtiene el punto $\left(\dfrac{32}{9}, \dfrac{10}{9}, 0\right)$.

   Análogamente, los otros puntos de intersección son $(4, 0, -2)$ y $(0, 10, 16)$.

   c) Los puntos $\left(\dfrac{10}{3}, \dfrac{5}{3}, 1\right)$ y $(4, 0, -2)$ pertenecen a la recta.

   En consecuencia, sus componentes son $4 - \dfrac{10}{3}$, $0 - \dfrac{5}{3}$, $-2 - 1$, o sea, $\dfrac{2}{3}$, $-\dfrac{5}{3}$, -3, o bien, $2, -5, -9$.

   d) Los cosenos directores son $\cos \alpha = \dfrac{2}{\sqrt{4 + 25 + 81}} = \dfrac{2}{\sqrt{110}}$, $\cos \beta = \dfrac{-5}{\sqrt{110}}$, $\cos \gamma = \dfrac{-9}{\sqrt{110}}$.

   Otro método. También se pueden obtener las componentes de la recta observando que ella es perpendicular a las normales a los dos planos que la definen. Teniendo en cuenta la notación de determinante, a partir de la disposición matricial

$$\begin{array}{cccccc} 1 & 4 & -2 & 1 & 4 \\ 2 & -1 & 1 & 2 & -1 \end{array} \quad \text{formada con los coeficientes de } x, y, z,$$

se deduce $\begin{vmatrix} 4 & -2 \\ -1 & 1 \end{vmatrix} = 4 - 2 = 2,$ $\begin{vmatrix} -2 & 1 \\ 1 & 2 \end{vmatrix} = -4 - 1 = -5,$ $\begin{vmatrix} 1 & 4 \\ 2 & -1 \end{vmatrix} = -9$, o bien, $2, -5, -9$.

2. Hallar el ángulo agudo formado por las rectas (1) $2x - y + 3z - 4 = 0$, $3x + 2y - z + 7 = 0$
y (2) $x + y - 2z + 3 = 0$, $4x - y + 3z + 7 = 0$.

Los cosenos directores de la primera recta son, $-5, 11, 7$, y los correspondientes de la segunda, $-1, 11, 5$, obtenidos como ya se explicó en el Problema 1d).

Llamando θ al ángulo formado por las dos rectas, se tiene

$$\cos\theta = \frac{-5}{\sqrt{195}}\cdot\frac{-1}{\sqrt{147}} + \frac{11}{\sqrt{195}}\cdot\frac{11}{\sqrt{147}} + \frac{7}{\sqrt{195}}\cdot\frac{5}{\sqrt{147}} = \frac{23}{3\sqrt{65}}, \text{ de donde } \theta = 18°1,4'.$$

3. Demostrar que las rectas (1) $x - y + z - 5 = 0$, $x - 3y + 6 = 0$
y (2) $2y + z - 5 = 0$, $4x - 2y + 5z - 4 = 0$
son paralelas.

Las componentes de la primera recta son:

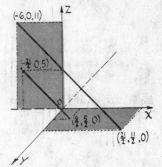

$$\begin{matrix} 1 & -1 & 1 & -1 \\ 1 & -3 & 0 & 1 \end{matrix} \quad \text{o sea,} \quad 3, 1, -2.$$

Las componentes de la segunda recta son:

$$\begin{matrix} 0 & 2 & 1 & 2 \\ 4 & -2 & 5 & -2 \end{matrix} \quad \text{o sea,} \quad 12, 4, -8, \quad \text{o bien} \quad 3, 1, -2.$$

Como las componentes de ambas rectas son iguales, éstas son paralelas.

4. Demostrar que las rectas $\dfrac{x+1}{2} = \dfrac{y-5}{3} = \dfrac{z-7}{-1}$ y $\dfrac{x+4}{5} = \dfrac{y-1}{-3} = \dfrac{z-3}{1}$ son perpendiculares.

Los cosenos directores de la primera recta son $\cos\alpha = \dfrac{2}{\sqrt{14}}$, $\cos\beta = \dfrac{3}{\sqrt{14}}$, $\cos\gamma = \dfrac{-1}{\sqrt{14}}$.

Los cosenos directores de la segunda recta son $\cos\alpha = \dfrac{5}{\sqrt{35}}$, $\cos\beta = \dfrac{-3}{\sqrt{35}}$, $\cos\gamma = \dfrac{1}{\sqrt{35}}$.

$$\cos\theta = \frac{2}{\sqrt{14}}\cdot\frac{5}{\sqrt{35}} + \frac{3}{\sqrt{14}}\cdot\frac{-3}{\sqrt{35}} + \frac{-1}{\sqrt{14}}\cdot\frac{1}{\sqrt{35}} = \frac{10 - 9 - 1}{\sqrt{14}\,\sqrt{35}} = 0, \text{ luego } \theta = 90°.$$

También, tomando como componentes de las rectas (2, 3, -1 y 5, -3, 1) se tiene, $2(5) + 3(-3) + (-1)(1) = 0$, de donde se deduce que son perpendiculares.

5. Representar la recta $3x - 2y + 3z - 4 = 0$, $x - 2y - z + 4 = 0$.

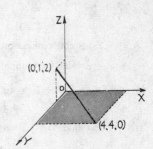

Se hallan dos de los puntos de intersección con los planos coordenados y, a continuación, se unen entre sí.

Para hallar la intersección con el plano xy se hace $z = 0$. Es decir,

$$3x - 2y = 4$$
$$x - 2y = -4.$$

De aquí se deducen los valores $x = 4$, $y = 4$. Luego el punto de intersección con el plano xy es $(4, 4, 0)$.

Análogamente, el punto de intersección con el plano yz es $(0, 1, 2)$.

6. Hallar el punto de intersección de la recta $x + 2y - z - 6 = 0$, $2x - y + 3z + 13 = 0$ con el plano $3x - 2y + 3z + 16 = 0$.

Como el punto buscado debe satisfacer a las tres ecuaciones habrá que resolver el sistema correspondiente. Eliminando z se obtienen las dos ecuaciones, $3x + 2y - 1 = 0$, $x - y + 3 = 0$.

De estas dos resulta, $x = -1$, $y = 2$. Sustituyendo estos valores en $x + 2y - z - 6 = 0$ se deduce $z = -3$. Luego el punto de intersección tiene de coordenadas $(-1, 2, -3)$.

7. Demostrar que las rectas de ecuaciones

$$x - y - z - 7 = 0, \quad 3x - 4y - 11 = 0, \quad \text{y} \quad x + 2y - z - 1 = 0, \quad x + y + 1 = 0$$

se cortan.

Sean (x_1, y_1, z_1) las coordenadas del punto de intersección de las dos rectas. Estas deben satisfacer la ecuación de cada uno de los planos. Por consiguiente,

(1) $x_1 - y_1 - z_1 = 7$
(2) $3x_1 - 4y_1 = 11$
(3) $x_1 + 2y_1 - z_1 = 1$
(4) $x_1 + y_1 = -1.$

Restando (3) de (1) se obtiene $y_1 = -2$. Sustituyendo este valor de y_1 en (4) resulta $x_1 = 1$. Sustituyendo estos dos valores en (1), $z_1 = -4$.

El punto de intersección tiene de coordenadas $(1, -2, -4)$.

8. Hallar el ángulo formado por la recta $x + 2y - z + 3 = 0$, $2x - y + 3z + 5 = 0$, y el plano $3x - 4y + 2z - 5 = 0$.

Para obtener las componentes de la recta:

o sea, $6 - 1$, $-2 - 3$, $-1 - 4$, o bien, 5, -5, -5, o lo que es igual 1, -1, -1.

El ángulo formado por la recta y el plano es el complementario del ángulo θ que la recta forma con la normal al plano. Las componentes de la normal son 3, -4, 2.

$$\cos \theta = \frac{3(1) - 4(-1) + 2(-1)}{\sqrt{3} \ \sqrt{29}} = \frac{5}{\sqrt{87}}. \text{ De donde, } \theta = 57°35'.$$

El ángulo formado por la recta y el plano es $32°25'$.

9. Hallar la ecuación, en forma continua, de la recta intersección de los planos

$$2x - 3y + 3z - 4 = 0$$
$$x + 2y - z + 3 = 0.$$

Eliminando z e y entre las ecuaciones dadas se obtiene,

$$5x + 3y + 5 = 0 \quad \text{y} \quad 7x + 3z + 1 = 0.$$

Igualando los valores de x de ambas ecuaciones resulta,

$$x = \frac{3y + 5}{-5} = \frac{3z + 1}{-7}, \text{ o sea, } \frac{x}{1} = \frac{y + \dfrac{5}{3}}{-\dfrac{5}{3}} = \frac{z + \dfrac{1}{3}}{-\dfrac{7}{3}}, \text{ o bien, } \frac{x}{3} = \frac{y + \dfrac{5}{3}}{-5} = \frac{z + \dfrac{1}{3}}{-7}.$$

Estas ecuaciones son las correspondientes a una recta que pasa por el punto $\left(0, -\dfrac{5}{3}, -\dfrac{1}{3}\right)$ y que tiene de componentes 3, -5, -7.

10. Escribir, en forma paramétrica, las ecuaciones de la recta de intersección de los planos

$$3x + 3y - 4z + 7 = 0 \quad \text{y} \quad x + 6y + 2z - 6 = 0.$$

Eliminando y y z entre las ecuaciones dadas se obtiene,

$$x - 2z + 4 = 0 \quad \text{y} \quad x + 3y - 1 = 0.$$

Igualando los valores de x de ambas ecuaciones resulta, $\dfrac{x}{6} = \dfrac{y - 1/3}{-2} = \dfrac{z - 2}{3}$.

Si igualamos ahora cada uno de los miembros a un parámetro t, se obtienen las ecuaciones paramétricas de la recta dada: $x = 6t$, $y = \frac{1}{3} - 2t$, $z = 2 + 3t$.

11. Hallar las ecuaciones de los planos proyectantes de la recta de intersección de los planos de ecuaciones

$$2x + 3y - 5z + 6 = 0$$
$$3x - 2y + z - 8 = 0.$$

Para hallar los planos proyectantes basta eliminar, sucesivamente, z, y y x entre las dos ecuaciones; se obtienen los planos $17x - 7y - 34 = 0$, $13x - 7z - 12 = 0$ y $13y - 17z + 34 = 0$, que son los proyectantes de la recta sobre los planos xy, xz e yz.

12. Hallar las ecuaciones de la recta que pasa por el punto $(1, -2, 2)$ y cuyos ángulos de dirección son 60°, 120°, 45°.

Teniendo en cuenta $\dfrac{x - x_1}{\cos \alpha} = \dfrac{y - y_1}{\cos \beta} = \dfrac{z - z_1}{\cos \gamma}$, resulta

$$\dfrac{x - 1}{\cos 60°} = \dfrac{y + 2}{\cos 120°} = \dfrac{z - 2}{\cos 45°}, \text{ o sea, } \dfrac{x - 1}{-\frac{1}{2}} = \dfrac{y + 2}{-\frac{1}{2}} = \dfrac{z - 2}{\frac{1}{2}\sqrt{2}},$$

o bien, $\dfrac{x - 1}{1} = \dfrac{y + 2}{-1} = \dfrac{z - 2}{\sqrt{2}}$.

13. Hallar las ecuaciones de la recta que pasa por los puntos $(-2, 1, 3)$ y $(4, 2, -2)$.

Teniendo en cuenta $\dfrac{x - x_1}{x_2 - x_1} = \dfrac{y - y_1}{y_2 - y_1} = \dfrac{z - z_1}{z_2 - z_1}$, se obtiene $\dfrac{x + 2}{4 + 2} = \dfrac{y - 1}{2 - 1} = \dfrac{z - 3}{-2 - 3}$,

o sea, $\dfrac{x + 2}{6} = \dfrac{y - 1}{1} = \dfrac{z - 3}{-5}$.

14. Hallar las ecuaciones de la recta que pasa por el punto $(1, -3, 4)$ y es perpendicular al plano $x - 3y + 2z = 4$.

Las componentes de la recta son 1, -3, 2.

Las ecuaciones pedidas son $\dfrac{x - 1}{1} = \dfrac{y + 3}{-3} = \dfrac{z - 4}{2}$ o bien, $3x + y = 0$, $2y + 3z - 6 = 0$.

15. Hallar la ecuación del plano formado por las rectas

$$\dfrac{x - 1}{4} = \dfrac{y + 1}{2} = \dfrac{z - 2}{3} \quad y \quad \dfrac{x - 1}{5} = \dfrac{y + 1}{4} = \dfrac{z - 2}{3}.$$

Obsérvese que las rectas se cortan en el punto $(1, -1, 2)$.

Apliquemos la ecuación $Ax + By + Cz + D = 0$. Como las dos rectas pertenecen al plano, serán perpendiculares a la normal a éste. Por tanto,

$$4A + 2B + 3C = 0$$
$$5A + 4B + 3C = 0.$$

Por otra parte, el punto $(1, -1, 2)$ también pertenece al plano. Luego,

$$A - B + 2C + D = 0.$$

Como tenemos cuatro incógnitas y solamente tres ecuaciones, despejemos tres de aquéllas en función de la cuarta (sistema indeterminado con infinitas soluciones).

Despejando A, C, D en función de B resulta: $A = -2B$, $C = 2B$, $D = -B$. Sustituyendo estos valores en la ecuación general y dividiendo por B se obtiene, $2x - y - 2z + 1 = 0$.

PROBLEMAS PROPUESTOS

1. Hallar las coordenadas del punto de la recta
a) $2x - y + z - 5 = 0$, $x + 2y - 2z - 5 = 0$, para $z = 1$.   *Sol.* $(3, 2, 1)$.
b) $4x - 3y + 2z - 7 = 0$, $x + 4y - z - 5 = 0$, para $y = 2$.   *Sol.* $(7/6, 2, 25/6)$.
c) $\dfrac{x - 2}{3} = \dfrac{y + 4}{-2} = \dfrac{z - 1}{2}$, para $x = 3$.   *Sol.* $(3, -14/3, 5/3)$.
d) $2x = 3y - 1$, $3z = 4 - 2y$, para $x = 4$.   *Sol.* $(4, 3, -2/3)$.
e) $x = 4 - 3t$, $y = -1 + 4t$, $z = 2t - 3$, para $t = 3$.   *Sol.* $(-5, 11, 3)$.

2. Hallar los puntos de intersección con los planos coordenados de las rectas siguientes. Dibujar estas rectas uniendo dos de los puntos de intersección.

a) $x - 2y + z = 0$, $3x + y + 2z = 7$.   *Sol.*   (2, 1, 0), (7, 0, —7), (0, 7/5, 14/5).

b) $2x - y + 3z + 1 = 0$, $5x + 4y - z - 6 = 0$.   *Sol.* $\left(\dfrac{2}{13}, \dfrac{17}{13}, 0\right)$, (1, 0, —1), $\left(0, \dfrac{17}{11}, \dfrac{2}{11}\right)$.

c) $\dfrac{x - 1}{2} = \dfrac{y + 3}{1} = \dfrac{z - 6}{-1}$.   *Sol.*   (13, 3, 0), (7, 0, 3), (0, —7/2, 13/2).

d) $2x + 3y - 2 = 0$, $y - 3z + 4 = 0$.   *Sol.*   (7, —4, 0), (1, 0, 4/3), (0, 2/3, 14/9).

e) $x + 2y - 6 = 0$, $z = 4$.   *Sol.*   (6, 0, 4), (0, 3, 4).

3. Hallar las componentes y los cosenos directores de las rectas:

a) $3x + y - z - 8 = 0$, $4x - 7y - 3z + 1 = 0$.   *Sol.*   2, —1, 5; $\dfrac{2}{\sqrt{30}}, \dfrac{-1}{\sqrt{30}}, \dfrac{5}{\sqrt{30}}$.

b) $2x - 3y + 9 = 0$, $2x - y + 8z + 11 = 0$.   *Sol.*   6, 4, —1; $\dfrac{6}{\sqrt{53}}, \dfrac{4}{\sqrt{53}}, \dfrac{-1}{\sqrt{53}}$.

c) $3x - 4y + 2z - 7 = 0$, $2x + y + 3z - 11 = 0$.   *Sol.*   14, 5, —11; $\dfrac{14}{3\sqrt{38}}, \dfrac{5}{3\sqrt{38}}, \dfrac{-11}{3\sqrt{38}}$.

d) $x - y + 2z - 1 = 0$, $2x - 3y - 5z - 7 = 0$.   *Sol.*   11, 9, —1; $\dfrac{11}{\sqrt{203}}, \dfrac{9}{\sqrt{203}}, \dfrac{-1}{\sqrt{203}}$.

e) $3x - 2y + z + 4 = 0$, $2x + 2y - z - 3 = 0$.   *Sol.*   0, 1, 2;   0, $\dfrac{1}{\sqrt{5}}, \dfrac{2}{\sqrt{5}}$.

4. Hallar el ángulo agudo formado por las rectas $x - 2y + z - 2 = 0$, $2y - z - 1 = 0$
y $x - 2y + z - 2 = 0$, $x - 2y + 2z - 4 = 0$.

           Sol.   78°27,8′.

5. Hallar el ángulo agudo formado por las rectas $\dfrac{x - 1}{6} = \dfrac{y + 2}{-3} = \dfrac{z - 4}{6}$ y $\dfrac{x + 2}{3} = \dfrac{y - 3}{6}$
$= \dfrac{z + 4}{-2}$.

           Sol.   79°1′.

6. Hallar el ángulo agudo formado por las rectas

     $2x + 2y + z - 4 = 0$, $x - 3y + 2z = 0$ y $\dfrac{x - 2}{7} = \dfrac{y + 2}{6} = \dfrac{z - 4}{-6}$.   *Sol.*   49°26,5′.

7. Hallar el ángulo agudo formado por la recta $\dfrac{x + 1}{3} = \dfrac{y - 1}{6} = \dfrac{z - 3}{-6}$ y el plano $2x - 2y$
$+ z - 3 = 0$.

           Sol.   26°23,3′.

8. Hallar el ángulo agudo que forma la recta que pasa por los puntos (3, 4, 2), (2, 3, —1) con la que une (1, —2, 3), (—2, —3, 1).

           Sol.   36°19′.

9. Demostrar que la recta $\dfrac{x - 1}{1} = \dfrac{y + 2}{2} = \dfrac{z - 3}{4}$ es paralela al plano $6x + 7y - 5z - 8 = 0$.

10. Hallar las ecuaciones de la recta que pasa por el punto (2, 1, —2) y es perpendicular al plano $3x - 5y + 2z + 4 = 0$.   *Sol.* $\dfrac{x - 2}{3} = \dfrac{y - 1}{-5} = \dfrac{z + 2}{2}$.

11. Hallar las ecuaciones de la recta,

a)   Que pasa por el punto (2, —1, 3) y es paralela al eje x.   *Sol.* $y + 1 = 0$, $z - 3 = 0$.
b)   Que pasa por el punto (2, —1, 3) y es paralela al eje y.   *Sol.* $x - 2 = 0$, $z - 3 = 0$.
c)   Que pasa por el punto (2, —1, 3) y es paralela al eje z.   *Sol.* $x - 2 = 0$, $y + 1 = 0$.

d)   Que pasa por el punto (2, —1, 3) y tiene de cosenos directores $\cos \alpha = \frac{1}{2}$, $\cos \beta = \dfrac{1}{3}$.

           Sol. $\dfrac{x - 2}{3} = \dfrac{y + 1}{2} = \dfrac{z - 3}{\pm\sqrt{23}}$.

12. Hallar las ecuaciones de la recta que pasa por el punto $(-6, 4, 1)$ y es perpendicular al plano $3x - 2y + 5z + 8 = 0$.   *Sol.* $2x + 3y = 0,\ 5y + 2z - 22 = 0$.

13. Hallar las ecuaciones de la recta que pasa por el punto $(2, 0, -3)$ y es perpendicular al piano $2x - 3y + 6 = 0$.   *Sol.* $3x + 2y - 6 = 0,\ z + 3 = 0$.

14. Hallar las ecuaciones de la recta que pasa por el punto $(1, -2, -3)$ y es perpendicular al plano $x - 3y + 2z + 4 = 0$.   *Sol.* $\dfrac{x-1}{1} = \dfrac{y+2}{-3} = \dfrac{z+3}{2}$.

15. Hallar las ecuaciones de la recta que pasa por los puntos $(2, -3, 4)$ y $(5, 2, -1)$.
Sol. $\dfrac{x-2}{3} = \dfrac{y+3}{5} = \dfrac{z-4}{-5}$.

16. Hallar las ecuaciones de la recta que pasa por los puntos
  a) $(1, 2, 3)$ y $(-2, 3, 3)$.   *Sol.* $x + 3y - 7 = 0,\ z = 3$.
  b) $(-2, 2, -3)$ y $(2, -2, 3)$.   *Sol.* $x + y = 0,\ 3y + 2z = 0$.
  c) $(2, 3, 4)$ y $(2, -3, -4)$.   *Sol.* $x - 2 = 0,\ 4y - 3z = 0$.
  d) $(1, 0, 3)$ y $(2, 0, 3)$.   *Sol.* $y = 0,\ z = 3$.
  e) $(2, -1, 3)$ y $(6, 7, 4)$ en forma paramétrica.   *Sol.* $x = 2 + \dfrac{4}{9}t,\ y = -1 + \dfrac{8}{9}t,\ z = 3 + \dfrac{1}{9}t$.

17. Hallar las ecuaciones de la recta que pasa por los puntos $(1, -2, 3)$ y es paralela a los planos $2x - 4y + z - 3 = 0$ y $x + 2y - 6z + 4 = 0$.   *Sol.* $\dfrac{x-1}{22} = \dfrac{y+2}{13} = \dfrac{z-3}{8}$.

18. Hallar las ecuaciones de la recta que pasa por el punto $(1, 4, -2)$ y es paralela a los planos $6x + 2y + 2z + 3 = 0$ y $3x - 5y - 2z - 1 = 0$.   *Sol.* $\dfrac{x-1}{1} = \dfrac{y-4}{3} = \dfrac{z+2}{-6}$.

19. Hallar las ecuaciones de la recta que pasa por el punto $(-2, 4, 3)$ y es paralela a la recta que pasa por $(1, 3, 4)$ y $(-2, 2, 3)$.   *Sol.* $x - 3y + 14 = 0,\ y - z - 1 = 0$.

20. Hallar las ecuaciones de la recta que pasa por el punto $(3, -1, 4)$ y es perpendicular a las rectas cuyas componentes son $3, 2, -4$ y $2, -3, 2$.   *Sol.* $\dfrac{x-3}{8} = \dfrac{y+1}{14} = \dfrac{z-4}{13}$.

21. Hallar las ecuaciones de la recta que pasa por el punto $(2, 2, -3)$ y es perpendicular a las rectas cuyas componentes son $2, -1, 3$ y $-1, 2, 0$.   *Sol.* $x - 2y + 2 = 0,\ y + z + 1 = 0$.

22. Hallar las ecuaciones de la recta que pasa por el punto $(2, -2, 4)$ y cuyos ángulos de dirección son $120°, 60°, 45°$.   *Sol.* $\dfrac{x-2}{-1} = \dfrac{y+2}{1} = \dfrac{z-4}{\sqrt{2}}$.

23. Hallar las ecuaciones de la recta que pasa por el punto $(-2, 1, 3)$ y cuyos ángulos de dirección son $135°, 60°, 120°$.   *Sol.* $\dfrac{x+2}{-\sqrt{2}} = \dfrac{y-1}{1} = \dfrac{z-3}{-1}$.

24. Hallar las ecuaciones de la recta,
  a) Que pasa por el punto $(0, 2, -1)$ y tiene de componentes, $1, -3, 4$.
    Sol. $\dfrac{x}{1} = \dfrac{y-2}{-3} = \dfrac{z+1}{4}$.
  b) Que pasa por el punto $(-1, 1, -3)$ y tiene de componentes, $\sqrt{2}, 3, -4$.
    Sol. $\dfrac{x+1}{\sqrt{2}} = \dfrac{y-1}{3} = \dfrac{z+3}{-4}$.
  c) Que pasa por el punto $(0, 0, 0)$ y tiene de componentes $1, 1, 1$.
    Sol. $x = y = z$.
  d) Que pasa por el punto $(-2, 3, 2)$ y tiene de componentes, $0, 2, 1$.
    Sol. $x + 2 = 0,\ y - 2x + 1 = 0$.
  e) Que pasa por el punto $(1, -1, 6)$ y tiene de componentes, $2, -1, 1$.
    Sol. $x = 2z - 11,\ y = -z + 5$.

25. Demostrar que la recta $x = \dfrac{2}{7}z + \dfrac{15}{7}$, $\quad y = -\dfrac{5}{7}z - \dfrac{34}{7}$ es perpendicular a la recta

$x - y - z - 7 = 0$, $\quad 3x - 4y - 11 = 0$.

26. Demostrar que las rectas $x + 2y - z - 1 = 0$, $\quad x + y + 1 = 0$ y $\dfrac{7x - 15}{2} = \dfrac{7y + 34}{-5} = \dfrac{z}{1}$ son perpendiculares.

27. Demostrar que las rectas $3x - 2y + 13 = 0$, $\quad y + 3z - 26 = 0$ y $\dfrac{x + 4}{5} = \dfrac{y - 1}{-3} = \dfrac{z - 3}{1}$ son perpendiculares.

28. Demostrar que las rectas $\dfrac{x - 3}{1} = \dfrac{y + 8}{-2} = \dfrac{z + 6}{-11}$ y $\quad 3x + 5y + 7 = 0$, $\quad y + 3z - 10 = 0$ son pependiculares.

29. Demostrar que las rectas $x - 2y + 2 = 0$, $\quad 2y + z + 4 = 0$ y $7x + 4y - 15 = 0$, $\quad y + 14z + 40 = 0$ son perpendiculares.

30. Demostrar que la recta $\dfrac{x - 2}{10} = \dfrac{2y - 2}{11} = \dfrac{z - 5}{7}$ está situada en el plano $3x - 8y + 2z - 8 = 0$.

Para demostrar que una recta está situada en un plano hay que comprobar que dos puntos de la recta pertenecen al plano, o bien, que un punto de la recta está situado en el plano y que dicha recta es perpendicular a él.

31. Demostrar que la recta $y - 2x + 5 = 0$, $\quad z - 3x - 4 = 0$ está situada en el plano $9x + 3y - 5z + 35 = 0$.

32. Demostrar que la recta $x - z - 4 = 0$, $\quad y - 2z - 3 = 0$ está situada en el plano $2x + 3y - 8z - 17 = 0$.

33. Demostrar que la recta $\dfrac{x - 1}{1} = \dfrac{y + 2}{2} = \dfrac{z - 3}{4}$ está situada en el plano $2x + 3y - 2z + 10 = 0$.

34. Hallar las coordenadas del punto de intersección de la recta $2x - y - 2z - 5 = 0$, $\quad 4x + y + 3z - 1 = 0$ con el plano $8x - y + z - 5 = 0$.   *Sol.* (3/2, 4, —3).

35. Hallar el punto de intersección de la recta $x = z + 2$, $\quad y = -3z + 1$ con el plano $x - 2y - 7 = 0$. *Sol.* (3, —2, 1).

36. Hallar el punto de intersección de la recta $\dfrac{x}{1} = \dfrac{2y - 3}{1} = \dfrac{2z - 1}{5}$ con el plano $4x - 2y + z - 3 = 0$.

Sol. (1, 2, 3).

37. Hallar el punto de intersección de la recta $x + 2y + 4z - 2 = 0$, $\quad 2x + 3y - 2z + 3 = 0$ con el plano $2x - y + 4z + 8 = 0$.   *Sol.* (—4, 2, 1/2).

38. Hallar las ecuaciones de la recta situada en el plano $x + 3y - z + 4 = 0$ y que es perpendicular a la recta $x - 2z - 3 = 0$, $\quad y - 2z = 0$ en el punto en que ésta corta a dicho plano. *Sol.* $3x + 5y + 7 = 0$, $\quad 4x + 5z + 1 = 0$.

39. Demostrar que los puntos (2, —3, 1), (5, 4, —4) y (8, 11, —9) están en línea recta.

40. Hallar el punto de intersección de las rectas $2x + y - 5 = 0$, $3x + z - 14 = 0$ y $x - 4y - 7 = 0$, $5x + 4z - 35 = 0$.   *Sol.* (3, —1, 5).

41. Hallar el punto de intersección de las rectas $x - y - z + 8 = 0$, $5x + y + z + 10 = 0$ y $x + y + z - 2 = 0$, $2x + y - 3z + 9 = 0$.   *Sol.* (—3, 3, 2).

42. Hallar el punto de intersección de las rectas $x + 5y - 7z + 1 = 0$, $10x - 23y + 40z - 27 = 0$ y $x - y + z + 1 = 0$, $2x + y - 2z + 2 = 0$.   *Sol.* (—1/38, 148/38, 111/38).

43. Escribir, en forma continua, las ecuaciones del lugar geométrico de los puntos equidistantes de los puntos fijos (3, —1, 2), (4, —6, —5) y (0, 0, —3).

Sol. $\dfrac{x}{16} = \dfrac{y + 175/32}{13} = \dfrac{z + 19/32}{-7}$.

44. Escribir, en forma continua, las ecuaciones del lugar geométrico de los puntos equidistantes de los puntos fijos (3, —2, 4), (5, 3, —2) y (0, 4, 2).

Sol. $\dfrac{x - 18/11}{26} = \dfrac{y}{22} = \dfrac{z + 9/44}{27}$.

CAPITULO 15

Superficies

CUADRICAS. Una superficie definida por una ecuación de segundo grado en tres variables recibe el nombre de *superficie cuádrica* o, simplemente, *cuádrica*. Una sección plana de una cuádrica es una cónica o una forma degenerada o límite de ésta.

La ecuación más general de segundo grado en tres variables es $Ax^2 + By^2 + Cz^2 + Dxy + Exz + Fyz + Gx + Hy + Iz + K = 0$.

Por rotación o traslación de ejes, o bien, por ambas transformaciones, la ecuación anterior puede tomar una de las dos formas siguientes:

$$(1) \quad Ax^2 + By^2 + Cz^2 = D$$
$$(2) \quad Ax^2 + By^2 + Iz = 0.$$

Si ninguna de las constantes de (1) o (2) es nula, la ecuación se puede escribir de estas dos maneras:

$$(3) \quad \pm \frac{x^2}{a^2} \pm \frac{y^2}{b^2} \pm \frac{z^2}{c^2} = 1$$

$$(4) \quad \pm \frac{x^2}{a^2} \pm \frac{y^2}{b^2} = \frac{z}{c}.$$

La ecuación (3) puede representar tres superficies esencialmente distintas cuyas ecuaciones son,

$$(5) \quad \frac{x^2}{a^2} + \frac{y^2}{b^2} + \frac{z^2}{c^2} = 1, \quad \frac{x^2}{a^2} + \frac{y^2}{b^2} - \frac{z^2}{c^2} = 1, \quad \frac{x^2}{a^2} - \frac{y^2}{b^2} - \frac{z^2}{c^2} = 1,$$

Como todas las superficies (5) son simétricas con respecto al origen, se denominan cuádricas con centro.

Las dos superficies representadas por (4) son cuádricas sin centro.

ESFERA. Si en la ecuación $\frac{x^2}{a^2} + \frac{y^2}{b^2} + \frac{z^2}{c^2} = 1$ se verifica que $a = b = c$, se transforma en $x^2 + y^2 + z^2 = a^2$, que representa una esfera de centro el punto $(0, 0, 0)$ y radio a.

En el caso de que el centro de la esfera fuera el punto (h, k, j) en lugar del origen, su ecuación sería

$$(x - h)^2 + (y - k)^2 + (z - j)^2 = a^2.$$

ELIPSOIDE. Si a, b, c son distintos, la ecuación

$$\frac{x^2}{a^2} + \frac{y^2}{b^2} + \frac{z^2}{c^2} = 1$$

representa el caso más general de una cuádrica. Si $a \neq b$, pero $b = c$, el elipsoide es de revolución.

Si el centro del elipsoide es el punto (h, k, j) y sus ejes son paralelos a las dos coordenadas, la ecuación adquiere la forma

$$\frac{(x - h)^2}{a^2} + \frac{(y - k)^2}{b^2} + \frac{(z - j)^2}{c^2} = 1.$$

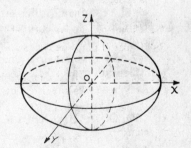

Si el centro es el origen, la ecuación es $\frac{x^2}{a^2} + \frac{y^2}{b^2} + \frac{z^2}{c^2} = 1.$

HIPERBOLOIDE DE UNA HOJA. En el caso de que el signo de una de las variables sea distinto del de las otras, como por ejemplo $\dfrac{x^2}{a^2} + \dfrac{y^2}{b^2} - \dfrac{z^2}{c^2} = 1$, la superficie se llama *hiperboloide de una hoja*.

Si $a = b$, la superficie es el hiperboloide de revolución de una hoja.

Las secciones paralelas a los planos xz e yz son hipérbolas. Las secciones paralelas al plano xy son elipses, excepto en el caso del hiperboloide de revolución en el que son circunferencias.

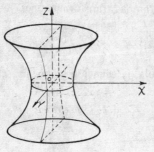
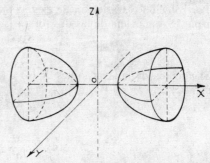

Hiperboloide de una hoja   *Hiperboloide de dos hojas*

HIPERBOLOIDE DE DOS HOJAS. La ecuación $\dfrac{x^2}{a^2} - \dfrac{y^2}{b^2} - \dfrac{z^2}{c^2} = 1$ representa un *hiperboloide de dos hojas*. Como se observa esta ecuación coincide con la del elipsoide con signo contrario en dos de las variables. Si $b = c$, la cuádrica es de revolución.

Las secciones paralelas a los planos xy y xz son hipérbolas. Las secciones paralelas al plano yz son elipses, excepto en el caso del hiperboloide de revolución en el que son circunferencias.

PARABOLOIDE ELIPTICO. Es el lugar geométrico de los puntos representado por la ecuación $\dfrac{x^2}{a^2} + \dfrac{y^2}{b^2} = 2cz$.

Las secciones obtenidas por los planos $z = k$ son elipses cuyas dimensiones van aumentando a medida que el plano se aleje del plano xy.

Si $c > 0$, la cuádrica está toda ella por encima del plano xy. Si $c < 0$, la superficie está toda ella por debajo de dicho plano xy.

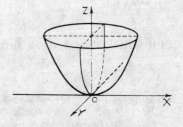

Las secciones correspondientes a planos paralelos a los de coordenadas xz o yz son parábolas.

Si $a = b$ la superficie es de revolución.

PARABOLOIDE HIPERBOLICO. Es el lugar geométrico de los puntos representados por la ecuación

$$\frac{x^2}{a^2} - \frac{y^2}{b^2} = 2cz, \quad (c > 0).$$

Las secciones producidas por los planos $z = k$, siendo $k > 0$, son hipérbolas cuyos ejes real e imaginario son paralelos, respectivamente, a los de coordenadas x e y, y cuyas dimensiones aumentan a medida que lo hace k. Si $k < 0$, los ejes real e imaginario son paralelos a los y y x, respectivamente. Si $k = 0$, la sección degenera en el par de rectas $\dfrac{x^2}{a^2} - \dfrac{y^2}{b^2} = 0$.

Las secciones correspondientes a los planos $y = k$ son parábolas abiertas por su parte superior, y las correspondientes a $x = k$ son parábolas abiertas por su parte inferior.

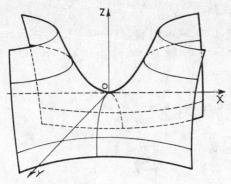

Hiperboloide parabólico

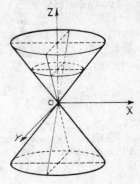

Cono recto circular

CONO RECTO CIRCULAR $x^2 + y^2 - c^2z^2 = 0$.

Esta superficie se puede considerar generada por la rotación de la recta $y = kx$ alrededor del eje z.

Las secciones horizontales producidas por planos paralelos al xy son circunferencias. Las correspondientes a planos paralelos al yz, o al xz, son hipérbolas.

SUPERFICIE CILINDRICA. La superficie cilíndrica está generada por una recta que se desplaza paralelamente a otra fija y que se apoya constantemente en una curva también fija. La recta móvil y la curva fija se denominan, respectivamente, *generatriz* y *directriz* de la superficie en cuestión.

Una superficie cilíndrica cuya generatriz es paralela a uno de los ejes coordenados y cuya directriz es una curva en el plano coordenado que es perpendicular a la generatriz, tiene la misma ecuación que la directriz.

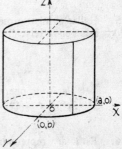

Si la directriz es la elipse $\dfrac{x^2}{a^2} + \dfrac{y^2}{b^2} = 1$, la ecuación del cilindro es $\dfrac{x^2}{a^2} + \dfrac{y^2}{b^2} = 1$.

PROBLEMAS RESUELTOS

1. Hallar la ecuación de la esfera con su centro en el punto $(-2, 1, -3)$ y de radio 4.

Sustituyendo en $(x - h)^2 + (y - k)^2 + (z - j)^2 = a^2$, se obtiene
$$(x + 2)^2 + (y - 1)^2 + (z + 3)^2 = 4^2.$$

Desarrollando y reduciendo términos, $x^2 + y^2 + z^2 + 4x - 2y + 6z - 2 = 0$.

2. Hallar la ecuación de la esfera con su centro en el punto $(3, 6, -4)$ y tangente al plano
$$2x - 2y - z - 10 = 0.$$

El radio $a = \left| \dfrac{2(3) - 2(6) - 1(-4) - 10}{3} \right| = 4$. Luego la ecuación pedida es

$(x - 3)^2 + (y - 6)^2 + (z + 4)^2 = 16$, o $x^2 + y^2 + z^2 - 6x - 12y + 8z + 45 = 0$.

3. Hallar la ecuación de la esfera que pasa por los puntos $(7, 9, 1)$, $(-2, -3, 2)$, $(1, 5, 5)$, $(-6, 2, 5)$.

Sustituyendo sucesivamente las coordenadas de los cuatro puntos en la ecuación $x^2 + y^2 + z^2 + Gx + Hy + Iz + K = 0$,

$$7G + 9H + I + K = -131$$
$$-2G - 3H + 2I + K = -17$$
$$G + 5H + 5I + K = -51$$
$$-6G + 2H + 5I + K = -65.$$

Resolviendo este sistema de ecuaciones, $G = 8$, $H = -14$, $I = 18$, $K = -79$.
Sustituyendo estos valores en la ecuación general se obtiene,

$$x^2 + y^2 + z^2 + 8x - 14y + 18z - 79 = 0.$$

4. Hallar las coordenadas del centro y el radio de la esfera

$$x^2 + y^2 + z^2 - 6x + 4y - 3z = 15.$$

Sumando y restando términos para que la ecuación adopte la forma

$$(x - h)^2 + (y - k)^2 + (z - j)^2 = a^2,$$

Resulta, $x^2 - 6x + 9 + y^2 + 4y + 4 + z^2 - 3z + \dfrac{9}{4} = \dfrac{121}{4}$, o bien, $(x - 3)^2$

$$+ (y + 2)^2 + \left(z - \dfrac{3}{2}\right)^2 = \left(\dfrac{11}{2}\right)^2.$$

El centro de la esfera es el $\left(3, -2, \dfrac{3}{2}\right)$ y su radio $\dfrac{11}{2}$.

5. Hallar el lugar geométrico de los puntos cuyas distancias a los puntos fijos $(-2, 2, -2)$ y $(3, -3, 3)$ están en la relación $2 : 3$.

$$\dfrac{\sqrt{(x + 2)^2 + (y - 2)^2 + (z + 2)^2}}{\sqrt{(x - 3)^2 + (y + 3)^2 + (z - 3)^2}} = \dfrac{2}{3}.$$

Haciendo operaciones,
$x^2 + y^2 + z^2 + 12x - 12y + 12z = 0$, una esfera de centro el punto $(-6, 6, -6)$ y de radio $6\sqrt{3}$.

6. Estudiar y representar la superficie $\dfrac{x^2}{25} + \dfrac{y^2}{16} + \dfrac{z^2}{9} = 1$.

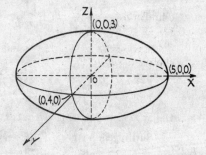

Esta superficie es simétrica con respecto tanto a los planos coordenados como al origen.

Corta a los ejes x, y, z en los puntos ± 5, ± 4, ± 3, respectivamente.

Su traza con el plano xy es la elipse de ecuación $\dfrac{x^2}{25} + \dfrac{y^2}{16} = 1$ y semiejes 5 y 4. Asimismo las trazas con los planos xz e yz son también elipses.

Esta superficie es un elipsoide.

7. Demostrar que la ecuación siguiente es un elipsoide. Hallar su centro y las longitudes de los semiejes.

$$2x^2 + 3y^2 + z^2 - 8x + 6y - 4z - 3 = 0,$$

$$2(x^2 - 4x + 4) + 3(y^2 + 2y + 1) + (z^2 - 4z + 4) = 3 + 8 + 3 + 4 = 18,$$

o sea, $2(x - 2)^2 + 3(y + 1)^2 + (z - 2)^2 = 18.$

Dividiendo la ecuación por 18 se obtiene $\dfrac{(x-2)^2}{9} + \dfrac{(y+1)^2}{6} + \dfrac{(z-2)^2}{18} = 1$, que es un elipsoide de centro el punto $(2, -1, 2)$ y semiejes 3, $\sqrt{6}$, $3\sqrt{2}$.

8. Demostrar que el lugar geométrico de los puntos cuya suma de distancias a los puntos fijos $(2, 3, 4)$ y $(2, -3, 4)$ es constante e igual a 8, es un elipsoide. Hallar su centro y las longitudes de los semiejes.

$$\sqrt{(x-2)^2 + (y-3)^2 + (z-4)^2} + \sqrt{(x-2)^2 + (y+3)^2 + (z-4)^2} = 8$$

de donde $\sqrt{(x-2)^2 + (y-3)^2 + (z-4)^2} = 8 - \sqrt{(x-2)^2 + (y+3)^2 + (z-4)^2}$.

Elevando al cuadrado y reduciendo términos, $3y + 16 = 4\sqrt{(x-2)^2 + (y+3)^2 + (z-4)^2}$.

Elevando al cuadrado y reduciendo términos, $16x^2 + 7y^2 + 16z^2 - 64x - 128z + 208 = 0$.

Haciendo operaciones, $\dfrac{(x-2)^2}{7} + \dfrac{(y-0)^2}{16} + \dfrac{(z-4)^2}{7} = 1$, que es un elipsoide de revolución de centro el punto $(2, 0, 4)$ y semiejes $\sqrt{7}$, 4, $\sqrt{7}$. Las secciones de esta superficie producidas por planos paralelos al xz son circunferencias.

9. Hallar la ecuación del elipsoide que pasa por los puntos $(2, 2, 4)$, $(0, 0, 6)$, $(2, 4, 2)$ y es simétrico con respecto a los planos coordenados.

Sustituyendo las coordenadas de los puntos dados por x, y, z en la ecuación $\dfrac{x^2}{a^2} + \dfrac{y^2}{b^2} + \dfrac{z^2}{c^2} = 1$ se tiene,

$$\dfrac{4}{a^2} + \dfrac{4}{b^2} + \dfrac{16}{c^2} = 1, \quad \dfrac{0}{a^2} + \dfrac{0}{b^2} + \dfrac{36}{c^2} = 1, \quad y \quad \dfrac{4}{a^2} + \dfrac{16}{b^2} + \dfrac{4}{c^2} = 1.$$

Despejando a^2, b^2 y c^2, se obtiene $a^2 = 9$, $b^2 = 36$, $c^2 = 36$.

De donde, $\dfrac{x^2}{9} + \dfrac{y^2}{36} + \dfrac{z^2}{36} = 1$, o sea, $4x^2 + y^2 + z^2 = 36$.

10. Estudiar y representar la ecuación $\dfrac{x^2}{9} + \dfrac{y^2}{4} - \dfrac{z^2}{16} = 1$.

Esta superficie es simétrica con respecto tanto a los planos coordenados como al origen.

Corta a los ejes x e y en los puntos ± 3 y ± 2, respectivamente. No corta al eje z.

Las secciones producidas por los planos $z = k$ son elipses de centro en el eje z. Estas elipses aumentan de tamaño a medida que lo hace el valor numérico de k.

Las secciones producidas por planos paralelos a los xz o yz son hipérbolas.

Esta cuádrica es un hiperboloide de una hoja.

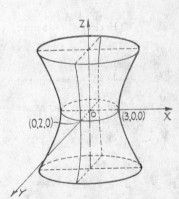

11. Hallar la naturaleza de la cuádrica cuya ecuación es $3x^2 + 4y^2 - 2z^2 + 6x - 16y + 8z = 13$.

$$3(x^2 + 2x + 1) + 4(y^2 - 4y + 4) - 2(z^2 - 4z + 4) = 13 + 11 = 24,$$

$$\dfrac{(x+1)^2}{8} + \dfrac{(y-2)^2}{6} - \dfrac{(z-2)^2}{12} = 1.$$

Se trata, pues, de un hiperboloide de una hoja con centro en el punto $(-1, 2, 2)$ y eje paralelo al de coordenadas z. Las secciones producidas por planos paralelos al xy son elipses, y las producidas por planos paralelos al xz o al yz son hipérbolas.

12. Estudiar y representar la ecuación $\dfrac{x^2}{9} - \dfrac{y^2}{4} - \dfrac{z^2}{16} = 1.$

Esta cuádrica es simétrica con respecto a los planos coordenados y al origen.

Corta al eje x en los puntos ± 3. No corta a los ejes y y z.

Las secciones por planos paralelos a los xy y xz son hipérbolas, y las producidas por planos paralelos al yz son elipses.

La cuádrica, pues, es un hiperboloide de dos hojas.

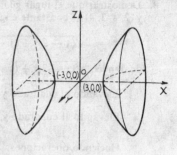

13. Hallar la naturaleza de la cuádrica de ecuación $2x^2 - 3y^2 - 2z^2 - 8x + 6y - 12z - 21 = 0.$

$2(x^2 - 4x + 4) - 3(y^2 - 2y + 1) - 2(z^2 + 6z + 9) = 8$, o bien, $\dfrac{(x-2)^2}{4} - \dfrac{(y-1)^2}{8/3} - \dfrac{(z+3)^2}{4} = 1,$

que es un hiperboloide de dos hojas con su centro en el punto $(2, 1, -3)$ y eje real paralelo al de coordenadas x.

14. Hallar el lugar geométrico de los puntos cuya diferencia de distancias a los puntos fijos $(-4, 3, 1)$ y $(4, 3, 1)$ sea igual a 6.

$$\sqrt{(x+4)^2 + (y-3)^2 + (z-1)^2} - \sqrt{(x-4)^2 + (y-3)^2 + (z-1)^2} = 6,$$

o bien, $\quad \sqrt{(x+4)^2 + (y-3)^2 + (z-1)^2} = 6 + \sqrt{(x-4)^2 + (y-3)^2 + (z-1)^2}.$

Elevando al cuadrado y reduciendo términos, $\quad 4x - 9 = 3\sqrt{(x-4)^2 + (y-3)^2 + (z-1)^2}.$

Elevando al cuadrado y reduciendo términos, $\quad 7x^2 - 9y^2 - 9z^2 + 54y + 18z = 153.$

Haciendo operaciones, $\dfrac{(x-0)^2}{9} - \dfrac{(y-3)^2}{7} - \dfrac{(z-1)^2}{7} = 1$, que es un hiperboloide de dos hojas con centro en el punto $(0, 3, 1)$ y eje real paralelo al de coordenadas x. Como las secciones producidas por planos paralelos al yz son circunferencias, la superficie es un hiperboloide de revolución de dos hojas.

15. Hallar el lugar geométrico de los puntos cuya distancia al punto fijo $(2, -1, 3)$ es el doble de la correspondiente al eje x.

$$\sqrt{(x-2)^2 + (y+1)^2 + (z-3)^2} = 2\sqrt{y^2 + z^2}.$$

Elevando al cuadrado y reduciendo términos, $\quad x^2 - 3y^2 - 3z^2 - 4x + 2y - 6z = -14.$

Haciendo operaciones, $\quad (x-2)^2 - 3(y-1/3)^2 - 3(z+1)^2 = -40/3,$

$$\text{o bien, } \dfrac{(y-1/3)^2}{\frac{40}{9}} + \dfrac{(z+1)^2}{\frac{40}{9}} - \dfrac{(x-2)^2}{\frac{40}{3}} = 1,$$

que es un hiperboloide de revolución de una hoja, con centro en $(2, 1/3, -1)$ y eje de revolución el de coordenadas x.

16. Estudiar y representar la ecuación $y^2 + z^2 = 4x$.

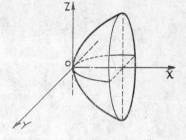

Esta superficie es simétrica con respecto al eje x y a los planos xz y xy.

Corta a los ejes en el origen.

Las trazas con los planos coordenados son $y^2 + z^2 = 0$, y las parábolas correspondientes, $z^2 = 4x$ e $y^2 = 4x$.

Como x no puede tomar valores negativos, la superficie está situada toda ella a la derecha del plano yz. Las secciones producidas por planos paralelos al yz son circunferencias, y las producidas por planos paralelos a los xy y xz son parábolas. Esta cuádrica es un paraboloide de revolución.

17. Hallar la ecuación del paraboloide de centro O, eje OZ y que pasa por los puntos $(3, 0, 1)$ y $(3, 2, 2)$.

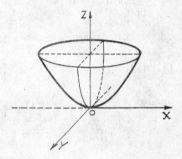

Sustituyendo las coordenadas de los puntos dados en la ecuación $Ax^2 + By^2 = Cz$ se obtiene,

(1) $9A + 0B = C$, de donde $9A = C$
(2) $9A + 4B = 2C$.

Resolviendo este sistema de ecuaciones, $A = C/9$, $B = C/4$. Sustituyendo estos valores de A y B en $Ax^2 + By^2 = Cz$ resulta, $4x^2 + 9y^2 = 36z$, o bien, $\dfrac{x^2}{9} + \dfrac{y^2}{4} = \dfrac{z}{1}$, que es un paraboloide elíptico.

18. Hallar el lugar geométrico de los puntos cuya suma de cuadrados de sus distancias al eje x son iguales a tres veces sus distancias al plano yz.

Sea (x, y, z) un punto genérico del lugar. Entonces, $y^2 + z^2 = 3x$.
Esta superficie es un paraboloide de revolución simétrico con respecto al eje x.

19. Hallar el vértice del paraboloide elíptico

$$3x^2 + 2y^2 - 12z - 6x + 8y - 13 = 0.$$

$$3(x^2 - 2x + 1) + 2(y^2 + 4y + 4) = 12z + 13 + 11 = 12z + 24,$$

de donde $3(x - 1)^2 + 2(y + 2)^2 = 12(z + 2)$, o sea, $\dfrac{(x-1)^2}{4} + \dfrac{(y+2)^2}{6} = \dfrac{z+2}{1}$.

El vértice es el punto $(1, -2, -2)$.

20. Estudiar y hallar la naturaleza de la superficie $9x^2 - 4y^2 = 36z$.

La superficie es simétrica con respecto al eje z y a los planos xz e yz.
Corta a los ejes en el origen de coordenadas.
Para $z = 0$ resulta la traza con el plano xy, que es el par de rectas definidas por la ecuación $9x^2 - 4y^2 = 0$, o sea, $3x + 2y = 0$ y $3x - 2y = 0$.
Para $y = 0$ resulta la traza con el plano xz, que es la parábola $9x^2 = 36z$, o bien, $x^2 = 4z$. Esta parábola tiene su vértice en el origen y está abierta por su parte superior.
Para $x = 0$ resulta la traza con el plano yz, que es la parábola $-4y^2 = 36z$, o sea, $y^2 = -9z$. Esta parábola tiene su vértice en el origen y está por su parte inferior.
Las secciones producidas por los planos $z = k$ son hipérbolas. Si k es positivo el eje de la parábola es paralelo al eje x. Si k es negativo, el eje real de la hipérbola es paralelo al eje y. Análogamente, las secciones producidas por planos paralelos a los xz e yz son también parábolas.
La cuádrica en cuestión es un paraboloide hiperbólico.

21. Hallar la ecuación de un paraboloide de vértice el punto (0, 0, 0), eje OY y que pasa por los puntos (1, —2, 1) y (—3, —3, 2).

Sustituyendo las coordenadas de los dos puntos dados en la ecuación $Ax^2 + Cz^2 = By$,

$$A + C = -2B$$
$$9A + 4C = -3B.$$

Despejando A y C en función de B, resulta, $A, = B, C = -3B$.

Sustituyendo estos valores de A y C y dividiendo la ecuación final por B se obtiene, $x^2 - 3z^2 = y$, que es un paraboloide hiperbólico.

22. Estudiar y representar el cono de ecuación $2y^2 + 3z^2 - x^2 = 0$.

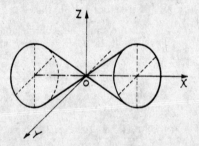

Esta superficie es simétrica con respecto a los planos coordenados y con respecto al origen.

Corta a los ejes en el origen de coordenadas.

Para $x = 0$ no existe la traza con el plano yz.

Para $y = 0$ resulta la traza con el plano xz, que es el par de rectas definido por la ecuación $3z^2 - x^2 = 0$, o sea, $\sqrt{3}z + x = 0$, $\sqrt{3}z - x = 0$.

Para $z = 0$ resulta la traza con el plano $-xy$, que es el par de rectas definido por la ecuación $2y^2 - x^2 = 0$, o sea, $\sqrt{2}y + x = 0$, $\sqrt{2}y - x = 0$.

Las secciones producidas por los planos $x = k$ son elipses, cualquiera que sea k distinto de cero.

Análogamente, las secciones por planos paralelos a los xy o xz son hipérbolas.

23. Hallar el lugar geométrico de los puntos cuya distancia al eje y sea el triple de la correspondiente al eje z. Hallar la naturaleza de la superficie resultante.

$$\sqrt{x^2 + z^2} = 3\sqrt{x^2 + y^2}, \text{ de donde } x^2 + z^2 = 9x^2 + 9y^2, \text{ o bien } 8x^2 + 9y^2 - z^2 = 0.$$

Esta superficie es un cono de vértice el origen. El eje del cono es el eje z.

24. Representar la superficie $4x^2 + 9y^2 = 36$.

Esta superficie es un cilindro de eje paralelo al de coordenadas z y cuya *directriz* es la elipse $4x^2 + 9y^2 = 36$.

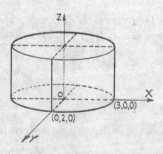

Problema 24

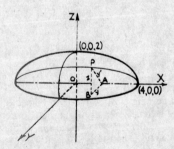

Problema 25

25. Hallar la ecuación de la superficie de revolución generada en la rotación de la elipse $x^2 + 4z^2 - 16 = 0$ alrededor del eje x.

Sea $P(x, y, z)$ un punto genérico cualquiera de la superficie y tracemos desde él la perpendicular al plano xy.

En el triángulo rectángulo ABP, $AB = y$, $BP = z$.

Haciendo $AP = y'$ se tiene, $y^2 + z^2 = y'^2$. De la ecuación de la elipse, $x^2 = 16 - 4y'^2$.

Sustituyendo, $x^2 = 16 - 4(y^2 + z^2)$, o bien, $x^2 + 4y^2 + 4z^2 = 16$, que es un elipsoide de revolución cuyo eje es el de coordenadas x.

26. Hallar la ecuación de la superficie de revolución generada en la rotación de la hipérbola $x^2 - 2z^2 = 1$ alrededor del eje z.

Sea $P_1(x_1, 0, z_1)$ un punto genérico cualquiera de la hipérbola, y $P'(0, 0, z_1)$ su proyección sobre el eje z. En la rotación de la hipérbola alrededor del eje z, el punto P_1 describe una circunferencia de centro P' y radio $P'P_1$. Sea $P(x, y, z)$ un punto cualquiera de esta circunferencia y, por tanto, de la superficie buscada.

Como $z_1 = z$ y $P'P_1 = P'P$, se tiene $x_1 = \sqrt{(x-0)^2 + (y-0)^2 + (z-z_1)^2} = \sqrt{x^2 + y^2}$.

Sustituyendo $x_1 = \sqrt{x^2 + y^2}$ y $z_1 = z$ en la ecuación de la hipérbola, $x_1^2 - 2z_1^2 = 1$, se obtiene, $x^2 + y^2 - 2z^2 = 1$, que es un hiperboloide de una hoja.

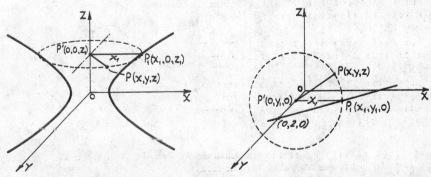

Problema 26   Problema 27

27. Hallar la superficie de revolución generada en la rotación de la recta $2x + 3y = 6$ alrededor del eje y.

Sea $P_1(x_1, y_1, 0)$ un punto genérico cualquiera de la recta, y $P'(0, y_1, 0)$ su proyección sobre el eje y. En la rotación de la recta alrededor del eje y, el punto P_1 describe una circunferencia de centro P' y radio $P'P_1$. Sea $P(x, y, z)$ un punto cualquiera de la circunferencia y, por tanto, de la superficie buscada.

Como $y_1 = y$ y $P'P_1 = P'P$, se tiene $x_1 = \sqrt{x^2 + z^2}$.

Sustituyendo $x_1 = \sqrt{x^2 + z^2}$ e $y_1 = y$ en la ecuación de la recta, $2x_1 + 3y_1 = 6$, se obtiene, $2\sqrt{x^2 + z^2} + 3y = 6$. Simplificando términos se llega a la ecuación $4x^2 - 9(y-2)^2 + 4z^2 = 0$, que es un cono de vértice el punto $(0, 2, 0)$.

PROBLEMAS PROPUESTOS

1. Hallar las ecuaciones de las esferas siguientes:

a) Centro $(2, -1, 3)$, radio 4. $\quad$ *Sol.* $\quad x^2 + y^2 + z^2 - 4x + 2y - 6z - 2 = 0$.

b) Centro $(-1, 2, 4)$, radio $\sqrt{13}$. $\quad$ *Sol.* $\quad x^2 + y^2 + z^2 - 2x - 4y - 8z + 8 = 0$.

c) Un diámetro es el segmento determinado por los puntos $(6, 2, -5)$ y $(-4, 0, 7)$.

$\quad$ *Sol.* $\quad x^2 + y^2 + z^2 - 2x - 2y - 2z - 59 = 0$.

d) Centro $(-2, 2, 3)$ y que pasa por el punto $(3, 4, -1)$.

$\quad$ *Sol.* $\quad x^2 + y^2 + z^2 + 4x - 4y - 6z - 28 = 0$.

e) Centro $(6, 3, -4)$ y tangente al eje x. $\quad$ *Sol.* $\quad x^2 + y^2 + z^2 - 12x - 6y + 8z + 36 = 0$.

2. Hallar las ecuaciones de las esferas siguientes:

a) Centro $(-4, 2, 3)$ y tangente al plano $2x - y - 2z + 7 = 0$.
Sol. $x^2 + y^2 + z^2 + 8x - 4y - 6z + 20 = 0$.

b) Centro $(2, -3, 2)$ y tangente al plano $6x - 3y + 2z - 8 = 0$.
Sol. $49x^2 + 49y^2 + 49z^2 - 196x + 294y - 196z + 544 = 0$.

c) Centro $(1, 2, 4)$ y tangente al plano $3x - 2y + 4z - 7 = 0$.
Sol. $29x^2 + 29y^2 + 29z^2 - 58x - 116y - 232z + 545 = 0$.

d) Centro $(-4, -2, 3)$ y tangente al plano yz. *Sol.* $x^2 + y^2 + z^2 + 8x + 4y - 6z + 13 = 0$.

e) Centro $(0, 0, 0)$ y tangente al plano $9x - 2y + 6z + 11 = 0$.
Sol. $x^2 + y^2 + z^2 = 1$.

3. Hallar las ecuaciones de las esferas siguientes:

a) Que pasa por los puntos $(1, 1, 1)$, $(1, 2, 1)$, $(1, 1, 2)$, y $(2, 1, 1)$.
Sol. $x^2 + y^2 + z^2 - 3x - 3y - 3z + 6 = 0$.

b) Que pasa por los puntos $(2, 1, 3)$, $(3, -2, 1)$, $(-4, 1, 1)$, y $(1, 1, -3)$.
Sol. $51x^2 + 51y^2 + 51z^2 + 45x + 37y - 33z - 742 = 0$.

c) Que pasa por los puntos $(1, 3, 2)$, $(3, 2, -5)$, $(0, 1, 0)$, y $(0, 0, 0)$.
Sol. $11x^2 + 11y^2 + 11z^2 - 127x - 11y + 3z = 0$.

4. Hallar las coordenadas del centro y el radio de la esfera:

a) $x^2 + y^2 + z^2 - 2x + 4y - 6z + 8 = 0$.   *Sol.* $(1, -2, 3)$, $r = \sqrt{6}$.

b) $3x^2 + 3y^2 + 3z^2 - 8x + 12y - 10z + 10 = 0$.   *Sol.* $(4/3, -2, 5/3)$, $r = \sqrt{47}/3$.

c) $x^2 + y^2 + z^2 + 4x - 6y + 8z + 29 = 0$.   *Sol.* $(-2, 3, -4)$, $r = 0$.

d) $x^2 + y^2 + z^2 - 6x + 2y - 2z + 18 = 0$.   *Sol.* Imaginaria.

5. Hallar la ecuación de la esfera tangente a los planos $x - 2z - 8 = 0$ y $2x - z + 5 = 0$ y que tiene su centro en la recta $x = -2$, $y = 0$.
Sol. $x^2 + y^2 + z^2 + 4x + 6z + 49/5 = 0$, $x^2 + y^2 + z^2 + 4x + 22z + 481/5 = 0$.

6. Hallar la ecuación de la esfera que pasa por los puntos $(1, -3, 4)$, $(1, -5, 2)$ y $(1, -3, 0)$ y tiene su centro en el plano $x + y + z = 0$.
Sol. $x^2 + y^2 + z^2 - 2x + 6y - 4z + 10 = 0$.

7. Hallar el lugar geométrico de los puntos cuya suma de cuadrados de sus distancias a los planos $x + 4y + 2z = 0$, $2x - y + z = 0$ y $2x + y - 3z = 0$ es igual a 10.
Sol. $x^2 + y^2 + z^2 = 10$.

8. Hallar el lugar geométrico de los puntos cuya relación de distancias a los puntos fijos $(1, 1, -2)$ y $(-2, 3, 2)$ es igual a $3 : 4$.
Sol. $7x^2 + 7y^2 + 7z^2 - 68x + 22y + 100z - 57 = 0$.

9. Estudiar y representar los elipsoides siguientes:

a) $25x^2 + 16y^2 + 4z^2 = 100$.

b) $4x^2 + y^2 + 9z^2 = 144$.

c) $8x^2 + 2y^2 + 9z^2 = 144$.

d) $x^2 + 4y^2 + 4z^2 - 12x = 0$.

e) $x^2 + 4y^2 + 9z^2 = 36$.

f) $\dfrac{(x-1)^2}{36} + \dfrac{(y-2)^2}{16} + \dfrac{(z-3)^2}{9} = 1$.

10. Hallar las coordenadas del centro y la longitud de los semiejes de las superficies siguientes:

a) $x^2 + 16y^2 + z^2 - 4x + 32y = 5$.   *Sol.* $(2, -1, 0)$, 5, 5/4, 5.

b) $3x^2 + y^2 + 2z^2 + 3x + 3y + 4z = 0$.   *Sol.* $(-1/2, -3/2, -1)$, $\sqrt{15}/3$, $\sqrt{5}$, $\sqrt{10}/2$.

c) $x^2 + 4y^2 + z^2 - 4x - 8y + 8z + 15 = 0$.   *Sol.* $(2, 1, -4)$, 3, 3/2, 3.

d) $3x^2 + 4y^2 + z^2 - 12x - 16y + 4z = 4$.   *Sol.* $(2, 2, -2)$, $2\sqrt{3}$, 3, 6.

e) $4x^2 + 5y^2 + 3z^2 + 12x - 20y + 24z + 77 = 0$.   *Sol.* Punto $(-3/2, 2, -4)$.

11. Hallar la ecuación (referida a sus propios ejes) de los elipsoides que pasan por los puntos que se indican. Aplíquese la ecuación $Ax^2 + By^2 + Cz^2 = D$.

    a) $(2, -1, 1)$, $(-3, 0, 0)$, $(1, -1, -2)$.   *Sol.* $x^2 + 4y^2 + z^2 = 9$.

    b) $(\sqrt{3}, 1, 1)$, $(1, \sqrt{3}, -1)$, $(-1, -1, \sqrt{5})$.   *Sol.* $2x^2 + 2y^2 + z^2 = 9$.

    c) $(2, 2, 2)$, $(3, 1, \sqrt{3})$, $(-2, 0, 4)$.   *Sol.* $2x^2 + 3y^2 + z^2 = 24$.

    d) $(1, 3, 4)$, $(3, 1, -2\sqrt{2})$ y su eje de revolución es el eje x.   *Sol.* $2x^2 + y^2 + z^2 = 27$.

12. Hallar el lugar geométrico de los puntos cuya suma de distancias a los puntos fijos $(0, 3, 0)$ y $(0, -3, 0)$ es igual a 8.   *Sol.* $16x^2 + 7y^2 + 16z^2 = 112$.

13. Hallar el lugar geométrico de los puntos cuya suma de distancias a los puntos fijos $(3, 2, -4)$ y $(3, 2, 4)$ es igual a 10.   *Sol.* $\dfrac{(x-3)^2}{9} + \dfrac{(y-2)^2}{9} + \dfrac{(z-0)^2}{25} = 1$.

14. Hallar el lugar geométrico de los puntos cuya suma de distancias a los puntos fijos $(-5, 0, 2)$ y $(5, 0, 2)$ es igual a 12.   *Sol.* $\dfrac{x^2}{36} + \dfrac{y^2}{11} + \dfrac{(z-2)^2}{11} = 1$.

15. Hallar el lugar geométrico de los puntos cuyas distancias al plano yz son el doble de las correspondientes al punto $(1, -2, 2)$.   *Sol.* $3x^2 + 4y^2 + 4z^2 - 8x + 16y - 16z + 36 = 0$.

16. Hallar el lugar geométrico de los puntos cuya distancia al punto fijo $(2, -3, 1)$ sea la cuarta parte de la correspondiente al plano $y + 4 = 0$.
    Sol. $16x^2 + 15y^2 + 16z^2 - 64x + 88y - 32z + 208 = 0$.

17. Hallar el lugar geométrico de los puntos cuya distancia al eje x sea el triple de la correspondiente al punto fijo $(2, 3, -3)$.   *Sol.* $9x^2 + 8y^2 + 8z^2 - 36x - 54y - 54z + 198 = 0$.

18. Estudiar y representar los siguientes hiperboloides de una hoja:

    a) $\dfrac{x^2}{16} + \dfrac{y^2}{9} - \dfrac{z^2}{36} = 1$.   *d)* $16y^2 - 36x^2 + 9z^2 = 144$.

    b) $\dfrac{x^2}{4} - \dfrac{y^2}{36} + \dfrac{z^2}{16} = 1$.   *e)* $\dfrac{x^2}{16} + \dfrac{y^2}{4} - \dfrac{(z-1)^2}{25} = 1$.

    c) $4x^2 - 25y^2 + 16z^2 = 100$.   *f)* $9y^2 - x^2 + 4z^2 = 36$.

19. Estudiar y representar los siguientes hiperboloides de dos hojas:

    a) $\dfrac{x^2}{16} - \dfrac{y^2}{9} - \dfrac{z^2}{36} = 1$.   *d)* $\dfrac{(x-1)^2}{16} - \dfrac{y^2}{4} - \dfrac{z^2}{25} = 1$

    b) $36x^2 - 4y^2 - 9z^2 = 144$ *e)* $36y^2 - 9x^2 - 16z^2 = 144$.

    c) $25x^2 - 16y^2 - 4z^2 = 100$.   *f)* $4z^2 - x^2 - 9y^2 = 36$.

20. Hallar las coordenadas del centro y la naturaleza de las superficies siguientes:

    a) $2x^2 - 3y^2 + 4z^2 - 8x - 6y + 12z - 10 = 0$.

    Sol. $\left(2, -1, -\dfrac{3}{2}\right)$. Hiperboloide de una hoja. Eje paralelo al eje y.

    b) $x^2 + 2y^2 - 3z^2 + 4x - 4y - 6z - 9 = 0$.
        Sol. $(-2, 1, -1)$. Hiperboloide de una hoja. Eje paralelo al eje z.

    c) $2x^2 - 3y^2 - 4z^2 - 12x - 6y - 21 = 0$.
        Sol. $(3, -1, 0)$. Hiperboloide de dos hojas. Eje paralelo al eje x.

    d) $4y^2 - 3x^2 - 6z^2 - 16y - 6x + 36z - 77 = 0$.
        Sol. $(-1, 2, 3)$. Hiperboloide de dos hojas. Eje paralelo al eje y.

    e) $16y^2 - 9x^2 + 4z^2 - 36x - 64y - 24z = 80$.
        Sol. $(-2, 2, 3)$. Hiperboloide de una hoja. Eje paralelo al eje x.

    f) $5z^2 - 9x^2 - 15y^2 + 54x + 60y + 20z = 166$.
        Sol. $(3, 2, -2)$. Hiperboloide de dos hojas. Eje paralelo al eje z.

    g) $2x^2 - y^2 - 3z^2 - 8x - 6y + 24z - 49 = 0$.   *Sol.* Punto $(2, -3, 4)$.

21. Hallar el lugar geométrico de los puntos cuya diferencia de distancias a los puntos fijos $(0, 0, 3)$ y $(0, 0, -3)$ es igual a 4.
Sol. $5z^2 - 4x^2 - 4y^2 = 20$. Hiperboloide de dos hojas. Centro en el origen.

22. Hallar el lugar geométrico de los puntos cuya diferencia de distancias a los puntos fijos $(2, -3, 4)$ y $(2, 3, 4)$ es igual a 5.
Sol. $44y^2 - 100x^2 - 100z^2 + 400x + 800z = 2.275$. Hiperboloide de dos hojas. Centro $(2, 0, 4)$.

23. Hallar la ecuación del hiperboloide de una hoja que pasa por los puntos $(4, 2\sqrt{3}, 0)$ y $(-1, 3, 3\sqrt{6}/2)$, con centro el punto $(0, 0, 0)$, que tiene al eje y como eje de revolución.
Sol. $2x^2 - y^2 + 2z^2 = 20$. Hiperboloide de revolución de una hoja.

24. Hallar la ecuación del hiperboloide de dos hojas de centro el origen, ejes los de coordenadas y que pasa por los puntos $(3, 1, 2)$, $(2, \sqrt{11}, 3)$ y $(6, 2, \sqrt{15})$.
Sol. $3z^2 - x^2 - 2y^2 = 1$. Hiperboloide de dos hojas, eje transverso al eje z.

25. Estudiar y representar las superficies siguientes:

a) $3x^2 + z^2 - 4y = 0$.
b) $x^2 + 2y^2 - 6z = 0$.
c) $y^2 - 4z^2 + 4x = 0$.
d) $x^2 + 4z^2 - 16y = 0$.
e) $4x^2 + 3y^2 - 12z = 0$.
f) $4x^2 - y^2 - 4z = 0$.
g) $4x^2 + y^2 + z = 0$.
h) $x^2 + 2y^2 = 8 - 4z$.

26. Hallar la ecuación del paraboloide de vértice el punto $(0, 0, 0)$, que tiene el eje z como eje, y que pasa por los puntos $(2, 0, 3)$ y $(1, 2, 3)$.
Sol. $12x^2 + 9y^2 - 16z = 0$. Paraboloide elíptico.

27. Hallar la ecuación del paraboloide de vértice el punto $(0, 0, 0)$, que tiene al eje z como eje, y que pasa por los puntos $(1, 0, 1)$ y $(0, 2, 1)$.
Sol. $4x^2 + y^2 - 4z = 0$. Paraboloide elíptico.

28. Hallar la ecuación del paraboloide de vértice el punto $(0, 0, 0)$ que tiene al eje z como eje, y que pasa por los puntos $(1, 2, 1)$ y $(2, 1, 1)$.
Sol. $x^2 + y^2 - 5z = 0$. Paraboloide de revolución.

29. Hallar la ecuación del paraboloide de vértice el punto $(0, 0, 0)$ que tiene al eje z como eje, y que pasa por los puntos $(1, 1, 1)$ y $(3/2, 7/12, 1/2)$.
Sol. $x^2 + 5z^2 - 6y = 0$. Paraboloide elíptico.

30. Hallar la ecuación del paraboloide que pasa por el origen, por los puntos $(1, 2, 2)$ y $(2, 6, 8)$, y que es simétrico con respecto al eje x.
Sol. $z^2 - 2y^2 + 4x = 0$, paraboloide hiperbólico; $2x^2 = z$, cilindro parabólico.

31. Hallar el lugar geométrico de los puntos cuyo cuadrado de la distancia al eje z es el doble de la correspondiente al plano xy.
Sol. $x^2 + y^2 - 2z = 0$. Paraboloide de revolución alrededor del eje x.

32. Hallar el vértice del paraboloide:

a) $2x^2 + 3y^2 - 8x + 12y + 3z + 23 = 0$.   *Sol.* $(2, -2, -1)$.
b) $2x^2 + 4z^2 - 4x - 24z - y + 36 = 0$.   *Sol.* $(1, -2, 3)$.
c) $3z^2 + 5y^2 - 2x + 10y - 12x + 21 = 0$.   *Sol.* $(2, -1, 2)$.
d) $y^2 - 4x^2 + 2z - 6y - 12x + 6 = 0$.   *Sol.* $(-3/2, 3, -3)$.
e) $4x^2 + 3z^2 - 4y + 12z + 12 = 0$.   *Sol.* $(0, 0, -2)$.

33. Estudiar y representar los conos siguientes:

a) $x^2 + 2y^2 = 4z^2$.
b) $3x^2 + 2y^2 = 6z^2$.
c) $z^2 + y^2 = 2x^2$.
d) $3x^2 + 4z^2 = 12y^2$.
e) $2x^2 + 3y^2 - 6(z - 4)^2 = 0$.
f) $z^2 + 2y^2 - 4(x + 3)^2 = 0$.
g) $3x^2 + 4z^2 - 12(y - 4)^2 = 0$.

34. Estudiar y representar los cilindros siguientes:

a) $x^2 + y^2 = 9$.

b) $4x^2 + 9y^2 = 36$.

c) $y^2 = 4x$.

(d) $16y^2 + 9z^2 = 144$.

e) $x^2 - 9y^2 = 36$.

f) $z = 4 - x^2$.

g) $x^{2/3} + y^{2/3} = a^{2/3}$ (primer cuadrante).

35. Hallar la naturaleza y la ecuación de las superficies generadas en la rotación de las curvas siguientes alrededor de los ejes que se indican.

a) $x^2 - 2z^2 = 1$, alrededor del eje x.

Sol. $x^2 - 2y^2 - 2z^2 = 1$. Hiperboloide de dos hojas.

b) $x^2 - 2z^2 = 1$, alrededor del eje z.

Sol. $x^2 + y^2 - 2z^2 = 1$. Hiperboloide de una hoja.

c) $x = 4 - y^2$, alrededor del eje x.

Sol. $x = 4 - y^2 - z^2$. Paraboloide.

d) $2x - y = 10$, alrededor del eje x.

Sol. $4(x - 5)^2 = y^2 + z^2$. Cono.

e) $x^2 + z^2 = a^2$, alrededor del eje z.

Sol. $x^2 + y^2 + z^2 = a^2$. Esfera.

f) $x^2 + 4z^2 = 16$, alrededor del eje x.

Sol. $x^2 + y^2 + 4z^2 = 16$. Elipsoide.

g) 1. $2x + 3y = 6$, alrededor del eje x. Sol. $4x^2 - 9(y - 2)^2 + 4z^2 = 0$. Cono.

2. Hallar las coordenadas del vértice del cono. Sol. $(0, 2, 0)$.

3. Hallar la intersección del cono con el plano $y = 0$.

Sol. $x^2 + z^2 = 9$, una circunferencia de radio 3.

4. Hallar la intersección del cono con el plano $y = 2$.

Sol. $x^2 + z^2 = 0$, vértice del cono.

5. Hallar la intersección del cono con el plano $x = 0$.

Sol. $3(y - 2) = \pm 2z$, dos rectas situadas en el plano yz y que se cortan en el punto $(0, 2, 0)$, vértice del cono.

CAPITULO 16

Otros sistemas de coordenadas

COORDENADAS POLARES, CILINDRICAS Y ESFERICAS. Además de las coordenadas cartesianas rectangulares, existen otros sistemas de coordenadas muy útiles y que se emplean con frecuencia como son las coordenadas polares, las cilíndricas y las esféricas.

COORDENADAS POLARES. Las coordenadas polares de un punto P del espacio (ver figura adyacente) son $(\varrho, \alpha, \beta\, \gamma)$, siendo ϱ la distancia OP y α, β y γ los ángulos de la dirección de OP. Las relaciones que ligan las coordenadas polares y rectangulares de un punto P son,

$$x = \varrho \cos \alpha, \ y = \varrho \cos \beta, \ y \ z = \varrho \cos \gamma.$$

$$\varrho = \pm \sqrt{x^2 + y^2 + z^2},$$

$$\cos \alpha = \frac{x}{\varrho} = \frac{x}{\pm \sqrt{x^2+y^2+z^2}}, \ \cos \beta = \frac{y}{\varrho} = \frac{y}{\pm \sqrt{x^2+y^2+z^2}}, \ \cos \gamma = \frac{z}{\varrho} = \frac{z}{\pm \sqrt{x^2+y^2+z^2}}$$

Como $\cos^2 \alpha + \cos^2 \beta + \cos^2 \gamma = 1$, las cuatro coordenadas no son independientes. Por ejemplo, si $\alpha = 60^o$ y $\beta = 45^o$ se tiene, $\cos^2 \gamma = 1 - \cos^2 \alpha - \cos^2 \beta = 1 - \frac{1}{4} - \frac{1}{2} = \frac{1}{4}$. Como por otra parte $\gamma \leq 180^o$, $\gamma = 60^o$ ó 120°.

COORDENADAS CILINDRICAS. En este sistema, un punto $P(x, y, z)$ viene definido por ϱ, θ, z, siendo ϱ y θ las coordenadas polares de la proyección Q del punto P sobre el plano xy. Estas coordenadas se escriben entre paréntesis y en este orden (ϱ, θ, z). Las relaciones que ligan las coordenadas cilíndricas con las rectangulares son,

$$x = \varrho \cos \theta, \ \ y = \varrho \ \text{sen} \ \theta, \ \ z = z.$$

$$\varrho = \pm \sqrt{x^2 + y^2}, \ \ \theta = \text{arc tg} \ \frac{y}{x}.$$

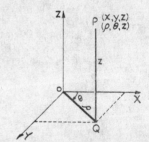

Obsérvese que el ángulo θ puede tomar cualquier valor, con lo que ϱ puede tomar valores negativos, como en el caso de las coordenadas polares.

COORDENADAS ESFERICAS. Sea $P(x, y, z)$ un punto cualquiera del espacio y Q su proyección sobre el plano xy. Representemos por ϱ la distancia OP, como en el caso de las coordenadas polares, por ϕ el ángulo ZOP, por θ el ángulo XOQ, y consideremos el ángulo ϕ positivo cuando $0^o \leq \phi \leq 180^o$. Los símbolos ϱ, θ y ϕ son las coordenadas esféricas del punto P, y éste se representa por $P(\varrho, \theta, \phi)$. La coordenada ϱ es el radio vector, θ la longitud y ϕ la colatitud de P. El ángulo θ puede tomar cualquier valor.

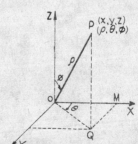

Del triángulo rectángulo OPQ se deduce,

$$OQ = \varrho \ \text{sen} \ \phi, \ \ QP = \varrho \cos \phi..$$

144

En el triángulo OMQ se verifica, $OM = OQ \cos \theta$, $MQ = OQ \operatorname{sen} \theta$. Por tanto,

$$x = OM = \varrho \operatorname{sen} \phi \cos \theta, \quad y = MQ = \varrho \operatorname{sen} \phi \operatorname{sen} \theta, \quad z = QP = \varrho \cos \phi.$$

$$\varrho = +\sqrt{x^2 + y^2 + z^2}, \quad \theta = \operatorname{arc\ tg} \frac{y}{x}, \quad \phi = \operatorname{arc\ cos} \frac{z}{\pm \sqrt{x^2 + y^2 + z^2}}.$$

En muchos problemas relativos a la determinación de áreas de superficies, o de volúmenes limitados por éstas, los métodos empleados en el cálculo diferencial e integral se ven notablemente simplificados pasando el problema a coordenadas esféricas o cilíndricas. En todos aquellos casos en que la superficie límite sea de revolución, lo más adecuado es el empleo de las coordenadas cilíndricas.

PROBLEMAS RESUELTOS

1. Hallar las coordenadas polares, cilíndricas y esféricas del punto cuyas coordenadas rectangulares son $(1, -2, 2)$.

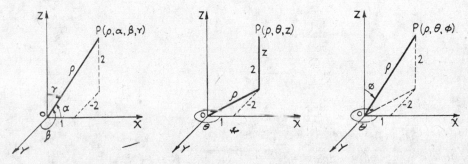

Coordenadas polares   Coordenadas cilíndricas   Coordenadas esféricas

Coordenadas polares. $\varrho = \sqrt{x^2 + y^2 + z^2} = \sqrt{1^2 + (-2)^2 + 2^2} = \sqrt{9} = 3$.

$$\alpha = \operatorname{arc\ cos} \frac{x}{\varrho} = \operatorname{arc\ cos} \frac{1}{3} = 70°32', \qquad \beta = \operatorname{arc\ cos} \frac{y}{\varrho} = \operatorname{arc\ cos} \left(-\frac{2}{3}\right) = 131°49',$$

$$\gamma = \operatorname{arc\ cos} \frac{z}{\varrho} = \operatorname{arc\ cos} \frac{2}{3} = 48°11'. \qquad Sol. \quad (3, 70°32', 131°49', 48°11').$$

Coordenadas cilíndricas. $\varrho = \sqrt{x^2 + y^2} = \sqrt{1^2 + (-2)^2} = \sqrt{5}$.

$$\theta = \operatorname{arc\ tg} \frac{y}{x} = \operatorname{arc\ tg}(-2) = 296°34', \ z = 2. \qquad Sol. \quad (\sqrt{5}, 296°34', 2).$$

Coordenadas esféricas. $\varrho = \sqrt{x^2 + y^2 + z^2} = \sqrt{1^2 + (-2)^2 + (2)^2} = 3$.

$$\theta = \operatorname{arc\ tg} \frac{y}{x} = \operatorname{arc\ tg}(-2) = 296°34', \quad \phi = \operatorname{arc\ cos} \frac{z}{\varrho} = \operatorname{arc\ cos} \frac{2}{3} = 48°11'.$$

$$Sol. \quad (3, 296°34', 48°11')$$

2. Hallar las coordenadas rectangulares del punto cuyas coordenadas cilíndricas son $(6, 120°, -2)$

$$x = \varrho \cos \theta = 6 \cos 120° = -3, \quad y = \varrho \operatorname{sen} \theta = 6 \operatorname{sen} 120° = 3\sqrt{3}, \quad z = -2.$$

$$Sol. \quad (-3, 3\sqrt{3}, -2).$$

3. Hallar las coordenadas rectangulares del punto cuyas coordenadas esféricas son $(4, -45°, 30°)$.

$x = \varrho \text{ sen } \phi \cos \theta = 4 \text{ sen } 30° \cos (-45°) = \sqrt{2},$
$y = \varrho \text{ sen } \phi \text{ sen } \theta = 4 \text{ sen } 30° \text{ sen } (-45°) = -\sqrt{2},$
$z = \varrho \cos \phi \quad\quad = 4 \cos 30° \quad\quad\quad = 2\sqrt{3}.$ *Sol.* $(\sqrt{2}, -\sqrt{2}, 2\sqrt{3}).$

4. Hallar las coordenadas rectangulares del punto cuyas coordenadas polares son $(3, 120°, 120°, 135°)$.

$x = \varrho \cos \alpha = 3 \cos 120° = -3/2,$
$y = \varrho \cos \beta = 3 \cos 120° = -3/2,$
$z = \varrho \cos \gamma = 3 \cos 135° = -3\sqrt{2}/2.$ *Sol.* $\left(-\dfrac{3}{2}, -\dfrac{3}{2}, -\dfrac{3\sqrt{2}}{2} \right).$

5. Hallar las coordenadas rectangulares polares y esféricas del punto cuyas coordenadas cilíndricas son $(6, 120°, 4)$.

Rectangulares. $x = \varrho \cos \theta = 6 \cos 120° = -3,$
                     $y = \varrho \text{ sen } \theta = 6 \text{ sen } 120° = 3\sqrt{3},\ z = 4.$ *Sol.* $(-3, 3\sqrt{3}, 4).$

Polares. $\varrho = \sqrt{x^2 + y^2 + z^2} = \sqrt{(-3)^2 + (3\sqrt{3})^2 + 4^2} = 2\sqrt{13},$

$\alpha = \text{arc cos } \dfrac{x}{\varrho} -\text{arc cos } \dfrac{-3}{2\sqrt{13}} = 114°35',$

$\beta = \text{arc cos } \dfrac{y}{\varrho} = \text{arc cos } \dfrac{3\sqrt{3}}{2\sqrt{13}} = 46°7',$

$\gamma = \text{arc cos } \dfrac{z}{\varrho} = \text{arc cos } \dfrac{4}{2\sqrt{13}} = 56°19'.$

     Sol. $(2\sqrt{13}, 114°35', 46°7', 56°19').$

Esféricas. $\varrho = \sqrt{x^2 + y^2 + z^2} = \sqrt{(-3)^2 + (3\sqrt{3})^2 + 4^2} = 2\sqrt{13},$

$\theta = \text{arc tg } \dfrac{y}{x} = \text{arc tg } \dfrac{3\sqrt{3}}{-3} = 120°,$

$\phi = \text{arc cos } \dfrac{z}{\varrho} = \text{arc cos } \dfrac{4}{2\sqrt{13}} = 56°19'.$ *Sol.* $(2\sqrt{13}, 120°, 56°19').$

6. Expresar la ecuación $x^2 + y^2 + 2z^2 - 2x - 3y - z + 2 = 0$ en coordenadas cilíndricas.

$$x = \varrho \cos \theta, \quad y = \varrho \text{ sen } \theta, \quad z = z.$$

Sustituyendo, $\varrho^2 \cos^2\theta + \varrho^2 \text{ sen}^2\theta + 2z^2 - 2\varrho \cos \theta - 3\varrho \text{ sen } \theta - z + 2 = 0.$

Simplificando, $\varrho^2 - \varrho(2\cos\theta + 3\text{ sen }\theta) + 2z^2 - z + 2 = 0.$

7. Expresar la ecuación $2x^2 + 3y^2 - 6z = 0$ en coordenadas esféricas.

$$x = \varrho \text{ sen } \phi \cos \theta, \quad y = \varrho \text{ sen } \phi \text{ sen } \theta, \quad z = \varrho \cos \phi.$$

Sustituyendo, $2\varrho^2 \text{ sen}^2\phi \cos^2\theta + 3\varrho^2 \text{ sen}^2\phi \text{ sen}^2\theta - 6\varrho \cos \phi = 0,$

o bien, $2\varrho \text{ sen}^2\phi \cos^2\theta + 3\varrho \text{ sen}^2\phi \text{ sen}^2\theta - 6 \cos \phi = 0.$

.8. Expresar la ecuación $\varrho + 6 \text{ sen } \phi \cos \theta + 4 \text{ sen } \phi \text{ sen } \theta - 8 \cos \phi = 0$ en coordenadas rectangulares.

Esta ecuación está dada en coordenadas esféricas. Multiplicando por ϱ y teniendo en cuenta los valores de x, y, z, del Problema 7, se deduce,

$$\varrho^2 + 6\varrho \text{ sen } \phi \cos \theta + 4\varrho \text{ sen } \phi \text{ sen } \theta - 8\varrho \cos \phi = 0, \text{ o sea,}$$

$$x^2 + y^2 + z^2 + 6x + 4y - 8z = 0.$$

Esta ecuación representa una esfera de centro $(-3, -2, 4)$ y radio $r = \sqrt{29}.$

9. Expresar la ecuación, escrita en coordenadas cilíndricas, $z = \varrho^2 \cos 2\theta$, en coordenadas rectangulares.

Teniendo en cuenta que $\cos 2\theta = \cos^2\theta - \text{sen}^2\theta$ resulta, $z = \varrho^2(\cos^2\theta - \text{sen}^2\theta) = \varrho^2 \cos^2\theta - \varrho^2 \, \text{sen}^2\theta$.

Como $\varrho \cos\theta = x$ y $\varrho \, \text{sen}\,\theta = y$, la ecuación pedida es $z = x^2 - y^2$.

10. Expresar la ecuación $x^2 + y^2 - z^2 = 25$ en coordenadas polares.

En coordenadas polares, $\quad x = \varrho \cos\alpha, \quad y = \varrho \cos\beta, \quad z = \varrho \cos\gamma$.

Luego la ecuación se transforma en $\quad \varrho^2 \cos^2\alpha + \varrho^2 \cos^2\beta - \varrho^2 \cos^2\gamma = 25$,

o sea, $\quad \varrho^2(\cos^2\alpha + \cos^2\beta - \cos^2\gamma) = 25$.

Como $\cos^2\alpha + \cos^2\beta + \cos^2\gamma = 1$, la ecuación pedida es $\varrho^2(1 - 2\cos^2\gamma) = 25$.

11. Expresar la ecuación, escrita en coordenadas polares, $\cos\gamma = \varrho \cos\alpha \cos\beta$, en coordenadas rectangulares.

Multiplicando por ϱ los dos miembros de la ecuación se tiene, $\varrho \cos\gamma = \varrho^2 \cos\alpha \cos\beta$. Teniendo en cuenta que $\varrho \cos\gamma = z$, $\varrho \cos\alpha = x$, $\varrho \cos\beta = y$, la ecuación pedida es $z = xy$.

PROBLEMAS PROPUESTOS

1. Hallar las coordenadas polares de los puntos siguientes:
a) (0, 1, 1); *b)* (0, —2, —2); *c)* (1, —2, 2); *d)* (6, 3, 2); *e)* (8, —4, 1).
Sol. *a)* ($\sqrt{2}$, 90°, 45°, 45°); *b)* ($2\sqrt{2}$, 90°, 135°, 135°);
  c) (3, arc cos 1/3, arc cos (—2/3), arc cos 2/3);
  d) (7, arc cos 6/7, arc cos 3/7, arc cos 2/7);
  e) (9, arc cos 8/9, arc cos (—4/9), arc cos 1/9).

2. Hallar las coordenadas cilíndricas de los puntos del Problema 1.
Sol. *a)* (1, 90°, 1); *b)* (2, 270°, —2); *c)* ($\sqrt{5}$, 2π — arc tg $\tfrac{1}{2}$, 2);
  d) ($3\sqrt{5}$, arc tg $\tfrac{1}{2}$, 2); *e)* ($4\sqrt{5}$, 2π — arc tg 2, 1).

3. Hallar las coordenadas esféricas de los puntos del Problema 1.
Sol. *a)* ($\sqrt{2}$, 90°, 45°); *b)* ($2\sqrt{2}$, 270°, 135°); *c)* (3, 2π — arc tg 2, arc cos 2/3);
  d) (7, arc tg 1/2, arc cos 2/7); *e)* (9, 2π — arc tg $\tfrac{1}{2}$, arc cos 1/9).

4. Hallar las coordenadas rectangulares de los puntos cuyas coordenadas polares son:
a) (2, 90°, 30°, 60°); *b)* (3, 60°, —45°, 120°); *c)* (4, 120°, 120°, 135°);
d) (3, 150°, 60°, 90°); *e)* (2, 45°, 120°, —60°).
Sol. *a)* (0, $\sqrt{3}$, 1); *b)* (3/2, $3\sqrt{2}/2$, —3/2); *c)* (—2, —2, $-2\sqrt{2}$);
  d) ($-3\sqrt{3}/2$, 3/2, 0); *e)* ($\sqrt{2}$, —1, 1).

5. Hallar las coordenadas rectangulares de los puntos cuyas coordenadas cilíndricas son:
a) (6, 120°, —2); *b)* (1, 330°, —2); *c)* (4, 45°, 2); *d)* (8, 120°, 3); *e)* (6, 30°, —3).
Sol. *a)* (—3, $3\sqrt{3}$, —2); *b)* ($\sqrt{3}/2$, —1/2, —2); *c)* ($2\sqrt{2}$, $2\sqrt{2}$, 2);
  d) (—4, $4\sqrt{3}$, 3); *e)* ($3\sqrt{3}$, 3, —3).

6. Hallar las coordenadas rectangulares de los puntos cuyas coordenadas esféricas son:
a) (4, 210°, 30°); *b)* (3, 120°, 240°); *c)* (6, 330°, 60°);
d) (5, 150°, 210°); *e)* (2, 180°, 270°).

Sol. a) $(-\sqrt{3}, -1, 2\sqrt{3})$; b) $\left(\dfrac{3\sqrt{3}}{4}, -\dfrac{9}{4}, -\dfrac{3}{2}\right)$; c) $\left(\dfrac{9}{2}, -\dfrac{3\sqrt{3}}{2}, 3\right)$;

d) $\left(\dfrac{5\sqrt{3}}{4}, -\dfrac{5}{4}, -\dfrac{5\sqrt{3}}{2}\right)$; e) $(2, 0, 0)$.

7. Hallar las coordenadas esféricas de los puntos cuyas coordenadas cilíndricas son:

a) $(8, 120°, 6)$; b) $(4, 30°, -3)$; c) $(6, 135°, 2)$; d) $(3, 150°, 4)$; e) $(12, -90°, 5)$.

Sol. a) $\left(10, 120°, \text{arc cos } \dfrac{3}{5}\right)$; b) $\left|5, 30°, \text{arc cos }\left(-\dfrac{3}{5}\right)\right|$; c) $\left(2\sqrt{10}, 135°, \dfrac{\sqrt{10}}{10}\right)$;

d) $\left(5, 150°, \text{arc cos } \dfrac{4}{5}\right)$; e) $\left(13, -90°, \text{arc cos } \dfrac{5}{13}\right)$.

8. Expresar en coordenadas esféricas las ecuaciones siguientes:

a) $3x^2 - 3y^2 = 8z$; b) $x^2 - y^2 - z^2 = a^2$; c) $3x + 5y - 2z = 6$.

Sol. a) $3\varrho \text{ sen}^2\phi \cos 2\theta = 8 \cos \theta$; b) $\varrho^2(\text{sen}^2\phi \cos 2\theta - \cos^2\phi) = a^2$;

c) $\varrho(3 \text{ sen } \phi \cos \theta + 5 \text{ sen } \phi \text{ sen } \theta - 2 \cos \phi) = 6$.

9. Expresar en coordenadas cilíndricas las ecuaciones siguientes:

a) $5x + 4y = 0$; b) $5x^2 - 4y^2 + 2x + 3y = 0$; c) $x^2 + y^2 - 8x = 0$;

d) $x^2 - y^2 + 2y - 6 = 0$; e) $x^2 + y^2 - z^2 = a^2$.

Sol. a) $\theta = \text{arc tg}(-5/4)$; b) $5\varrho \cos^2\theta - 4\varrho \text{ sen}^2\theta + 2 \cos \theta + 3 \text{ sen } \theta = 0$;

c) $\varrho - 8 \cos \theta = 0$; d) $\varrho^2 \cos 2\theta + 2\varrho \text{ sen } \theta - 6 = 0$; e) $\varrho^2 - z^2 = a^2$.

10. Dadas las ecuaciones siguientes, en coordenadas cilíndricas, hallar su naturaleza y expresarlas en coordenadas rectangulares.

a) $\varrho^2 + 3z^2 = 36$; b) $\varrho = a \text{ sen } \theta$; c) $\varrho^2 + z^2 = 16$; d) $\theta = 45°$; e) $\varrho^2 - z^2 = 1$.

Sol. a) $x^2 + y^2 + 3z^2 = 36$. Elipsoide de revolución.

b) $x^2 + y^2 = ay$. Cilindro circular recto.

c) $x^2 + y^2 + z^2 = 16$. Esfera.

d) $y = x$. Plano.

e) $x^2 + y^2 - z^2 = 1$. Hiperboloide de una hoja.

11. Expresar en coordenadas polares las ecuaciones siguientes:

a) $x^2 + y^2 + 4z = 0$; b) $x^2 + y^2 - z^2 = a^2$; c) $2x^2 + 3y^2 + 2z^2 - 6x + 2y = 0$; d) $z = 2xy$.

Sol. a) $\varrho(\cos^2\alpha + \cos^2\beta) + 4 \cos \gamma = 0$, o bien, $\varrho(1 - \cos^2\gamma) + 4 \cos \gamma = 0$;

b) $\varrho^2(1 - 2 \cos^2\gamma) = a^2$; c) $\varrho(2 + \cos^2\beta) - 6 \cos \alpha + 2 \cos \beta = 0$;

d) $\cos \gamma = 2\varrho \cos \alpha \cos \beta$.

12. Expresar las ecuaciones siguientes, dadas en coordenadas esféricas, en coordenadas rectangulares:

a) $\varrho = 5a \cos \phi$; b) $\theta = 60°$; c) $\varrho \text{ sen } \phi = a$; d) $\varrho = 4$.

Sol. a) $x^2 + y^2 + z^2 = 5az$; b) $y = \sqrt{3}x$; c) $x^2 + y^2 = a^2$; d) $x^2 + y^2 + z^2 = 16$.

13. Expresar las ecuaciones siguientes, dadas en coordenadas polares, en coordenadas rectangulares:

a) $\varrho(\cos \alpha + \cos \beta + \cos \gamma) = 5$; b) $\varrho^2(2 \cos^2\alpha - 1) = 25$;

c) $\cos \gamma = \varrho(\cos^2\alpha - \cos^2\beta)$; d) $\varrho^2 - \varrho^2 \cos^2\gamma - 4\varrho \cos \gamma - 2 = 0$.

Sol. a) $x + y + z = 5$; b) $x^2 - y^2 - z^2 = 25$; c) $z = x^2 - y^2$;

d) $x^2 + y^2 - 4z - 2 = 0$.

14. Deducir la fórmula de la distancia entre dos puntos, $P_1(\varrho_1, \theta_1, \phi_1)$ y $P_2(\varrho_2, \theta_2, \phi_2)$, en coordenadas esféricas. Ind.: Apliquese la fórmula de la distancia entre dos puntos en coordenadas rectangulares y, a continuación, hacer el cambio a coordenadas esféricas.

Sol. $\sqrt{\varrho_1^2 + \varrho_2^2 - 2\varrho_1\varrho_2 [\cos(\theta_2 - \theta_1) \text{ sen } \phi_1 \text{ sen } \phi_2 + \cos \phi_1 \cos \phi_2]} = d$.

Indice